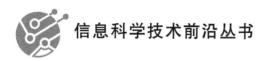
信息科学技术前沿丛书

多源遥感图像超分辨率重建与应用

朱　红　刘玉轩　著

U0290976

北京邮电大学出版社
www.buptpress.com

内 容 简 介

本书对多源遥感图像超分辨率重建与应用进行总结,并针对遥感图像超分辨率重建过程中存在的问题给出一些解决方法,这些方法均为作者近年来的研究成果。本书共分为 6 章:第 1 章主要对遥感图像配准、遥感图像超分辨率重建算法与图像质量评价方法进行综述;第 2 章介绍特征匹配方法,包括点特征匹配、直线特征匹配以及图像配准方法;第 3 章介绍多模态遥感影像匹配;第 4 章主要对近年来遥感图像超分辨率重建方法予以总结,主要包括基于插值的重建方法、基于重建的重建方法以及基于增强的重建方法;第 5 章主要针对超分辨率重建过程中存在的问题给出解决方法,主要包括基于单幅细节提升的超分辨率重建方法与基于多幅细节提升的超分辨率重建方法;第 6 章主要介绍基于遥感影像超分辨率重建的应用,包括超分辨率重建在卫星平台振动探测中的可行性分析、超分辨率重建在遥感影像小目标检测中的应用。

本书可作为图像匹配、超分辨率重建与应用方向硕士生、博士生、专业教师的科研参考用书,也可为广大遥感图像处理与计算机视觉处理的科技工作者提供技术参考。

图书在版编目(CIP)数据

多源遥感图像超分辨率重建与应用 / 朱红,刘玉轩

著. -- 北京:北京邮电大学出版社,2024. -- ISBN

978-7-5635-7262-5

Ⅰ. TP751

中国国家版本馆 CIP 数据核字第 2024D61D41 号

策划编辑:刘纳新 姚 顺 **责任编辑:**孙宏颖 **责任校对:**张会良 **封面设计:**七星博纳

出版发行:北京邮电大学出版社

社　　址:北京市海淀区西土城路 10 号

邮政编码:100876

发 行 部:电话:010-62282185 传真:010-62283578

E-mail:publish@bupt.edu.cn

经　　销:各地新华书店

印　　刷:保定市中画美凯印刷有限公司

开　　本:787 mm×1 092 mm 1/16

印　　张:16.25

字　　数:431 千字

版　　次:2024 年 7 月第 1 版

印　　次:2024 年 7 月第 1 次印刷

ISBN 978-7-5635-7262-5　　　　　　　　　　　　　　　　　　　　　定　价:78.00 元

前　　言

随着国家民用空间基础设施规划中遥感卫星体系的稳步推进,以及商业遥感卫星技术的蓬勃发展,遥感数据的获取能力与质量呈现齐升之势,卫星图像构成了遥感数据的主体,目前遥感数据已经广泛应用于智慧城市、智能交通、环境监测及应急指挥等领域。卫星遥感图像具有大尺度、广视域的特点,卫星遥感图像的处理与应用已是实现智慧城市、智能交通、应急管理的关键所在,卫星遥感图像在民用与军事领域具有重要的理论意义与应用价值。

本书结合作者近年来有关多源遥感图像处理与应用的经验,对相关研究成果进行归纳总结而成。本书共分为6章:第1章主要对遥感图像配准、遥感图像超分辨率重建算法与图像质量评价方法进行综述;第2章介绍特征匹配方法,包括点特征匹配、直线特征匹配以及图像配准方法;第3章介绍多模态遥感影像匹配;第4章主要对近年来遥感图像超分辨率重建方法予以总结,主要包括基于插值的重建方法、基于重建的重建方法以及基于增强的重建方法;第5章主要针对超分辨率重建过程中存在的问题给出解决方法,主要包括基于单幅细节提升的超分辨率重建方法与基于多幅细节提升的超分辨率重建方法;第6章主要介绍基于遥感影像超分辨率重建的应用,包括超分辨率重建在卫星平台振动探测中的可行性分析、超分辨率重建在遥感影像小目标检测中的应用。

朱红老师(防灾科技学院)负责第1、4、5、6章和第2章部分内容的撰写,刘玉轩老师(中国测绘科学研究院)负责第2章部分内容和第3章内容的撰写。

本书得到了河北省自然科学基金项目(项目编号:D2020512001)的资助。本书内容是作者承担的河北省自然科学基金项目(项目编号:D2020512001)、河北省教育厅高等学校科学研究计划项目(项目编号:Z2020119)以及参与的国家自然科学基金项目(项目编号:D61601213)研究成果的总结。

由于作者水平有限,书中难免会出现疏漏和失误,恳请广大读者批评指正,并提出宝贵意见。

目　　录

第 1 章　绪论 ………………………………………………………………………… 1

1.1　遥感影像配准综述 …………………………………………………………… 2

1.2　遥感影像超分辨率重建算法综述 …………………………………………… 3

1.3　图像质量评价综述 …………………………………………………………… 8

本章参考文献 ……………………………………………………………………… 9

第 2 章　特征匹配 ……………………………………………………………… 17

2.1　点特征匹配 …………………………………………………………………… 17

本节参考文献 ……………………………………………………………………… 22

2.2　直线特征匹配 ………………………………………………………………… 23

2.2.1　重合度约束直线特征匹配算法 …………………………………… 24

本小节参考文献 …………………………………………………………………… 29

2.2.2　线段元支撑区主成分相似性约束特征线匹配 …………………… 30

本小节参考文献 …………………………………………………………………… 35

2.2.3　多重约束下的直线特征匹配算法 ………………………………… 35

本小节参考文献 …………………………………………………………………… 41

2.3　影像匹配 ……………………………………………………………………… 42

2.3.1　Delaunay 三角网优化下的小面元遥感影像配准算法 ………… 43

本小节参考文献 …………………………………………………………………… 47

2.3.2　多策略结合的影像匹配方法 ……………………………………… 49

本小节参考文献 …………………………………………………………………… 61

第 3 章　多模态遥感影像匹配 ………………………………………………… 62

3.1　多模态遥感影像匹配研究现状 ……………………………………………… 63

3.1.1　基于特征的匹配方法 ……………………………………………… 63

3.1.2 基于区域的匹配方法 ·· 65

3.1.3 基于深度学习的匹配方法 ·· 66

本节参考文献 ··· 67

3.2 多模态影像匹配方法框架与相关工作 ································· 72

3.2.1 多模态影像匹配方法框架 ·· 72

3.2.2 多模态影像特征匹配算法 ·· 75

3.2.3 多模态影像模板匹配算法 ·· 80

本节参考文献 ··· 85

3.3 多模态影像梯度方向加权的快速匹配方法 ······················· 86

3.3.1 影像梯度与结构特征模板 ·· 87

3.3.2 梯度方向加权描述的多模态影像匹配方法 ·················· 90

3.3.3 实验结果 ··· 97

本节参考文献 ··· 113

3.4 多尺度特征描述的多模态影像两步匹配方法 ··················· 114

3.4.1 相位一致性模型 ·· 115

3.4.2 从粗到精的多尺度特征两步匹配方法 ························ 118

3.4.3 实验结果 ··· 123

本节参考文献 ··· 140

3.5 以 SAR 影像为参考的光学卫星影像精准定向框架 ·········· 141

3.5.1 定向框架 ··· 143

3.5.2 实验结果 ··· 148

本节参考文献 ··· 152

第 4 章 图像超分辨率重建相关理论 ··· 155

4.1 基于插值的超分辨率理论 ··· 155

4.2 基于重建的超分辨率理论 ··· 157

4.3 基于增强的超分辨率重建理论 ··· 159

4.4 影像多尺度分解与提取 ·· 163

4.5 影像质量评价指标 ··· 163

4.5.1 全参考评价指标 ·· 164

4.5.2 半参考评价指标 ·· 165

4.5.3 无参考评价指标 ·· 165

本章参考文献 ··· 166

第 5 章　遥感图像超分辨率重建方法 ·· 168

5.1　多尺度细节增强的遥感影像超分辨率重建 ························· 168

　　本节参考文献 ·· 176

5.2　基于多级主结构细节增强的超分辨率重建 ······················· 177

　　本节参考文献 ·· 192

第 6 章　基于遥感影像超分辨率重建的应用 ·························· 194

6.1　超分辨率重建在卫星平台微振动探测中的可行性分析 ··············· 194

　6.1.1　遥感卫星平台微振动的测绘学分类研究 ····················· 194

　6.1.2　超分辨率重建在卫星平台颤振探测中的可行性 ··············· 202

　6.1.3　基于星敏感器原始星图的微振动探测 ······················· 207

　6.1.4　基于长时序星图恒星质心变化的微振动探测 ················· 209

　　本节参考文献 ·· 216

6.2　超分辨率重建在遥感影像小目标检测中的应用 ···················· 218

　6.2.1　面向高分辨率遥感影像车辆检测的深度学习模型综述及适应性研究 ······· 218

　6.2.2　超分辨率重建在遥感影像车辆目标检测中的可行性分析 ·············· 229

　　本节参考文献 ·· 244

第1章

绪　论

超分辨率（Super Resolution, SR）重建是对多幅具有互补信息的低分辨率（Low-Resolution, LR）影像进行处理，重建出一幅或多幅高分辨率（High-Resolution, HR）影像的技术[1]。目前，超分辨率重建技术已广泛应用于医学成像、军事侦察、生物信息提取、城市管理以及卫星遥感领域中。超分辨率重建技术是图像处理、计算机视觉、摄影测量与遥感等领域一个经久不衰的研究主题，是动态检测、特征提取、目标跟踪等方向的核心与基础，在军事和民用测绘遥感领域都具有重要的应用价值[2-3]。将超分辨率重建技术应用于卫星光学遥感影像处理中，利用同一地区同源或异源序列遥感影像进行超分辨率重建，提升影像空间分辨率，改善影像质量，目前是遥感图像处理领域新的研究热点，是在传统的特征提取、影像匹配及信息融合等图像处理理论研究基础上的新拓展。

国际上，2002 年法国发射的 SPOT5 卫星通过改进传感器制作工艺，采取交错采样方式并结合推扫成像方式，其在卫星上能够获取同一场景具有亚像元位移的影像序列，后续结合超分辨率重建技术，即插值放大、反卷积复原和去噪，将全色影像的空间分辨率由 5 m 提高到 2.5 m[4-5]，这充分体现了超分辨率重建技术的可行性，以及该项技术在遥感领域的重要意义。

近年来，随着国内航天遥感事业的蓬勃发展，卫星遥感的多种传感器和多种平台相继出现并逐渐成熟[6]，遥感数据获取的能力也不断增强，形成了以多源（多平台、多传感器、多角度）为特点的高效、多样、快速的空天地一体化的数据获取手段[7]，且系列高分辨率遥感卫星的发射已陆续开展了对地观测工作[8-9]。因受制于硬件技术，国内卫星遥感影像的空间分辨率与国外仍有一定差距，单纯地通过硬件方式提高遥感影像分辨率，不仅会加大硬件技术难度及提高成本，还会增大传感器的质量与体积，增加发射难度[10-11]。因此通过超分辨率重建技术，在不增加硬件投资的情况下，能够充分利用我国日益丰富的卫星遥感影像数据，通过软件处理手段，以较小的经济代价改善影像空间分辨率，提高影像利用效益，该项研究成果将具有重要的理论意义和实用价值。

与一般的数字图像相比，卫星遥感成像主要以 CCD 线阵推扫方式实现，影像幅面大。以资源三号（ZY-3）卫星为例，资源三号卫星搭载四台相机，包括三台全色相机与一台多光谱相机，其中一幅资源三号（ZY-3）正视全色影像幅面宽为 50 km×50 km，分辨率达 2.1 m，影像大小为 24 516×24 576 像素，数据量可达 1.02 GB。由此可见，与一般数字图像的超分辨率重建方法不同，遥感影像具有数据量大、覆盖地面范围广、地形起伏大的特点，针对遥感影像的超分辨率重建，国内外专家与学者已经提出了诸多方法，但因其数据的特殊性，遥感领域超分辨率重建方法的实现还存在以下关键问题亟待解决。

① 面对不断增长的多平台、多角度、多分辨率遥感影像数据,存在未经严格生产处理而导致定位精度普遍较低的问题,仅采用多项式、全局变换或局部变换等约束模型无法减少因地形起伏对影像配准精度所带来的影响。遥感影像成像区域的地形起伏,会造成不同视角遥感影像几何畸变的加大,甚至引起影像数据空间信息缺失,致使传统的影像配准方法难以满足遥感领域超分辨率重建所需的精度需求,因此实现顾及地形起伏的高精度遥感影像配准技术已迫在眉睫。

② 面对遥感领域的大数据时代,现有的超分辨率重建方法对于序列遥感影像间互补信息的提取度与利用度都还不够。如何提取序列遥感影像间不同而又相似的互补信息,使其空间分辨率得以真正提升,降低超分辨率重建方法计算的复杂度,增加重建影像的高频信息,改善现有的超分辨率重建方法中存在的遥感影像高频信息提升受限的瓶颈问题,实现影像细节信息从弱变强、从无到有的重建过程,使得地貌纹理遥感影像的超分辨率重建工程化,同时兼顾遥感影像微观与宏观信息仍然是超分辨率重建方法中的难点问题。

③ 伴随着遥感影像超分辨率重建技术方法的不断增多,对于遥感领域存在的难以获取原始高分辨率遥感影像这一现实问题,超分辨率重建影像的质量评价方法已成为遥感领域一个亟待解决的科学问题,因此遥感影像的超分辨率重建以及相关研究就自然地摆在了遥感工作者的面前。

与此同时,结合细节增强的超分辨率重建方法引起了高清电视等超分辨率重建领域的深度关注,在现有超分辨率重建方法的基础上,融合细节增强信息,得到丰富的高频细节特征,实现超分辨率重建影像信息从弱到强的目标,不仅突破了现有遥感影像超分辨率重建方法存在的瓶颈问题,也为遥感影像大数据的高效处理带来了新的机遇。

面对不断增长的多平台、多角度、多分辨率卫星遥感影像,如何综合考虑时空序列遥感影像间关联而又互补的信息,联合细节增强方法快速实现遥感影像的超分辨率重建,在保证遥感影像空间分辨率提升、纹理信息增加的同时提高超分辨率重建算法的性能是一个值得探索的研究方向。基于此,以国产资源三号等卫星遥感影像作为实验数据,研究一种适合卫星遥感影像的高清晰、高保真、多细节的超分辨率重建方法,可提升影像质量,提高遥感影像的可利用率,以更好地满足测绘制图、资源调查、应急救援、动态监测的行业需求。

1.1 遥感影像配准综述

遥感影像(又可称遥感图像)配准是针对两幅或多幅影像重叠区域存在几何畸变或者空间坐标位置不一致的情况而进行的最佳匹配处理的过程[12-13],影像配准不仅是遥感影像镶嵌与融合的基础,更是时空序列遥感影像超分辨率重建的重要步骤之一。在超分辨率重建技术中,影像配准也时常被称为运动估计,所谓影像配准是将两幅影像进行空间的几何配准[14]。超分辨率重建要求影像配准精度不能超过一个像元,否则将影响超分辨率重建影像的质量。虽然在超分辨率重建方法中影像配准与影像重建是两个相互独立的步骤,但高质量、高清晰、高分辨率的重建影像依赖于亚像元配准的时空影像所提供的差异信息。在近几年的研究过程中,相关专家与学者提出的影像配准算法大致可分为两类:基于灰度信息的配准算法和基于特征的配准算法[15-16]。

① 基于灰度信息的配准算法是研究相对较早的一类影像配准方法,此类方法需要对待配

准影像中的灰度信息进行统计分析,建立待配准影像对间的相似性度量,然后利用一定的搜索方法,寻找使得相似性度量达到极值的变换模型,完成基于灰度信息的影像配准。基于灰度信息的配准算法主要包括互信息方法、互相关方法以及光流影像配准方法等。总的来说,基于灰度信息的配准算法实现起来相对比较简单,影像配准的精度也相对较高。但是对于大幅面的遥感影像而言,当待配准的遥感影像中存在光照变化时,此类算法的性能也将随之降低,同时对存在旋转以及遮挡的遥感影像具有较强的敏感性,而且此类算法的计算代价也相对较高,速度较慢,不适合将遥感影像作为配准对象。

② 基于特征的配准算法主要是提取影像中具有局部不变性的几何特征(特征点[17]、特征线[18]等),将几何特征视为配准基元进行匹配。几何特征要比图像的灰度信息具有更强的稳定性[19-20],利用特征点可进一步提高影像配准的可靠性与鲁棒性,减少一定的计算量。而遥感影像对地观测范围较广,山区或建筑物区域的特征点匹配结果相对密集,平原地区的特征点则较难提取,特征点匹配结果也相对稀疏,导致覆盖全局的控制点分布不均匀。与特征点相比,特征线也是影像中较为重要的描述符,是易于提取的灰度特征集合,但现有的基于特征线的影像配准研究成果适用范围还太过狭窄[21-22]。目前基于特征的配准算法对于局部的彩色影像配准精度与速度已取得了较好的研究成果,但该算法对于覆盖地表范围较广的遥感影像的适用性还有待进一步检验。因遥感影像自身具有覆盖地面范围广的特点,加之地形起伏引起影像的几何畸变,以及控制点数量有限且分布不均匀,使得高精度的影像配准很难实现,目前针对地形起伏的大幅面遥感影像高精度配准的研究少有文献报道。

1.2　遥感影像超分辨率重建算法综述

时空遥感影像超分辨率重建是指从一系列观测的低分辨率影像中重构出一幅或多幅清晰的高分辨率影像的方法,其核心思想是利用时间带宽换取空间分辨率[23],即通过同一地区具有亚像素位移关系的低分辨率影像序列,利用时空影像的互补信息重建出含有高频信息的高分辨率遥感影像。根据输入数据的类型不同,超分辨率重建可以分为单幅影像的超分辨率重建与多幅影像的超分辨率重建。单幅影像的超分辨率重建是超分辨率重建领域的研究基础,20 世纪 60 年代 Harris 与 Goodman 等人[24]首次提出的一种基于频率域逼近的超分辨率重建方法推动了遥感领域超分辨率重建技术研究的长足发展。单幅影像有限的信息量使得影像空间分辨率提升的效果受到了限制。后续专家与学者又进行了大量的研究与实验,依据不同的研究思路与技术方法,超分辨率重建大致可以分为 4 类[25]:基于插值的超分辨率重建、基于重建的超分辨率重建、基于增强的超分辨率重建与基于学习的超分辨率重建[26]。

① 基于插值的超分辨率重建是一类相对比较基础的超分辨率重建方法,此类方法利用局部像素灰度值进行建模,从而估计出未知位置的像素值。经典的插值方法有[27]最近邻插值方法(nearest neighbor interpolation)、双线性插值方法(bilinear interpolation)、双三次样条插值方法(bicubic spline interpolation)。这些方法因其具有运算速度较快的优点,所以在实际应用中仍被广泛使用,同时也是其他超分辨率重建方法的预处理方法。但传统的插值方法都是对整幅影像做同一处理,无论插值点映射在平滑区域还是在边缘区域,都没有充分考虑边缘结构,导致插值方法的重建影像存在边缘模糊或者锯齿化的现象,以至于对具有丰富纹理地貌信息的遥感影像而言,用插值方法所得到的重建影像的效果也不是特别理想。为了改善传统插

值方法的性能,近年来,Li 等人[28]提出了基于影像边缘的插值方法,其是一种基于协方差的局部自适应插值方法,该方法的提出为插值方法提供了一个全新图像插值的研究视角,同时对插值技术的发展也具有较大的影响。后来,Zhang 等人[29]针对 Li 等人所提方法存在处理复杂结构边缘影像效果不太理想的情况,又提出了基于自适应 2D 自回归模型和软决策估计的插值方法,其新颖之处在于,在估计待插值点像素值的同时增加了部分反馈机制。针对时空数据,龚建雅院士等[30]从时空数据的异质性出发,提出了一种顾及时空异质性的缺失数据时空插值方法。以上的插值方法都基于空间域的插值,而与之对应的则是基于变换域的插值方法。基于变换域的插值方法[31]在图像的变换域对影像进行放大,此类方法包括小波域、Contourlet 域等,基于变换域的插值方法通过在变换域的处理改善影像高频特征,以提高插值重建影像的清晰度。总的来说,基于插值的超分辨率重建方法直观灵活,计算量小,运算速度快[32],但此类方法仍然以低分辨率影像的局部信息为基础,依旧会造成重建影像边缘不同程度的扩散,而且在超分辨率倍数较大时仍会出现将高频信息模糊化的问题。

② 基于重建的超分辨率(基于多幅影像的超分辨率)重建依赖多幅低分辨率观测影像重建出单幅或多幅高分辨率影像[33]。基于多幅影像的超分辨率重建充分利用不同低分辨率影像之间相似而又互异的信息,以及恰当地利用影像的先验统计知识,重建出高分辨率影像,基于重建的超分辨率重建主要分为频域重建算法与空域重建算法[34]。频域重建算法的主要思想是[35-36]:鉴于低分辨率影像的形成是欠采样造成的频谱混叠,基于频域的方法主要通过消除频谱混叠的信息,来改善影像空间分辨率。频域算法理论简单,运算复杂度低,但这类方法的缺点是理论过于理想化,局限于线性空间不变,只包含有限的先验知识,因此没能成为超分辨率重建技术的主流方法。空域重建算法因其可以包含空域先验约束能力,所以此类算法的重建效果要优于频域重建算法。空域重建算法主要包括迭代后投影法[37](Iterative Back-Projection,IBP)、凸集投影法[38](Projection onto Convex Sets,POCS)、正则化方法[39]、最大后验概率[40](Maximum a Posterior,MAP)方法以及混合 MAP/POCS 方法[41]等。迭代后投影法与凸集投影法对于超分辨率重建存在不适定问题[42],重建结果往往不唯一,导致重建算法缺乏稳定性,因而不适合将其应用于大幅面遥感影像的超分辨率重建。正则化方法是目前应用相对广泛的一类方法,将超分辨率重建这一典型的不适定问题适定化,加入图像先验知识,也就是正则项[43](regularization term)对最终高分辨率影像的质量起到至关重要的作用,但恰当准确地给出保持图像边缘信息的先验条件仍是难点,因而难以保障重建的遥感影像具有丰富的地貌纹理细节信息。MAP 方法[44-45]的基本思想是把超分辨率重建问题视为一个基于先验模型的统计推断问题,能够充分考虑影像的先验知识,但改善重建效果的代价是计算量较大,对于大幅面遥感影像的高效处理显然是个瓶颈问题。混合 MAP/POCS 方法的主要思想是[46-47]:在最大后验概率方法的迭代优化过程中用凸集投影方法对解加入一些先验性的约束。这种方法的优点是提高了对解空间的约束能力,保证有一个最优解,不足之处是收敛慢且运算量大,故不适用于图像放大倍数较高或所需重建影像幅面较大的情况。

③ 基于增强的超分辨率重建[48]预先使用上采样器对影像进行预处理,通过图像增强方法来改善影像超分辨率重建的效果。研究增强方法的目的是提高影像的清晰度与完善目标纹理的细节特征,获得高清晰、高质量、多细节的超分辨率重建影像。增强方法主要分为频域增强方法和空域增强方法[49]两大类。目前,频域增强方法通过对图像进行傅里叶变换,在频域范围内对图像进行增强处理,通过低通滤波与高通滤波对图像边缘区域的高低频分量进行处理[50]。国内外研究的基于频域增强的超分辨率重建方法主要包括基于小波变换增强的超分

辨率重建方法[51]、基于 Retinex 亮度增强的超分辨率重建方法[52-53]以及基于偏微分方程
(Partial Differential Equation,PDE)增强的超分辨率重建方法[54]等。基于小波变换增强的超
分辨率重建方法大多都是对图像全局进行去噪或对光照进行处理,对于地形地貌复杂的遥感
影像纹理细节特征的增强并不是特别的明显。空域增强方法则是应用相对比较广泛的一类方
法[55],主要方法包括均值滤波、图像平滑与锐化处理、自适应维纳滤波、形态学噪声滤波等。
基于均值滤波增强的超分辨率重建方法,因均值滤波本身固有的缺陷,不能很好地保护影像的
边缘结构,在影像去噪的同时也破坏了影像细节特征,导致重建结果无法保持图像的边缘细节
信息。Osher 等人[56]提出了基于冲击滤波的图像锐化增强,在无噪声的前提下,可得到良好
的增强重建效果,但该模型对噪声十分敏感,增强的同时噪声也被相应地放大,在一定程度上
影响了重建影像的效果。自适应维纳滤波算法相比于均值滤波,虽能较好地保持图像的边缘
结构,但因其运算量相对较大,所以很难应用到工程项目中。总的来说,基于增强的超分辨率
重建方法具有重建速度快,重建方法复杂度低,以及重建影像信息丰富的优点,但现有的增强
方法还都没有达到自适应的效果,对于不同类型的影像数据,需要通过不同的方法、不同的参
数来达到信息度提升的效果。

④ 基于学习的超分辨率重建[57]充分利用影像本身的先验知识产生新的高频信息,获得
比基于重建的超分辨率算法更好的结果。基于学习的超分辨率重建的特点是通过包含多个高
低分辨率的图像对影像训练样本库,学习高低分辨率图像块间的关联映射关系[58-61]。以 WoS
数据库为国外文献来源,检索时间范围均设置为 2016—2023 年,使用"Super resolution
reconstruction"为主题,本书的研究汇总了基于深度学习的超分辨率重建方法的发文量,如
图 1-1 所示。

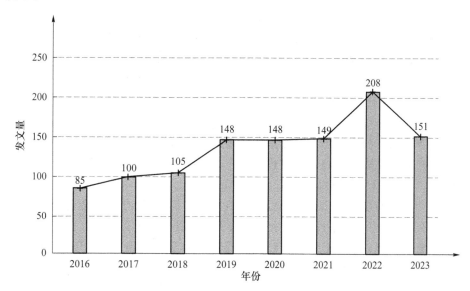

图 1-1　基于深度学习的超分辨率重建方法的发文量

Dong 等人[62]提出了一种超分辨率卷积神经网络(SRCNN),该网络包含 3 个卷积层,用
于图像的超分辨率重建,将 SRCNN 应用于图像锐化和遥感超分辨率重建任务中,表现出比传
统算法更优异的性能。鉴于 SRCNN 架构太浅,无法学习图像的深层特征,Hara 等人[63]提出了
一种包含 20 个卷积层的图像超分辨率重建网络(VDSR),通过学习输入和输出的残差,加快
训练的收敛速度。然而,SRCNN 和 VDSR 应用于高维空间,存在较高的计算复杂度和较大的

时间开销。为了解决这一问题，Shi 等人[64]提出了一种高效的亚像素卷积神经网络（ESPCN），该网络通过提出的亚像素卷积层将低分辨率特征映射提升并输出，从而实现了网络中图像放大功能，显著提高了重建速度。随后，快速超分辨率重建网络（FSRCNN）[65]也直接在低分辨率图像上进行训练，并使用反卷积层对特征图进行上采样。此类后处理网络结构具有较为明显的优势，已成为基于深度学习的超分辨率重建方法的主流。为了更好地从低分辨率图像中提取层次特征信息，可以增加模型深度，进一步提高图像的重建质量。然而，模型训练难度和参数也随之增加。为了解决这些问题，Kim 等人[66]使用了多达 16 个递归的深度递归卷积网络（DRCN），在此基础上，通过向 DRCN 添加残差架构，提出了深度递归残差网络（DRRN）[67]，获得了一个深度（多达 52 个卷积层）的网络。在文献[68]中，Ahn 等通过设计在残差网络上实现级联机制架构，提出了一种精确且轻量级的图像 SR 深度网络，称为级联残差网络（Cascading Residual Network，CARN）。Mao 等人[69]提出了一种残差编码器-解码器网络（RED-Net），用于图像增强任务，如去噪、JPEG 去块、图像去模糊等。Lai 等人[70]提出了一种拉普拉斯金字塔网络（LapSRN），用于高分辨率图像的子带残差的逐步重建。Tong 等人[71]在网络中引入了密集跳跃连接（SRDenseNet），有效地结合了低级和高级特征，加速了重建性能。Lim 等人[72]开发了一种增强型深度超分辨率网络（EDSR），通过消除传统残差网络中不必要的模块来提高性能。Yu 等人[73]提出了一种用于高效准确图像超分辨率（WDSR）的宽激活方法，该方法在 ReLU 激活之前简单地扩展特征，而不是使用各种快捷连接，从而显著改进了 SISR。

由于深度学习在计算机任务和图像超分辨率重建方面取得的显著成就，研究人员开始研究基于深度学习的遥感图像超分辨率重建。遥感图像是地球科学领域各种应用的重要地理信息来源。由于光学传感器技术以及传感器设备更新成本的限制，对地观测卫星的光谱和空间分辨率还不能达到预期的要求。因此，从给定的低分辨率图像中恢复高分辨率遥感图像的遥感图像超分辨率备受关注，深度学习算法的应用也在该领域快速发展。目前大多数的遥感图像超分辨率重建算法都是基于监督学习，使用低分辨率-高分辨率像对进行训练，大致可以分为 4 类，分别为基于 CNN 结构、基于 GAN 结构、基于注意力机制模块及基于反向投影（Back-projection）的遥感图像超分辨率重建方法。图 1-2 展示了遥感图像超分辨率重建的深度架构的发展，特别是从 2020 年开始，基于 DL 的方法的种类一直在增加。

① 基于 CNN 结构的遥感图像超分辨率重建方法。Liebel 等人[74]于 2016 年提出了基于深度卷积神经网络的遥感图像超分辨率重建任务，探索了 CNN 方法在 Sentinel-2 图像上的应用。Tuna 等人[75]对 VHR SPOT 6 和 7 以及 Pleiades 1A 和 1B 卫星获取的卫星图像采用 SRCNN[76] 和 VDSR 模型合并 IHS 变换，实验结果表明，VDSR 方法在全色影像和多光谱影像上均优于 SRCNN。2017 年，Huang 等人[77]在 Sentinel-2A 卫星影像上直接应用 VDSR 没能产生令人满意的结果，因此提出了一种遥感深度残差学习网络（RS-DRL），该模型应用于 Sentinel-2A 图像上优于 VDSR。顾及遥感图像特征的复杂性，他们又提出并开发了一个特定的遥感图像超分辨率重建模型。Lei 等人[78]设计了一个局部-全局组合网络（LGCNet），该网络通过连接来自不同卷积层的结果来学习遥感图像多级表征，不仅可以学习局部细节，包括边缘和轮廓，还可以学习包括环境类型在内的全局特征。此外，Xu 等人[79]提出了一种深度记忆连接网络（Deep Memory Connected Network，DMCN），通过使用局部和全局记忆连接，将图像细节与环境信息相结合，生成高质量的图像。为了提高基于 CNN 的性能，Jiang 等人[80]提出了一种新的深度蒸馏递归网络（DDRN），该网络包括一组超密集残差块 UDB、一个多尺度净化单元（MSPU）和遥感图像的蒸馏机制。所提出的 MSPU 模块可以补偿信息传播过程中

丢失的高频分量。DDRN 在吉林一号视频卫星图像和 Kaggle 开放数据集上表现出较好的性能。Deeba 等[81]提出了一种超分辨率宽遥感残差网络（WRSR），所提出的 WRSR 通过增加残差网络的宽度和减小残差网络的深度，并进行权值归一化，提高了训练损失性能和超分辨结果的质量。Ren 等[82]提出了一种基于双亮度方案（DLS）的增强残差卷积神经网络（ERCNN），该方案增强了残差卷积神经网络的特征流模块和跨特征映射区分学习的能力。

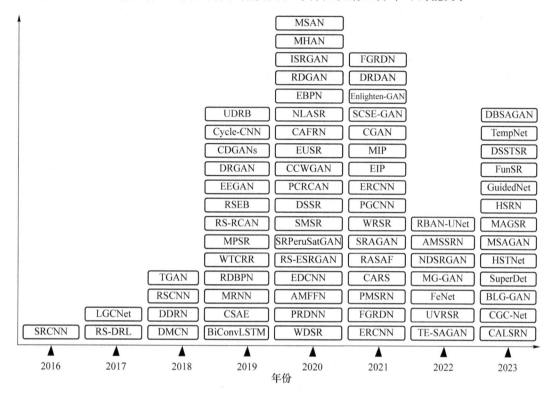

图 1-2　基于深度学习的遥感图像超分辨率重建体系结构的发展

② 基于生成对抗网络（GAN）的遥感图像超分辨率重建方法。Jiang 等人[83]提出了一种 EEGAN 架构，其由两个主要子网组成，分别为超密集子网（UDSN）和边缘增强子网（EESN）。Lanaras 等人[84]提出了一种改进的增强超分辨率生成对抗网络（ESRGAN），该网络使用 WorldView-Sentinel 图像对进行训练，以创建超分辨率多光谱 Sentinel-2 输出。Chen 等人[85]应用二维拓扑和 RRDB 块，通过对角连接有效地改进了 EEGAN，以便更好地进行信息转换和梯度优化。

③ 基于注意力机制的遥感图像超分辨率重建方法。由于注意机制在图像超分辨率重建任务中的显著成功，许多研究者将注意机制应用于遥感领域，包括泛锐化[86]和图像超分辨率重建，并有效地提高了性能。Gu 等人[87]提出了一种深度残差挤压和激励网络（DRSEN），还提出了一个残差挤压和激励块（RSEB），其中包括一个局部特征融合（LFF）模块与挤压和激励（SE）模块，以模拟信道之间的相互依赖关系，增强网络的表示能力。Dong 等人[88]提出了一种多感知注意网络（MPSR），该网络由增强型残差网络（ERB）和残差通道注意组（RCAG）组成。MPSR 在 DIV2K 上进行预训练，再转移到 RS 图像上，效果更好。Haut 等人[89]提出了一种新的遥感 SR 方法，该方法将视觉注意机制集成到基于残差的网络设计中。作者在 RCAN 中使用了类似的架构[90]，并证明了该架构可以极大地提高性能。Wang 等人[91]在关注 VHR 卫星图

像的同时,将信道注意和空间注意应用于深度密集残差网络,以提高 SISR 解决方案的性能。在 WV-3(数据融合大赛 2019 数据集)和 Pleiades 数据集上的实验结果表明,注意机制在提高性能方面是有效的。

④ 基于反向投影的遥感图像超分辨率重建方法。反向投影是另一种基于深度学习的超分辨率重建方法。Haris 等人[92]提出了深度反向投影网络(DBPN),该网络可以迭代地利用上下采样层,并为投影误差提供基于阶段的误差反馈机制。上下采样阶段相互连接,以定义不同类型的图像退化和高分辨率组件。Pan 等人[93]开发了一种用于 RSISR 的残差密集反向投影网络(RDBPN),其中采用了全局和局部残差学习,然后采用快速 RDBPN (FRDBPN)技术,将下投影单元替换为下缩放单元,以提高重建速度。此外,通过引入注意机制,Dong 等人[94]提出了一种用于遥感图像的增强反向投影(EBPN),该方法改进了用于信道特征提取的 DDBPN。

基于深度学习的遥感影像超分辨率重建取得了巨大的进展,但仍有一些挑战需要考虑,后续研究将以改进与优化模型架构,增加方法的可泛化性和可移植性为主要突破口。

1.3 图像质量评价综述

随着专家与学者不断深入的研究与探索,多种研究思路的超分辨率重建方法已被相继提出,超分辨率重建方法也在不断地优化与突破,但对于超分辨率重建结果,如何准确恰当地评价重建影像的质量,是目前超分辨率重建领域所关注的核心问题之一,因此设计合理的重建影像质量评价[95-96](Image Quality Assessment,IQA)方法,用于超分辨率重建领域的性能评估与质量检测已经迫在眉睫。

由于超分辨率重建方法应用的领域不同,数据源获取的方式不同,所以超分辨率重建影像的质量评价方法也不同。目前重建影像的质量评价方法主要分为 3 类:全参考评价方法[97-99](Full-Reference IQA,FR-IQA)、半参考评价方法[100-103](Reduce-Reference IQA,RR-IQA)、无参考评价方法[104-106](No-Reference IQA,NR-IQA)。

① 全参考评价方法。需要提供不存在任何失真的高分辨率参考影像,这种假设在实际应用过程中被视为一个极为苛刻的条件,在实验中往往需要利用传感器所获取的"无失真"影像数据作为参考[107]。此类方法需要利用原始高分辨率影像中所有的像素信息,通过模型量化原始高分影像与重建影像间的差异,进而实现对重建影像的客观评价。目前全参考影像质量评价算法可以分为 4 类:a. 基于数学统计的质量评价算法,如经典的均方误差[108](Mean Squared Error,MSE)、峰值信噪比[109](Peak Signal-to-Noise Ratio,PSNR),这两种方法具有简明的数学意义与相对简单的计算方法,因此在影像质量评价领域得到了极为广泛的应用,但 MSE 与 PSNR 的评价结果却不能较好地符合人类视觉系统对影像质量的感知,因此科研人员基于人类视觉特性又开始了大量研究;b. 基于人眼视觉特性(HVS)的质量评价算法,因人眼视觉结构的复杂性,目前科研人员对人类视觉系统感知系统的认识比较受限,此类方法不能特别准确地预测出待评价影像质量的优劣;c. 基于图像结构学的质量评价算法,此类方法从待评价影像的宏观角度入手,通过经验分析与图像质量高度相关的图像结构特性,构建出相应的影像质量评价方法,其中较为经典的方法是 Wang[110]等人提出的结构相似度(Structural Similarity,SSIM)方法,该方法将全参考影像质量评价算法的性能提高到了一个新的高度;

d. 基于信息保真度的质量评价算法，Hamid 等人借助信息论，对评价影像的失真程度进行度量，提出了一种全新的影像质量评价的研究方向，主要包括信息保真度准则[111]（Information Fidelity Criterion，IFC）和视觉信息保真度（Visual Information Fidelity，VIF），为质量评价方法提供了一个崭新的研究视角。

② 半参考评价方法。在绝大多数情况下，在实验中还是无法得到原始高分辨率影像数据的，因此可以退而求其次，利用影像部分关键信息，衡量待评价影像质量的好坏。半参考评价方法大致分为基于图像特征的方法、基于 Wavelet 域统计模型的方法及基于数字水印的方法等[112-113]，目前，半参考评价方法与大部分全参考评价方法性能相当。

③ 无参考评价方法。由于全参考与半参考评价方法都不同程度地借助了原始图像作为先验知识，在很大程度上限制了算法的使用范围，在完全得不到原始高分辨率影像，也不知道重建影像所包含失真类型的情况下，无参考评价[114-115]方法就突显出其优势所在，因其具有较好的应用前景，而受到了大多专家与学者的深度关注，科研人员也提出了多种不同性能的无参考评价方法，目前无参考评价方法大致可划分为专用型质量评价方法和通用型质量评价方法。专用型是指只针对某一特定类型的失真效果，而与之相对应的通用型，则是在不知重建影像失真类型的情况下，仍然可以评价重建影像的质量。无参考评价方法一般包括特征提取和质量预测两个阶段，在特征提取阶段，所提取的特征需要与图像失真高度相关，能够反映图像质量，而在质量预测阶段，需要设计合理的数学模型，精确模拟图像特征与主观图像质量分数之间的数值关系，这也是无参考评价方法的难点之一。由此可见，无参考评价方法对于超分辨率重建领域的影像质量评价具有重要的实际意义与研究价值，因此需要进一步的研究与探索。

本章参考文献

[1] NASROLLAHI K，MOESLUND T B. Super-resolution：a comprehensive survey[J]. Machine Vision and Applications，2014，25：1423-1468.

[2] 张敬. 多源图像超分辨率重建研究[D]. 合肥：中国科学技术大学，2015.

[3] DAI D，TIMOFTE R，VAN GOOL L. Jointly optimized regressors for image super-resolution[J]. Computer Graphics Forum，2015，34(2)：95-104.

[4] GOU S，LIU S，YANG S，et al. Remote sensing image super-resolution reconstruction based on nonlocal pairwise dictionaries and double regularization[J]. IEEE Journal of Selected Topics in Applied Earth Observations and Remote Sensing，2014，7(12)：4784-4792.

[5] 谢伟. 多帧影像超分辨率复原重建关键技术研究[D]. 武汉：武汉大学，2010.

[6] 宁津生，王正涛. 2012—2013 年测绘学科发展综合报告[J]. 测绘科学，2014，39(2)：3-10.

[7] 朱建军，樊东昊，周璀，等. 积分型非线性平差模型及其在超分辨率图像重建中的应用[J]. 测绘学报，2015，44(7)：747-752.

[8] 钟九生. 基于稀疏表示的光学遥感影像超分辨率重建算法研究[D]. 南京：南京师范大学，2013.

[9] 李展，张庆丰，孟小华，等. 多分辨率图像序列的超分辨率重建[J]. 自动化学报，2012，38(11)：1804-1814.

[10] 朱伟,孙久运,刘凯凯. 基于最小二乘影像匹配的超分辨率重建[J]. 地理与地理信息科学,2014,30(2):116-119.

[11] 杨文波. 航空图像超分辨率重构技术研究[D]. 长春:中国科学院研究生院(长春光学精密机械与物理研究所),2014.

[12] 陈王丽,孙涛,陈喆,等. 利用光流配准进行嫦娥一号 CCD 多视影像超分辨率重建[J]. 武汉大学学报(信息科学版),2014(9):1103-1108.

[13] CHEN C, QIN Q. An improved method for remote sensing image registration[J]. ActaScientiarum Naturalium Universitatis Pekinensis,2010,46(4):629.

[14] GUO Y, WANG J, ZHONG W, et al. Robust feature based multisensor remote sensing image registration algorithm[C]//Computational Intelligence and Design (ISCID),2014 Seventh International Symposium on. Hangzhou:IEEE,2014:319-322.

[15] 戴激光,宋伟东,贾永红,等. 一种新的异源高分辨率光学卫星遥感影像自动匹配算法[J]. 测绘学报,2013,42(1):80-86.

[16] 张谦,贾永红,吴晓良,等. 一种带几何约束的大幅面遥感影像自动快速配准方法[J]. 武汉大学学报(信息科学版),2014,39(1):17-21.

[17] 戴激光,宋伟东,李玉. 渐进式异源光学卫星影像 SIFT 匹配方法[J]. 测绘学报,2014,43(7):746-752.

[18] 王伟玺,安菲佳,王竞雪. 多重约束条件下的影像直线匹配算法研究[J]. 测绘科学,2014(11):15-19.

[19] 王竞雪,朱庆,王伟玺. 多匹配基元集成的多视影像密集匹配方法[J]. 测绘学报,2013,42(5):691-698.

[20] 王竞雪,宋伟东,王伟玺. 同名点及高程平面约束的航空影像直线匹配算法[J]. 测绘学报,2016,45(1):87-95.

[21] DING C, QIN Y, WU L. An improved algorithm of multi-source remote sensing image registration based on SIFT and Wavelet Transform[C]//Industrial Electronics and Applications (ICIEA),2014 IEEE 9th Conference on. Hangzhou:IEEE,2014:1189-1192.

[22] HABIB A F, ALRUZOUQ R I. Line-based modified iterated Hough transform for automatic registration of multi-source imagery[J]. The Photogrammetric Record,2004,19(105):5-21.

[23] 谭兵. 多帧图像空间分辨率增强技术研究[D]. 郑州:解放军信息工程大学,2004.

[24] HUANG T S. Multi-frame image restoration and registration[J]. Advances in Computer Vision and Image Processing,1984,1:317-339.

[25] 肖进胜,饶天宇,贾茜,等. 改进的自适应冲击滤波图像超分辨率插值算法[J]. 计算机学报,2015,38(6):1131-1139.

[26] 郑丽贤,何小海,吴炜,等. 基于学习的超分辨率技术[J]. 计算机工程,2008,34(5):193-195.

[27] 邓彩. 图像插值算法研究[D]. 重庆:重庆大学,2011.

[28] LI X, ORCHARD M T. New edge-directed interpolation[J]. IEEE Transactions on

Image Processing，2001，10(10)：1521-1527.

[29] ZHANG X，WU X. Image interpolation by adaptive 2-D autoregressive modeling and soft-decision estimation[J]. IEEE Transactions on Image Processing，2008，17(6)：887-896.

[30] 樊子德，龚健雅，刘博,等. 顾及时空异质性的缺失数据时空插值方法[J].测绘学报，2016，45(4):458-465.

[31] 张明. 图像超分辨率重建和插值算法研究[D]. 合肥:中国科学技术大学，2010.

[32] ZHANG L，WU X. An edge-guided image interpolation algorithm via directional filtering and data fusion[J]. IEEE Transactions on Image Processing，2006，15(8)：2226-2238.

[33] 徐志刚. 序列图像超分辨率重建技术研究[D]. 北京:中国科学院研究生院，2012.

[34] YANG C Y，YANG M H. Fast direct super-resolution by simple functions[C]// Proceedings of the IEEE International Conference on Computer Vision. 2013：561-568.

[35] DEVI S A，VASUKI A. Image super resolution using fourier-wavelet transform [C]//Machine Vision and Image Processing (MVIP)，2012 International Conference on. Coimbatore：IEEE，2012：109-112.

[36] RASTI P，LUSI I，DEMIREL H，et al. Wavelet transform based new interpolation technique for satellite image resolution enhancement[C]//Aerospace Electronics and Remote Sensing Technology (ICARES)，2014 IEEE International Conference on. Yogyakarta：IEEE，2014：185-188.

[37] MAKWANA R R，MEHTA N D. Single image super-resolution via iterative back projection based canny edge detection and a gabor filter prior[J]. International Journal of Soft Computing & Engineering，2013，3(1)：379-384.

[38] ZHANG Z，WANG X，MA J，et al. Super resolution reconstruction of three view remote sensing images based on global weighted POCS algorithm[C]//Remote Sensing，Environment and Transportation Engineering (RSETE)，2011 International Conference on. Nanjing：IEEE，2011：3615-3618.

[39] LI Y H，LYU X Q，YU H F. Sequence image super-resolution reconstruction base on L1 and L2 mixed norm[J]. Journal of Computer Applications，2015，35(3)：840-843.

[40] VILLENA S，VEGA M，BABACAN S D，et al. Bayesian combination of sparse and non-sparse priors in image super resolution[J]. Digital Signal Processing，2013，23(2)：530-541.

[41] VILLENA S，VEGA M，MOLINA R，et al. Bayesian super-resolution image reconstruction using an $\ell 1$ prior[C]//Image and Signal Processing and Analysis，Proceedings of 6th International Symposium on. Salzburg：IEEE，2009：152-157.

[42] LIANG X，GAN Z. Improved non-local iterative back-projection method for image super-resolution [C]//Image and Graphics (ICIG)，2011 Sixth International Conference on. Hefei：IEEE，2011：176-181.

[43] YUAN Q，YAN L，LI J，et al. Remote sensing image super-resolution via regional spatially adaptive total variation model［C］//Geoscience and Remote Sensing Symposium（IGARSS），2014 IEEE International. Quebec city：IEEE，2014：3073-3076.

[44] 李展，陈清亮，彭青玉，等. 基于 MAP 的单帧字符图像超分辨率重建[J]. 电子学报，2015，43(1)：191-197.

[45] LIU C，SUN D. On Bayesian adaptive video super resolution[J]. IEEE Transactions on Pattern Analysis and Machine Intelligence，2014，36(2)：346-360.

[46] CHEN G S，LI S T. Reconstruction of Super-resolution Image Using MAP and POCS Algorithms[J]. Science Technology and Engineering，2006.

[47] TANG L. Blind Super-Resolution Image Reconstruction Based on Weighted POCS[J]. International Journal of Multimedia and Ubiquitous Engineering，2016，11(5)：367-376.

[48] ROMANO Y，ISIDORO J，MILANFAR P. RAISR：Rapid and Accurate Image Super Resolution[J]. IEEE Transactions on Computational Imaging，2016.

[49] 吴炜. 基于学习的图像增强技术[M]. 西安：西安电子科技大学出版社，2013.

[50] ZHANG Y Q，DING Y，XIAO J S，et al. Visibility enhancement using an image filtering approach[J]. EURASIP Journal on Advances in Signal Processing，2012，2012(1)：220.

[51] 梁美玉. 跨尺度空间运动图像增强和重建研究[D]. 北京：北京邮电大学，2014.

[52] 周靖鸿，周璀，朱建军，等. 基于非下采样轮廓波变换遥感影像超分辨重建方法[J]. 光学学报，2015(1)：98-106.

[53] 刘军. 基于 Retinex 理论的可见光卫星遥感图像增强算法研究[D]. 成都：电子科技大学，2011.

[54] KOMPROBST P，DERICHE R，AUBERT G. Image coupling，restoration and enhancement via PDE's［C］//Proceedings of International Conference on Image Processing. Santa Barbara：IEEE，1997：458-461.

[55] ZHOU Q，CHEN S，LIU J，et al. Edge-preserving single image super-resolution［C］//Proceedings of the 19th ACM International Conference on Multimedia. New York：ACM，2011：1037-1040.

[56] OSHER S，RUDIN L I. Feature-oriented image enhancement using shock filters[J]. SIAM Journal on Numerical Analysis，1990，27(4)：919-940.

[57] FREEMAN W T，JONES T R，PASZTOR E C. Example-based super-resolution[J]. IEEE Computer Graphics and Applications，2002，22(2)：56-65.

[58] ZHOU F，YANG W，LIAO Q. A coarse-to-fine subpixel registration method to recover local perspective deformation in the application of image super-resolution[J]. IEEE Transactions on Image Processing A Publication of the IEEE Signal Processing Society，2012，21(1)：53-66.

[59] TAI Y W，LIU S，BROWN M S，et al. Super resolution using edge prior and single image detail synthesis［C］//Computer Vision and Pattern Recognition（CVPR），2010

IEEE Conference on. San Francisco: IEEE, 2010: 2400-2407.

[60] SUN L, HAYS J. Super-resolution from internet-scale scene matching [C]// Computational Photography (ICCP), 2012 IEEE International Conference on. Seattle: IEEE, 2012: 1-12.

[61] YANG J, WRIGHT J, HUANG T S, et al. Image super-resolution via sparse representation [J]. IEEE Transactions on Image Processing, 2010, 19 (11): 2861-2873.

[62] DONG C, LOY C C, HE K, et al. Learning a Deep Convolutional Network for Image Super-Resolution[C]//Springer International Publishing. 2014: 184-199.

[63] KIM J, LEE J K, LEE K M. Deeply-Recursive Convolutional Network for Image Super-Resolution [C]//2016 IEEE Conference on Computer Vision and Pattern Recognition. Las Vegas: IEEE, 2016: 1637-1645.

[64] SHI W Z, CABLLERO J, HUSZAR F, et al. Real-Time Single Image and Video Super-Resolution Using an Efficient Sub-Pixel Convolutional Neural Network[C]// 2016 IEEE Conference on Computer Vision and Pattern Recognition. Las Vegas: IEEE, 2016: 1874-1883.

[65] DONG C, LOY C C, TANG X. Accelerating the Super-Resolution Convolutional Neural Network[C]//ECCV 2016. Hong Kong: Spring International Publishing, 2016: 391-407.

[66] KIM J, LEE K J, LEE M K. Deeply-Recursive Convolutional Network for Image Super-Resolution[J]. CoRR,2015,abs/1511. 04491.

[67] TAI Y, YANG J, LIU X. Image super-resolution via deep recursive residual network [C]//Proceedings of the IEEE Conference on Computer Vision and Pattern Recognition. Honolulu: IEEE, 2017: 3147-3155.

[68] AHN N, KANG B, SOHN K A. Fast, accurate, and lightweight super-resolution with cascading residual network[C]//Proceedings of the European Conference on Computer Vision (ECCV). 2018: 252-268.

[69] MAO X J, SHEN C, YANG Y B. Image Restoration Using Very Deep Convolutional Encoder-Decoder Networks with Symmetric Skip Connections[J]. 2016.

[70] LAI W S, HUANG J B, AHUJA N, et al. Deep Laplacian Pyramid Networks for Fast and Accurate Super-Resolution[C]//IEEE Conference on Computer Vision & Pattern Recognition. Honolulu: IEEE, 2017:5835-5843.

[71] TONG T, LI G, LIU X, et al. Image Super-Resolution Using Dense Skip Connections [C]//IEEE International Conference on Computer Vision. Venice: IEEE, 2017.

[72] LIM B, SON S, KIM H, et al. Enhanced deep residual networks for single image super-resolution[C]//Proceedings of the IEEE Conference on Computer Vision and Pattern Recognition Workshops. Honolulu: IEEE, 2017: 136-144.

[73] YU J, FAN Y, YANG J, et al. Wide activation for efficient and accurate image super-resolution[J]. arXiv preprint arXiv:1808. 08718, 2018.

[74] LIEBEL L, KORNER M. Single-image super resolution for multispectral remote sensing data using convolutional neural networks[J]. The International Archives of the Photogrammetry, Remote Sensing and Spatial Information Sciences, 2016, 41: 883-890.

[75] TUNA C, UNAL G, SERTEL E. Single-frame super resolution of remote-sensing images by convolutional neural networks[J]. International Journal of Remote Sensing, 2018, 39(8): 2463-2479.

[76] DONG C, LOY C C, HE K, et al. Image super-resolution using deep convolutional networks[J]. IEEE Transactions on Pattern Analysis and Machine Intelligence, 2015, 38(2): 295-307.

[77] HUANG N, YANG Y, LIU J, et al. Single-image super-resolution for remote sensing data using deep residual-learning neural network[C]//Neural Information Processing: 24th International Conference. Guangzhou: Springer International Publishing, 2017: 622-630.

[78] LEI S, SHI Z, ZOU Z. Super-resolution for remote sensing images via local-global combined network[J]. IEEE Geoscience and Remote Sensing Letters, 2017, 14(8): 1243-1247.

[79] XU W, XU G L, WANG Y, et al. High quality remote sensing image super-resolution using deep memory connected network[C]//2018 IEEE International Geoscience and Remote Sensing Symposium. Valencia: IEEE, 2018: 8889-8892.

[80] JIANG K, WANG Z, YI P, et al. Deep distillation recursive network for remote sensing imagery super-resolution[J]. Remote Sensing, 2018, 10(11): 1700.

[81] DEEBA F, DHAREJO F A, ZHOU Y, et al. Single image super-resolution with application to remote-sensing image[C]//2020 Global Conference on Wireless and Optical Technologies (GCWOT). Malaga: IEEE, 2020: 1-6.

[82] REN C, HE X, QING L, et al. Remote sensing image recovery via enhanced residual learning and dual-luminance scheme[J]. Knowledge-Based Systems, 2021, 222: 107013.

[83] JIANG K, WANG Z, YI P, et al. Edge-enhanced GAN for remote sensing image superresolution[J]. IEEE Transactions on Geoscience and Remote Sensing, 2019, 57(8): 5799-5812.

[84] LANARAS C, BIOUCAS-DIAS J, GALLIANI S, et al. Super-resolution of sentinel-2 images: learning a globally applicable deep neural network[J]. ISPRS Journal of Photogrammetry and Remote Sensing, 2018, 146: 305-319.

[85] CHEN Y Z, LIU T J, LIU K H. Super-resolution of satellite images based on two-dimensional RRDB and edge-enhanced generative adversarial network[C]//2022 IEEE International Conference on Consumer Electronics (ICCE). Singapore: IEEE, 2022: 1-4.

[86] WANG P, SERTEL E. Channel-spatial attention-based pan-sharpening of very high-resolution satellite images[J]. Knowledge-Based Systems, 2021, 229: 107324.

[87] GU J, SUN X, ZHANG Y, et al. Deep residual squeeze and excitation network for remote sensing image super-resolution[J]. Remote Sensing, 2019, 11(15): 1817.

[88] DONG X, XI Z, SUN X, et al. Transferred multi-perception attention networks for remote sensing image super-resolution[J]. Remote Sensing, 2019, 11(23): 2857.

[89] HAUT J M, FERNANDEZ-BELTRAN R, PAOLETTI M E, et al. Remote sensing image superresolution using deep residual channel attention[J]. IEEE Transactions on Geoscience and Remote Sensing, 2019, 57(11): 9277-9289.

[90] ZHANG Y, LI K, LI K, et al. Image super-resolution using very deep residual channel attention networks [C]//Proceedings of the European Conference on Computer Vision (ECCV). 2018: 286-301.

[91] WANG P, BAYRAM B, SERTEL E. Super-resolution of remotely sensed data using channel attention based deep learning approach[J]. International Journal of Remote Sensing, 2021, 42(16): 6048-6065.

[92] HARIS M, SHAKHNAROVICH G, UKITA N. Deep back-projection networks for super-resolution[C]//Proceedings of the IEEE Conference on Computer Vision and Pattern Recognition. 2018: 1664-1673.

[93] PAN Z, MA W, GUO J, et al. Super-resolution of single remote sensing image based on residual dense backprojection networks[J]. IEEE Transactions on Geoscience and Remote Sensing, 2019, 57(10): 7918-7933.

[94] DONG X, XI Z, SUN X, et al. Remote sensing image super-resolution via enhanced back-projection networks [C]//2020 IEEE International Geoscience and Remote Sensing Symposium. Waikdoa: IEEE, 2020: 1480-1483.

[95] 黄慧娟, 禹晶, 孙卫东. 基于 SVD 的超分辨率重建图像质量无参考评价方法[J]. 计算机辅助设计与图形学学报, 2012, 24(9): 1204-1210.

[96] 高飞. 学习盲图像质量评价方法研究[D]. 西安: 西安电子科技大学, 2014.

[97] SHEIKH H R, BOVIK A C. Image information and visual quality [J]. IEEE Transactions on Image Processing, 2006, 15(2): 430-444.

[98] WANG Z, SIMONCELLI E P, BOVIK A C. Multiscale structural similarity for image quality assessment[C]//Signals, Systems and Computers, 2004. Conference Record of the Thirty-Seventh Asilomar Conference on. Pacific Grove: IEEE, 2003: 1398-1402.

[99] ZHANG L, ZHANG L, MOU X, et al. FSIM: a feature similarity index for image quality assessment [J]. IEEE Transactions on Image Processing, 2011, 20(8): 2378-2386.

[100] WANG Z, BOVIK A C. Modern image quality assessment[J]. Synthesis Lectures on Image, Video, and Multimedia Processing, 2006, 2(1): 1-156.

[101] HE L, GAO X, LU W, et al. Image quality assessment based on S-CIELAB model [J]. Signal, Image and Video Processing, 2011, 5(3): 283-290.

[102] LIU T J, LIN W, KUO C C J. Image quality assessment using multi-method fusion [J]. IEEE Transactions on Image Processing, 2013, 22(5): 1793-1807.

[103] MA L，LI S，ZHANG F，et al. Reduced-reference image quality assessment using reorganized DCT-based image representation[J]. IEEE Transactions on Multimedia，2011，13(4)：824-829.

[104] MITTAL A，SOUNDARARAJAN R，BOVIK A C. Making a "completely blind" image quality analyzer[J]. IEEE Signal Processing Letters，2013，20(3)：209-212.

[105] PENG B，ZHANG L. Evaluation of image segmentation quality by adaptive ground truth composition[C]//European Conference on Computer Vision. Springer Berlin Heidelberg，2012：287-300.

[106] ZHANG L，ZHANG L，BOVIK A C. A feature-enriched completely blind image quality evaluator[J]. IEEE Transactions on Image Processing，2015，24(8)：2579-2591.

[107] ZHANG L，ZHANG L，MOU X，et al. A comprehensive evaluation of full reference image quality assessment algorithms[C]//Image Processing (ICIP)，2012 19th IEEE International Conference on. Orlando：IEEE，2012：1477-1480.

[108] WANG Z，BOVIK A C. Mean squared error：Love it or leave it? A new look at signal fidelity measures[J]. IEEE Signal Processing Magazine，2009，26(1)：98-117.

[109] PIRAHANSIAH F，ABDULLAH S N H S，SAHRAN S. Adaptive image thresholding based on the peak signal-to-noise Ratio[J]. Research Journal of Applied Sciences，Engineering and Technology，2014，8(9)：1104-1116.

[110] WANG Z，BOVIK A C，SHEIKH H R，et al. Image quality assessment：from error visibility to structural similarity[J]. IEEE Transactions on Image Processing，2004，13(4)：600-612.

[111] SHEIKH H R，BOVIK A C，VECIANA G D. An information fidelity criterion for image quality assessment using natural scene statistics[J]. IEEE Transactions on Image Processing，2005，14(12)：2117-2128.

[112] 徐少平，杨荣昌，刘小平. 信息量加权的梯度显著度图像质量评价[J]. 中国图象图形学报，2014，19(2)：201-210.

[113] LU W，GAO X，TAO D，et al. A wavelet-based image quality assessment method[J]. International Journal of Wavelets，Multiresolution and Information Processing，2008，6(4)：541-551.

[114] 杨迪威，余绍权. 利用相位一致性的图像质量评价方法[J]. 计算机工程与应用，2015，51(2)：16-20.

[115] 张淑芳，张聪，张涛，等. 通用型无参考图像质量评价算法综述[J]. 计算机工程与应用，2015，51(19)：13-23.

第 2 章

特 征 匹 配

特征匹配是计算机视觉、特征识别、图像配准等领域的关键技术和经典问题,也是三维重建亟待解决的问题。点特征匹配已取得较大进展,但直线特征匹配由于受噪声、光照、遮挡等因素影响,研究进展相对较慢。本章就现有特征匹配问题展开研究,提出一种点特征密集匹配方法与三种直线特征匹配方法,从而为后续高级图像处理提供更多帮助。

2.1 点特征匹配

随着数码相机的广泛应用,获取不同视角的数字影像已变得越来越容易,这也将成为近景摄影测量中一种通用的作业模式[1-2]。而影像匹配作为计算机视觉和摄影测量一直以来的研究重点,经过学者的多年研究,已有了很大进展。但影像匹配结果中依然存在粗差,目前没有一种方法可以实现对所有影像或场景均取得较好的结果,针对遮挡、表面非连续、纹理缺乏等困难在纹理区域更加难以获取大量可靠的同名点。而图像密集匹配精度将直接影响三维重建结果[3],是恢复立体图像三维信息的关键,所以实现影像间精确的密集匹配对近景摄影测量领域的研究和应用具有重要意义[4-5]。

因此,各国学者致力于研究影像密集匹配问题,密集匹配可由立体匹配产生的特征点寻找更多新特征点,密集匹配可分为以下 2 种情况[6]:基于特征的匹配,目前采用较多的是利用种子点计算特定变换矩阵[7],以及利用变换矩阵获取视差估计[8],这些方法需要进行匹配区域估计或变换矩阵计算,但计算过程较为复杂;基于区域的密集匹配方法,Lhuillier[9]和 Quan[10]等人提出从特征点出发,采取区域增长的密集匹配算法,效果良好,但这只适用于纹理丰富的影像。国内的学者一般在一副图像中寻找兴趣点,在对应图像中寻找灰度相似匹配区域,在视差变化范围大时,容易得到错误的匹配结果[11]。因此,本节对现有方法进行分析总结,提出针对近景影像的密集匹配方法,采用 SIFT 算子匹配同名点,通过 RANSAC 算法进行优化,利用高精度的同名点构建初始的 Delaunay 三角网。在同名相似三角形内以重心作为匹配基元对已有结果进行密集匹配,通过色彩信息相似性约束和极线约束达到精匹配的目的。该方法避免了繁琐的冗余性计算,适用于不同类型的近景影像数据,可通过内插次数及三角形面积阈值控制匹配点的密集程度,以满足不同情况对特征点密集程度的要求。

1. 方法原理

对用数码相机拍摄的一组具有重叠度的两幅近景影像,利用 SIFT 特征算子[12-13]对左右影像进行初匹配,采用 RANSAC 算法优化初始匹配结果,得到高精度初匹配同名点。依据高精度同名点构建 Delaunay 三角网,由于相机本身畸变的因素,或立体像对存在角度、旋转或尺度变换,所以即便是同名三角形内插的重心点,也不能完全保证是同名点。因此通过三角形的相似性来约束内插区域,在同名相似三角内以重心点作为匹配基元对已有结果进行密集匹配,并通过色彩信息相似性约束和极线约束,筛选可靠内插点,可使其结果具有较好的准确性。

1) 同名三角形内插

Delaunay 三角形易于构建,并具有稳定的特点,可采用 SIFT 算子和 RANSAC 算法获取高精度同名点并构建稳定的 Delaunay 三角网[14]。以左影像三角网为基准构建右影像三角网,即记录构建左影像 Delaunay 三角形顶点的索引号,右影像按该索引号构网。左、右影像建成的 Delaunay 三角网中大多数三角形应具有相似的大小和形状,形成相似三角形,满足相似三角形的性质,即相似三角形的对应角相等,相似三角形的面积比等于对应边的平方比。根据相似三角形的性质约束内插点区域。这些三角形将图像划分为若干三角区域,并在左、右图像上对应的相似三角形内部内插三角形重心点,以三角形重心为匹配基元,并逐级内插实现特征点密集匹配,通过颜色相似性约束和极线约束过滤新特征点,最后得到可靠的同名点。以此为基础,不断内插相似三角形重心点,反复更新三角网,并将 Delaunay 三角网整体围绕影像中心旋转,避免只能在初始三角网区域内进行密集匹配。

基于初始 SIFT 同名特征点匹配集,进行反复内插,实现密集匹配,步骤如下。

① 将 SIFT 匹配的同名点通过 RANSAC 算法进行优化,利用左影像初始匹配集 M 中的同名点构建 Delaunay 三角网,记录构成左影像 Delaunay 三角网中三角形的索引号 index,依据索引号构建右影像 Delaunay 三角网。

② 左、右影像 Delaunay 三角网中的三角形应满足相似三角形的性质,即相似三角形面积比等于对应边的平方比,如式(2-1)。通过相似三角形的性质约束内插点区域,减小不必要内插范围并缩短内插时间。

$$\frac{l_{i1}}{l'_{i1}} \approx \frac{l_{i2}}{l'_{i2}} \approx \frac{l_{i3}}{l'_{i3}} \approx \sqrt{\frac{S_i}{S'_i}} \qquad (2\text{-}1)$$

式(2-1)中 l_{ij},$l'_{ij}(i=1,2,\cdots,n,j=1,2,3)$ 分别表示左、右影像 Delaunay 三角网中第 $i(i=1,2,\cdots,n)$ 个三角形三边长,S_i,S'_i 分别表示左、右影像 Delaunay 三角网中第 $i(i=1,2,\cdots,n)$ 个三角形的面积。

③ 由于重心是三角形三边中线的交点,必在三角形内,重心和三角形 3 个顶点组成 3 个面积相等的三角形。依据该性质,可控制匹配点密集程度,因此选择重心点作为密集匹配基元。在 Delaunay 三角网内按照顺序进行逐个内插,以左影像为例,设第 i 个三角形的顶点分别为 P_{i1},P_{i2},P_{i3},其图像像素坐标分别为 (xx_{i1},yy_{i1}),(xx_{i2},yy_{i2}),(xx_{i3},yy_{i3}),则内插三角形的重心坐标为

$$x\_gravity = \frac{xx_{i1}+xx_{i2}+xx_{i3}}{3} \qquad (2\text{-}2a)$$

$$y\_gravity = \frac{yy_{i1}+yy_{i2}+yy_{i3}}{3} \qquad (2\text{-}2b)$$

④ 通过彩色信息不变性和极线约束过滤新匹配的特征点,提高匹配精度,更新初始匹配点集 M 为 M_i。

⑤ 重复步骤②～④,直到特征点密集程度满足需求,得到最终特征点集 M_n 和三角网 DT。以影像中心为原点,通过旋转矩阵式(2-3),将左影像三角网 DT 旋转一定的角度 θ(本

节 $\theta=45°,90°,135°$)。通过仿射变换将旋转后左影像三角网中每个三角形的顶点坐标映射到右影像上,仍按照左影像 Delaunay 三角网索引号构建旋转后右影像中的三角网,重复步骤②~④,最终得到分布均的密集匹配结果。

$$\begin{bmatrix} x' \\ y' \end{bmatrix} = \begin{bmatrix} \cos\theta & -\sin\theta \\ \sin\theta & \cos\theta \end{bmatrix} \begin{bmatrix} x \\ y \end{bmatrix} \tag{2-3}$$

2）约束匹配

由于近景影像具有分辨率高、局部纹理重复度高、目标物间视差不连续的特点,获取稠密特征点难度增加。以每个匹配基元为中心,取 3×3 窗口计算彩色信息相似度,彩色信息相似度大的视为初匹配。针对近景影像存在的复杂情况,单一的约束条件将无法满足匹配精度要求,再次利用极线约束思想筛选内插点,从而提高内插点匹配精度。采用彩色信息相似性约束和极线约束,双重约束条件增强约束力度,目的是保证匹配点的精确度和可靠性。

（1）彩色信息相似性约束

在影像匹配中,判断匹配基元是否成功匹配至关重要,由于彩色信息是近景影像的一个显著特征,所以针对近景影像自身具有的色彩特点,通过彩色模型中的 RGB 模型,可计算每个待匹配基元彩色空间各通道的分布均值,这对近景影像匹配具有非常重要的意义[15]。通过 RGB 彩色空间各通道均值的求解建立彩色信息相似性约束条件。根据同一场景拍摄的立体像对应该满足同名点的彩色信息不变性特点,分别提取立体像对中 R,G,B 3 个通道的分量,然后利用颜色归一化互相关系数计算彩色信息的相似性[16],得到 ρ_R,ρ_G,ρ_B。

以其中一个波段为例,R 波段彩色信息相似性测度如式(2-4)所示:

$$\rho_{R(r,c)} = \frac{\sum_{i=1}^{m}\sum_{j=1}^{n}(g_{R(i,j)}-\bar{g}_R)\cdot(g'_{R(i+r,j+c)}-\bar{g}'_{R(r,c)})}{\sqrt{\sum_{i=1}^{m}\sum_{j=1}^{n}(g_{R(i,j)}-\bar{g}_R)^2\cdot\sum_{i=1}^{m}\sum_{j=1}^{n}(g'_{R(i+r,j+c)}-\bar{g}'_{R(r,c)})^2}} \tag{2-4a}$$

$$\bar{g}_R = \frac{1}{m\cdot n}\sum_{i=1}^{m}\sum_{j=1}^{n}g_{R(i,j)} \tag{2-4b}$$

$$\bar{g}'_R = \frac{1}{m\cdot n}\sum_{i=1}^{m}\sum_{j=1}^{n}g'_{R(i+r,j+c)} \tag{2-4c}$$

在近景影像中,波段 G 与 B 通道的色彩信息相似性测度的计算方法与波段 R 相同,则最终色彩信息相似性测度为

$$\rho_C = \frac{\rho_R+\rho_G+\rho_B}{3} \tag{2-5}$$

以每个待匹配基元为中心,建立 3×3 匹配模板,计算以内插点为中心的匹配模板色彩信息三通道分量均值,通过 ρ_C 描述内插点色彩信息,当两个匹配模板彩色信息相似测度 ρ_C 小于阈值时,则视为两个待匹配基元具有彩色信息不变量,在一定程度上可提高对彩色影像特征点的识别能力,完成内插点初匹配。

（2）极线约束

为了使内插点匹配更准确,引入对极几何概念。极线约束思想[17]:空间内任一点在左、右两幅影像平面上的投影点一定落在其对应的极线上。三维空间点 P 在平面 I,I' 上的投影分别为 x 和 x',x 与 x' 为对应的匹配点;两摄像机的光心连线交平面 I,I' 于点 e,e',称为极点,极点与像点的连线 l 与 l' 称为极线。

在射影空间中,像平面上的直线 l 可用射影坐标表示。点 x 和 x' 的极线 l' 与 l 的射影坐标为 l' 与 l,则 l' 与 x 之间满足一个线性变换:

$$l' = Fx \tag{2-6}$$

其中,F 是一个秩为 2 的 3×3 矩阵,称为基础矩阵。因 x 的匹配点 x' 在极线 l' 上,故有

$$x'^{\mathrm{T}} Fx = 0 \tag{2-7}$$

利用式(2-6)计算基础矩阵 F,采用鲁棒性较好的 RANSAC 算法估计基础矩阵,该算法的重要思想[18-19]是:①获取初始匹配高精度同名点集;②通过从匹配点集中随机采样估计基础矩阵,结果与估计一致的视为内点,通过多次随机采样估计出最优的基础矩阵;③利用得到的最优基础矩阵进行引导匹配,进一步确定特征点的对应关系;④重复②和③共 n 次,直到求得的基础矩阵稳定为止。

对极几何的本质就是,对于 I 图像上一点 x,如果在 I' 图像上找到它的对应点,则该点必定位于点 x 在 I' 图像的极线上。d 表示点到对应极线的距离,即

$$d(x_i', F_j x_i) = \frac{|x_i'^{\mathrm{T}} F_j x_i|}{\sqrt{(F_j x_i)^2 + (F_j x_i')^2}} \tag{2-8}$$

这种映射关系产生的映射距离为

$$r = d(Fx, x') \tag{2-9}$$

其中 $d(Fx, x')$ 表示点到极线的欧氏距离,当 r 小于设定的阈值 thres_r(本节 thres_r 取 0.5 个像素)时,视为同名点,否则视为错误点,剔除粗差。

2. 实验结果及分析

实验选择不同类型近景影像作为实验数据,分别为图 2-1(a)存在光照变化(553×510 像素),图 2-1(b)存在尺度变换(800×600 像素),图 2-1(c)存在旋转变换(800×600 像素)。在 Matlab 7.8 平台下,验证近景影像三角网内插点密集匹配方法的可靠性,对本节方法匹配传播过程进行全面分析。图 2-1 所示为近景影像三角网内插点密集匹配方法所采用的 3 对影像数据,以及不同类型影像最终更新的 Delaunay 三角网结果,后续三角网旋转也是基于此。

(a) 光照变化 (b) 尺度变换 (c) 旋转变换

图 2-1 Delaunay 三角网

在整体匹配过程中,通过 SIFT 匹配获取特征点,用 RANSAC 算法剔除粗差,得到初始可靠的特征点集。以此为基础,在立体影像中构建 Delaunay 三角网,在不断新增内插特征点的同时,对三角网进行动态更新。在匹配传播过程中,不断迭代,计算新生成三角网的特征值,直到满足三角形特征值小于预先设定的阈值时为止。为了进一步展示在密集匹配实验中 Delaunay 三角网动态生成及旋转的过程,以其中一组尺度变换立体像对为例,进行具体分析,如图 2-2 所示。

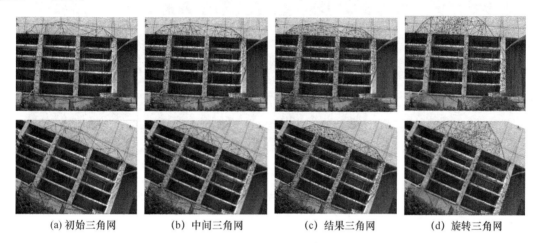

(a) 初始三角网   (b) 中间三角网   (c) 结果三角网   (d) 旋转三角网

图 2-2　三角网约束影像匹配传播

三角网动态更新不仅适用于不同的影像纹理特征,还适用于场景深度变化,表 2-1 列出了近景影像三角网内插点密集匹配方法的实验结果。

表 2-1　近景影像三角网内插点密集匹配方法结果

实验数据	SIFT 匹配个数	密集匹配个数	旋转三角网后密集匹配个数	总匹配数量
Pic(a)	731	4 027	3 302	7 329
Pic(b)	720	5 119	6 865	11 984
Pic(c)	291	2 902	2 238	5 140

利用图 2-1(a)具有光照变化的立体像对进行密集匹配,对于存在光照变化的影像,若将其转换为灰度影像,灰度区域光照越暗越不明显,可以将近景影像三角网内插点密集匹配方法加入 RGB 彩色信息提高算法的整体性能。实验结果表明,近景影像三角网内插点密集匹配方法提高特征点数为 SIFT 匹配结果的 10.03 倍。图 2-1(b)所示为存在尺度变换的近景影像,密集匹配不仅克服了原 SIFT 匹配数量少的缺点,而且得到了分布均匀的匹配结果;图 2-1(c)所示是具有旋转变换的影像,从表 2-1 中可以看出,旋转影像密集匹配的效果最为理想,密集匹配的数量提高了 17.66 倍。图 2-3 所示为近景影像三角网内插点密集匹配实验的最终结果,可以看出近景影像三角网内插点密集匹配方法对光照具有一定的抗干扰性,对不同类型数据,算法总体性能比较稳定,可以获取分布均匀的密集匹配点对。

综上所述,近景影像三角网内插点密集匹配方法能较好地解决近景影像特征点密集匹配问题,该方法对影像拍摄没有特殊要求,针对不同类型具有一定重叠度的立体像对,均可得到较理想的密集匹配效果。该方法计算量的大小与影像内容的复杂程度线性相关,其结果能够更好地反映出近景影像场景的细节信息。

(a) 光照变化　　　　　　　　(b) 尺度变换　　　　　　　　(c) 旋转变换

图 2-3　近景影像三角网内插点密集匹配方法实验结果

3. 总结

本节所提出的近景影像三角网内插点密集匹配方法使用 SIFT 特征算子对立体像对进行初匹配,通过 RANSAC 算法得到高精度同名点,针对已有的匹配结果提出近景影像 Delaunay 三角网内插点密集匹配方法。在密集匹配过程中,不断内插新特征点,反复迭代,更新 Delaunay 三角网,并充分利用近景影像中包含的彩色信息进行优化,同时利用极线对密集匹配结果进行再次约束,最终得到分布均匀的密集匹配结果。本节分别对存在光照变化、尺度变换及旋转变换的影像密集匹配结果进行综合分析,近景影像三角网内插点密集匹配方法可显著提高匹配点数量,通过双重约束获取高精度密集匹配结果,有利于后续应用在摄影测量中的三维重建。

本节参考文献

[1] 彭嫚,邸凯昌,刘召芹. 基于自适应马尔科夫随机场的深空探测影像密集匹配[J].遥感学报,2014,18(1):77-89.

[2] TOLA E, LEPETIT V, FUA P. A fast local descriptor for dense matching[C]// Computer Vision and Pattern Recognition. 2008 IEEE Conference on Computer Vision and Pattern Recognition. Anchorage:IEEE, 2008:1-8.

[3] LHUILLIER M, QUAN L. Match propagation for image-based modeling and rendering[J]. IEEE Transactions on Pattern Analysis and Machine Intelligence,2002, 24(8):1140-1146.

[4] 孔晓东,屈磊,桂国富,等. 基于极约束和边缘点检测的图像密集匹配[J].计算机工程,2004,30(20):40-41.

[5] YANG Q, WANG L, YANG R, et al. Stereo matching with color-weighted correlation, hierarchical belief propagation and occlusion handling[J]. IEEE TPAMI,

2009,31(3):492-504.

[6] 李晓明,郑链,胡占义. 基于 SIFT 特征的遥感影像自动配准[J].遥感学报,2006,10 (6):885-892.

[7] 侯文广,吴梓翠,丁明跃. 基于 SURF 和 TPS 的立体影像匹配方法[J].华中科技大学 学报(自然科学版),2010,38(7):91-94.

[8] 华顺刚,曾令宜. 一种基于角点检测的图像密集匹配算法[J].计算机工程与设计,2007, 28(3):1092-1095.

[9] LHUILLIER M, QUAN L. A quasi-dense approach to surface reconstruction from uncalibrated images [J]. IEEE Transactions on Pattern Analysis and Machine Intelligence,2005, 27(3):418-433.

[10] QUAN L, TAN P, ZENG G, et al. Image-based plant modeling [J]. ACM Transactions on Graphics,2006, 25(3):599-604.

[11] 吴梓翠. 基于并行计算的立体影像密集匹配算法研究[D]. 武汉:华中科技大学,2011.

[12] LOWE D G. Distinctive Image Features from Scale-invariant Keypoints [J]. International Journal of Computer Vision,2004,60(2):91-110.

[13] MIKOLAJCZYK K, SCHMID C. A Performance Evaluation of Local Descriptors[J]. IEEE Transactions on Pattern Analysis and Machine Intelligence, 2005, 27 (10): 1615-1630.

[14] 朱庆,吴波,赵杰. 基于自适应三角形约束的可靠影像匹配方法[J].计算机学报, 2005,28(10):1734-1739.

[15] 来春风.数字近景影像稠密匹配方法研究[D]. 南京:南京师范大学,2012.

[16] FINLAYSON G D, HORDLEY S D, XU R. Convex Programming Colour Constancy with a Diagonal-off-set Model [C]//IEEE International Conference on Image Processing. Genova,2005.

[17] 卜范秋,宋伟东,王伟玺. 一种针对近景影像的匹配算法[J].测绘科学,2013,38(6): 143-146.

[18] 宋汉辰,张小义,吴玲达. 一种基础矩阵线性估计的鲁棒方法[J].计算机工程,2005, (15):178-179.

[19] 甄艳,刘学军,王美珍. 一种估计基础矩阵的新鲁棒算法[J]. 地理与地理信息科学, 2013, 29(2):26-30.

2.2　直线特征匹配

直线匹配的难点主要体现在以下 3 个方面[1-4]:①直线段端点不确定,极线虽然能较好地约束点匹配,但在直线匹配中却不能提供准确位置约束;②直线提取中出现断裂情况导致匹配结果易出现"一配多""多配一"情况;③没有预知全局的几何约束条件,由于直线长短决定直线支撑域大小,因此对区域描述子来说,缺少一个归一化策略的全局约束条件。为此,本节给出 3 种解决方法。

2.2.1　重合度约束直线特征匹配算法

针对摄像机拍摄具有一定重叠度的左、右两幅近景影像,首先利用 SIFT 算子[5]匹配左、右影像中的特征点,并使用 RANSAC 算法[6-7]对匹配结果进行优化,剔除错误点,再依据高精度同名点计算仿射变换矩阵,同时采用 Freeman 链码[8-9]方法分别对左、右影像进行直线提取,并记录直线端点坐标。通过仿射变换将左影像直线端点坐标映射到右影像,为了简化称其为左投影直线段。在此基础上,提出直线重合度约束的近景影像直线匹配,即通过判断左投影直线段与右影像线段是否重合,判定线段之间是否匹配。若两线段相互匹配,则记录同名直线端点坐标索引号,避免因再次仿射变换后直线受变换精度影响而存在偏差。用链码方法提取直线会出现直线断裂,而导致匹配结果中可能会出现"一配多""多配一"情况。为确保直线匹配的准确性,可根据直线向量是否共线,对匹配结果进行"一配一"优化,算法总体技术流程如图 2-4 所示。

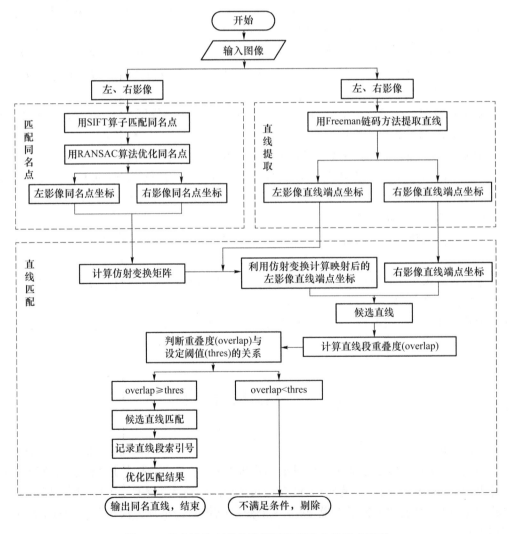

图 2-4　重合度约束直线特征匹配算法总体技术流程

1. 重合度约束直线特征匹配算法原理

仿射变换[10-11]是一种二维坐标到二维坐标之间的线性变换,仿射变换包括平移、缩放、翻转、旋转、剪切。在仿射变换下,图形的不变性质和不变量统称为仿射性质:①仿射变换把直线变成直线,并且保持共线三点的介于关系;②仿射变换把不共线三点变成不共线三点;③仿射变换把平行直线变成平行直线;④在仿射变换下平行线段的比不变。仿射变换可以写成如下的形式:

$$\begin{cases} u_1 = au_2 + bv_2 + m \\ v_1 = cu_2 + dv_2 + n \end{cases} \tag{2-10}$$

将立体像对的像点坐标齐次化,用矩阵的形式表示如下:

$$\begin{bmatrix} u_1 \\ v_1 \\ 1 \end{bmatrix} = \begin{bmatrix} a & b & m \\ c & d & n \\ 0 & 0 & 1 \end{bmatrix} \begin{bmatrix} u_2 \\ v_2 \\ 1 \end{bmatrix} \tag{2-11}$$

上述矩阵可以写成

$$\boldsymbol{P}_1 = \boldsymbol{H}\boldsymbol{P}_2 \tag{2-12}$$

式(2-11)中含有 6 个未知数,已知不共线的 3 对同名点即可决定唯一的一个仿射变换矩阵 $\boldsymbol{H}$。而本节中匹配同名点数目大于 3,采用最小二乘法[12]对式(2-11)中的仿射变换参数进行求解。根据仿射变换参数,对左影像上提取的直线端点坐标 $P_{\text{left}}(x,y) = \{(x,y)_i \mid i=1,2,3,\cdots,n\}$,利用式(2-12),将其映射到右影像上,左投影直线段端点坐标记为 $P'_{\text{left}}(x',y') = \{(x',y')_i \mid i=1,2,3,\cdots,n\}$。右影像直线端点坐标记为 $P_{\text{right}}(x,y) = \{(x,y)_j \mid j=1,2,3,\cdots,m\}$,在理想情况下左投影直线段与右影像所提取的直线段应重合。但由于通过仿射变换后直线受变换精度影响会存在一定偏差,因此本节引入模糊数学中的隶属度概念,定义直线重合度函数,以减小因仿射变换中存在的精度问题而对直线匹配的精确度造成的影响。

首先,定义两直线距离函数 $y(x)$;其次基于距离函数定义直线重合度函数 $F(y)$,根据重合度函数计算重合长度 overlap;最后,判断重合长度 overlap 与阈值参数 thres 的大小关系。如果重合长度 overlap≥thres,则待匹配直线为同名直线,否则待匹配直线不满足匹配要求,予以剔除。直线匹配算法流程如图 2-5 所示。

1) 线段间距离函数

距离函数表示两条线段重合部分之间的距离。在距离函数的定义中,待匹配直线段 AB 与 CD 位置关系的 3 种情况如图 2-6 所示。距离函数的定义如下。

(1) 两线段不相交

建立坐标系:原点 O 为线段 AB 与 CD 所在直线的交点,y 轴为两直线所交钝角的角平分线,x 轴为两直线所交锐角的角平分线,则两直线关于 x 轴对称。

定义距离函数:分别过线段 AB 与 CD 的端点作平行于 y 轴的辅助线,交 CD 于 A',B',交 AB 于 C',D',得到线段 $A'B'$ 和 $C'D'$,取线段 $A'B'$ 与 CD 的重合部分 CB'。在已建立的坐标系中,定义距离函数 $y(x)$ 为线段长度 CB',由定义可知,$y(x) \geqslant 0$。

(2) 两线段相交

待匹配线段相交时,按照(1)中所述,得到线段的重合部分 CB',不同的是,线段 CB' 分布在 x 轴的两侧。在确保匹配精度的前提下,为保证距离函数 $y(x) \geqslant 0$,将距离函数改为线段 CB。

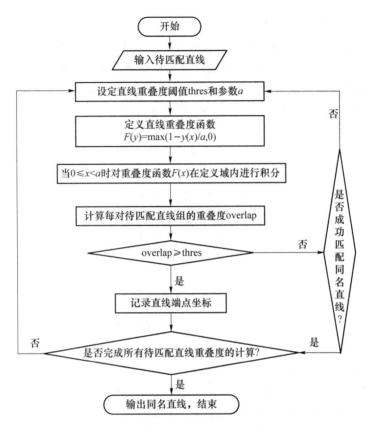

图 2-5　直线匹配算法流程

（3）两线段不相交（无重合）

待匹配线段不相交（无重合）时，按照（1）中所述，线段 AB 与 CD 没有重合部分，此时，距离函数 $y(x)$ 的定义域为空集。

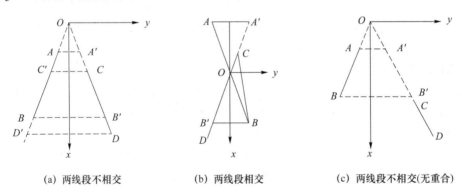

（a）两线段不相交　　　　（b）两线段相交　　　　（c）两线段不相交(无重合)

图 2-6　直线段 AB 与 CD 的位置关系

2）重合度函数及重合度

在理想情况下，相互重合的直线线段应在一条直线上，设 y 为两条线段在某一位置处的距离，则重合度函数为

$$F(y)=\begin{cases}0, & y>0 \\ 1, & y=0\end{cases} \tag{2-13}$$

因此,两条线段重合的长度为

$$L = \int_{x_1}^{x_2} F(y(x)) \mathrm{d}x \tag{2-14}$$

即函数 $F(x)$ 在定义域内求定积分即线段重合的长度,积分范围 x_1,x_2 为两直线段重合部分两端点的 x 坐标。

在实际匹配过程中,绝大多数相互重合的两条线段并不在一条直线上,而是存在微小的距离或角度。此时,式(2-14)中 $y(x)$ 为一个较小正数,若 $F(y(x))=0$,则式(2-14)失效。为避免这种情况发生,本节引入模糊数学中的隶属度概念,定义线段重合度函数为

$$F(y) = \max\left(1 - \frac{y}{a}, 0\right) \tag{2-15}$$

则两条线段重合的长度为

$$L = \int_{x_1}^{x_2} F(y(x)) \mathrm{d}x \tag{2-16}$$

当距离 $y=0$ 时,重合度为 1;当 $0<y<a$ 时,重合度随着距离 y 的增大而线性减小;当 $y=a$ 时,重合度减小至 0;当 $y>a$ 时,则没有重合度,即重合度为 0。若相互重合的线段在一条直线上,重合度即重合的长度。由于 $F(y)$ 是线性变化的,所以积分值可直接求出,可有效减少计算量。本小节算法的 2 个参数如下。①参数 a 表示左投影直线段与它重合的右影像直线段两个对应端点的距离。如果 y 大于参数 a,则两线段不重合;如果小于参数 a,则两线段重合,参数 a 可取重合直线平均误差距离的 1.5 倍。②参数 thres 表示待匹配直线重合长度下限。当重合度 $L \geqslant$ thres 时,视待匹配直线为同名直线。参数 thres 取重合直线最小重合度的 0.5 倍。

3)最优匹配

本小节基于重合度约束的直线匹配的算法,出现"一配多""多配一"情况的概率小,准确率高。为了对最终匹配结果进行"一配一"的优化,首先判断基于直线重合度匹配的子集中直线向量是否共线:如果共线,将对应的右影像直线端点坐标进行排序,连接直线段首尾端点,并更新匹配结果;如果不共线,判断左投影直线中点到同名直线的距离,如果大于预定距离阈值,则剔除错误匹配,如果小于预定距离阈值,则为同名直线,达到直线匹配的一致性效果。

2. 实验结果与分析

为了验证本小节算法的可靠性和鲁棒性,采用存在不同类型几何变换的近景影像数据,在 Matlab 7.8 平台下,编程实现近景影像中的直线匹配。实验针对不同类型近景影像数据进行直线提取及匹配,分别为图 2-7(a)存在旋转变换(640×480 像素),图 2-7(b)存在尺度变换(800×600 像素),图 2-7(c)存在角度变换(800×600 像素),并运用本小节算法将直线匹配结果采用不同颜色显示,可见近景影像中轮廓特征线已基本被匹配。本小节算法设置参数如下:旋转变换影像中 $a=2$,thres$=380$;尺度变换影像中 $a=2$,thres$=390$;角度变换影像中 $a=4.5$,thres$=300$。

尽管因遮挡等致使直线属性不一致,但是利用本小节算法依然可以获得可靠的匹配结果。在旋转变换影像中,通过直线重合约束获取 197 对同名直线对,出现 3 对"一配多"或"多配一"的情况,通过一致性检核,最终得到同名直线 194 对。在尺度变换影像中,直线提取时出现直线断裂情况,导致基于直线重合相似度匹配的结果出现 4 对"一配多"或"多配一"的情况,通过最优匹配,将该情况下的直线端点坐标进行排序,连接直线段首尾端点,不仅改善了直线提取过程中出现的直线断裂问题,同时正确匹配了直线 133 对。在角度变换影像中,通过直线重合度约束获取 247 对同名直线,图 2-7(c)中 86、215 号直线匹配出现错误,原因是近景影像中局部出现两条直线相似且近似平行,同时两条相似直线距离小于匹配直线距离。可见本小节

直线匹配算法出现"一配多""多配一"情况的概率小,准确率高。3组实验结果都得到了较多的同名直线,同时保证了较高的正确匹配率,实验验证了在不同类型近景影像数据中直线匹配算法的有效性及稳健性。

彩图 2-7

(a) 旋转变换　　　　　　　　(b) 尺度变换　　　　　　　　(c) 角度变换

图 2-7　重合度约束直线特征匹配结果

　　在影像匹配处理中,通常采用匹配数量及匹配正确率来评价匹配算法的性能。直线匹配正确率值越大,表明正确匹配直线数所占比重越大,其匹配结果越准确。从表 2-2 中可以看出,与文献[13]相比,本小节算法虽在正确率上优势不大,但本小节算法不依赖直线附近同名点的获取情况,仅依据直线重合度信息,不会因特征点的匹配情况影响最终直线匹配结果,而且本小节算法避免繁琐运算,具有实时性。与文献[14]中的算法相比,针对不同几何变换的立体像对,无论是直线匹配总条数或直线匹配正确率,本小节算法均优于文献[14],且匹配直线总数量显著提高。文献[14]通过直线描述子进行匹配,缺乏有效几何约束,导致匹配结果不稳定。与文献[14]中算法的对比结果,进一步验证了本小节算法在直线匹配中的优势,本小节算法与影像灰度值无关,主要利用直线特征的几何信息,因此对亮度变化具有抗干扰性。

表 2-2　不同算法的匹配结果

立体像对	匹配算法	总匹配对数	正确匹配数	正确率/%
旋转变换	文献[13]中的算法	148	148	100
	文献[14]中的算法	98	94	95.9
	本小节算法	194	194	100
尺度变换	文献[13]中的算法	91	91	100
	文献[14]中的算法	30	14	46.7
	本小节算法	133	133	100
角度变换	文献[13]中的算法	242	240	99.17
	文献[14]中的算法	155	151	97.4
	本小节算法	247	245	99.19

综上所述,本小节提出的直线匹配算法能够有效、准确地匹配近景影像中的同名直线,对存在不同类型几何变换的近景影像都能得到较好的匹配结果。而且本小节算法本身出现"一配多""多配一"情况的概率小,准确率高,同时可通过约束条件对匹配结果进行一致性检核,最终可达到近景影像中直线"一配一"的匹配效果,具有较好的鲁棒性。

3. 总结

本小节针对存在尺度、角度、旋转变换的近景影像提出基于直线重合相似度的匹配算法,该算法具有以下几个特征:①该算法主要利用直线的几何特征,并不依赖于周围点匹配的结果;②该算法与影像灰度值无关,对亮度变化具有抗干扰性,并对存在不同类型几何变换的近景影像具有一定的稳健性;③在优化直线匹配结果时,该算法改善了直线提取中出现直线断裂的问题,优化实现直线"一配一"的匹配效果,同时具有计算量较小、实时处理的优点,有利于后续摄影测量中的三维重建工作。

本小节参考文献

[1] CHEN M, SHAO Z F, LIU C, et al. Scale and rotation robust line-based matching for high resolution images[J]. Optik-International Journal for Light and Electron Optics, 2013, 22(124): 5318-5322.

[2] WANG K, SHI T L, LIAO G L, et al. Image registration using a point-line duality based line matching method [J]. Journal of Visual Communication and Image Representation, 2013, 5(24):615-626.

[3] 李畅,刘亚文,胡敏,等. 面向街景立面三维重建的近景影像直线匹配方法研究[J]. 武汉大学学报(信息科学版),2010,35(12):1461-1465.

[4] KIM H, LEE S. Wide-baseline image matching based on coplanar line intersections [C]// Intelligent Robots and Systems (IROS), 2010 IEEE/RSJ International Conference on. Taipei: IEEE, 2010: 1157-1164.

[5] LOWE D G. Distinctive Image Features from Scale Invariant Key Points [J]. International Journal of Computer Vision, 2004, 60(2):91-110.

[6] MAINS J, CHUM O. Randomized RANSAC with $T_{d,d}$ Test[J]. Image and Vision Computing, 2004,22(10):837-840.

[7] HARTLEY R, ZISSEMAN A. Multiple View Geometry in Computer Vision[M]. Cambridge: Cambridge University Press, 2000.

[8] 赵丽科,宋伟东,王竞雪. Freeman 链码优先级直线提取算法研究[J]. 武汉大学学报(信息科学版),2014,39(1):42-46.

[9] 王竞雪,宋伟东,赵丽科,等. 改进的 Freeman 链码在边缘跟踪及直线提取中的应用研究[J].信号处理,2014,30(4):422-430.

[10] 王振华,董明利,祝连庆,等. 一种基于极几何和仿射变换的图像匹配方法研究[J].工具技术,2007,41(12):74-77.

[11] 吴谓,周军.一种基于非标定摄像机仿射变换的块匹配算法[J].中国图像图形学报,2009,14(11):2378-2382.

[12] 徐丽燕.基于特征点的遥感图像配准方法及应用研究[D].南京:南京理工大学,2012.

[13] FAN B, WU F C, HU Z Y. Line matching leveraged by point correspondences[C] // Proceedings of the IEEE International Conference on Computer Vision and Pattern Recognition. San Francisco, USA, 2010: 390-397.

[14] WANG Z H, WU F C, HU Z Y. MSLD: A robust descriptor for line matching[J]. Pattern Recognition, 2009, 42: 941-953.

2.2.2　线段元支撑区主成分相似性约束特征线匹配

1. 线段元支撑区主成分相似性约束特征线匹配算法原理

通过线段元支撑区主成分相似性约束,特征线匹配算法主要分为 4 个阶段。①特征点匹配:利用 ASIFT 算子[1-2]分别获取左、右影像同名点,通过同名点计算仿射变换矩阵,用于后续约束边缘主点的独立匹配。②获取边缘主点:获取 Freeman 链码分裂的边缘主点,并将其视为匹配基元。③独立匹配边缘主点:综合利用仿射变换[3]、核线约束[4]及 Harris 兴趣值[5]三重约束实现边缘主点的独立匹配。④一致性检核:以线段基元的长短构建线段元的支撑区域,通过线段元支撑区主成分相似性对匹配结果进行一致性检核。

（1）链码分裂生成边缘主点

采用文献[6]中的算法对影像进行链码跟踪并获取边缘主点,利用 Canny 算子对影像进行边缘检测,按照从上到下、从左到右的顺序,依据八邻域链码跟踪方法对边缘检测的二值图像进行链码跟踪,将扫描到的第一个边缘点视为链码的起点,逆时针扫描该点周围 8 个邻域点有无边缘点存在,若扫描到某个方向的边缘点,则将该点更新,同时记录链码与坐标信息,并置该点为非边缘点以避免重复跟踪。

链码分裂边缘主点的基本思想是对具有较高曲率的边缘进行迭代分割,形成一系列直线段,这些直线段的端点就是边缘主点,边缘主点获取的具体流程如图 2-8 所示。假设边缘 AB 为链码跟踪得到的某一边缘线,连接端点得到一条线段 $\overline{AB}$,计算边缘链码到直线最远的距离 d,如果 d 超出阈值 r,则对曲率最高点进行分割,然后连接端点与分割点,形成 AB_1,BB_1,如此重复,完成边缘主点的提取。

$$r = \begin{cases} 1.0 + \lg d, & d \geqslant 1.0 \\ 1.0, & \text{其他} \end{cases} \tag{2-17}$$

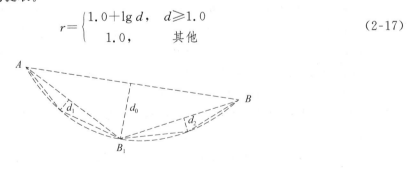

图 2-8　获取边缘主点示意图

（2）独立匹配边缘主点

将 Freeman 链码分裂的边缘主点视为匹配基元,综合利用仿射变换、核线约束和 Harris 兴趣值三重约束逐一匹配边缘主点,如图 2-9 所示。假设左影像中某一边缘主点为 a,首先通过仿射变换矩阵计算 a 点在右影像中相应的投影点 a',为进一步提高特征点匹配时的搜索速率,将搜索范围从二维影像降低到一维核线上,求 a 点在右影像中的核线 H,通过核线约束再次精确边缘主点的位置,过 a' 点作垂线交核线 H 于 a'',以 a'' 为中心,分别沿核线 H 各方向搜索 h 个像素长度,计算搜索范围内像素点 Harris 兴趣值,将兴趣值由大到小进行排序,记录兴趣值最大的像素点所在的位置,实现初步的以点代线匹配。

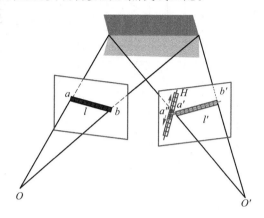

图 2-9　边缘主点独立匹配

(3) 线段元支撑区主成分相似性约束

由于影像拍摄时存在光照、仿射等变化,在直线匹配过程中,基于边缘主点的独立匹配则会存在一定的错误匹配结果,这些错误匹配结果势必会影响后续几何关系的计算精度,因此,通过线段元支撑区主成分相似性对其进行进一步检核,以提高匹配的正确率。因近景影像为彩色影像,所以采用主成分分析法(PCA)把彩色影像 RGB 三波段有价值的信息集中到数目尽可能少的特征数组中,使得 RGB 三波段影像互不相关,从而实现减少数据量的目的。主成分分析法的数学表达式如下:

$$
\begin{bmatrix} y_1 \\ y_2 \\ \vdots \\ y_n \end{bmatrix} = \begin{bmatrix} a_{11} & a_{12} & \cdots & a_{1n} \\ a_{21} & a_{22} & \cdots & a_{2n} \\ \vdots & \vdots & & \vdots \\ a_{n1} & a_{n2} & \cdots & a_{m} \end{bmatrix} \begin{bmatrix} x_1 \\ x_2 \\ \vdots \\ x_n \end{bmatrix} \tag{2-18}
$$

式中,$[y_1\ y_2\ \cdots\ y_n]^{\mathrm{T}}$ 为主成分变换后影像 n 维向量,$[x_1\ x_2\ \cdots\ x_n]^{\mathrm{T}}$ 为主成分变换前影像 n 维向量,主成分变换矩阵是原影像空间的协方差矩阵,协方差矩阵的特征向量按照其特征值由大至小排列而成,其中第一主分量集中了非常丰富的信息,能够很好地反映影像的本质特征,第二、三主分量中的信息相对较少,第 n 主分量所含信息量几乎为零。可见主成分变换对影像会产生降低维度和集中信息的影响,所以本小节提出用基于线段元支撑区的主成分信息相似性对匹配结果进行一致性检核,剔除错误匹配结果。

鉴于单一的线段元缺乏辨识能力,构建待匹配线段元的支撑区,以待匹配线段元边缘主点 A,B 所在直线 L 作为中心轴主方向,然后以主方向为中心,定义线段元支撑区,以线段元长 h 定义平行支撑区的长边,以半径 r 定义平行支撑区的短边,如图 2-10 所示。将第一主分量作为影像灰度值,使近景影像彩色信息的损失降到最小,有利于线段元的一致性检核。

将线段元支撑区平行地分解为 $2r+1$ 条线段基元,p_{ij} 代表第 i 条平行线段元上第 j 个像素点第一主分量的灰度值,将 $(2r+1) \times h$ 个像素点第一主分量的灰度值排列成矩阵,如式(2-19)。由于影像可能存在不同尺度的变化,以至于线段元的长度也不可能完全一致,为得到与尺度无关的线段元描述子,计算支撑区内每条线段元第一主分量的灰度均值,可得到一个 $2r+1$ 行的列向量 $P_{\mathrm{m}}(L)$。

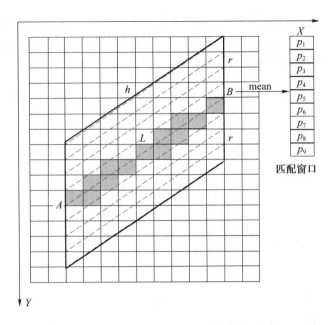

图 2-10　直线平行支撑域分解

$$P(L) = \begin{bmatrix} p_{11} & p_{12} & \cdots & p_{1n} \\ p_{21} & p_{22} & \cdots & p_{2n} \\ \vdots & \vdots & & \vdots \\ p_{(2r+1)1} & p_{(2r+1)2} & \cdots & p_{(2r+1)n} \end{bmatrix} \tag{2-19}$$

$$P_m(L) = \begin{bmatrix} p_1 & p_2 & \cdots & p_{2r+1} \end{bmatrix}^T \tag{2-20}$$

对于线段元支撑区内 $2r+1$ 条平行的线段基元来说,距离线段元 L 越近,则对该线段元的特征描述就越具决定性,因此对每个列向量赋予一个高斯权重,高斯权重函数如式(2-21),则线段元描述子的加权第一主分量灰度均值的向量为 $P_{wm}(L)$,最后,对应数据间相关系数定义线段元描述子第一主分量的相似性:

$$w(L) = \frac{1}{\sqrt{2\pi}\delta} e^{-\frac{\mu^2(L,l)}{2\delta^2}} \tag{2-21}$$

$$P_{wm}(L) = \begin{bmatrix} w_1 p_1 & w_2 p_2 & \cdots & w_{2r+1} p_{2r+1} \end{bmatrix}^T \tag{2-22}$$

$$\rho = \frac{\sum_{k=1}^{2r+1}(P_{wk}^l - \bar{P}_w^l)(P_{wk}^r - \bar{P}_w^r)}{\sqrt{\sum_{k=1}^{2r+1}(P_{wk}^l - \bar{P}_w^l)^2 \sum_{k=1}^{2r+1}(P_{wk}^r - \bar{P}_w^r)^2}} \tag{2-23}$$

式(2-21)中,定义方差 $\delta = r/3$,$\mu(L,l)$ 代表线段元支撑区内第 i 个子区域到线段元 L 的垂直距离。式(2-23)中:P_{wk}^l,P_{wk}^r 分别为左、右影像中赋予高斯权重的待匹配线段元第一主分量灰度均值中第 i($i=1,2,\cdots,2r+1$)个向量;$\bar{P}_w^l$,$\bar{P}_w^r$ 分别为赋予线段元高斯距离权重后第一主分量灰度均值向量的均值。

2. 实验结果与分析

为验证本小节算法的有效性,选取中国科学院自动化研究所机器视觉课题组公开测试的 4 组不同类型的近景影像实验数据进行匹配。这 4 组不同类型的近景影像实验数据分别为存在旋转变换(640×460 像素)、尺度变换(800×600 像素)、亮度变化(900×600 像素)以及仿射变换(800×600 像素)的立体像对,如图 2-11 所示。实验环境为 Intel(R) Xeon(R) CPU E21220 @ 3.10 GHz 64 位操作系统,在 Matlab R2011b 平台下编程实现。

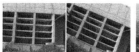   

(a) 旋转变换   (b) 尺度变换   (c) 亮度变化   (d) 仿射变换

图 2-11　实验数据

对每组实验数据中左影像提取特征线,记录 Freeman 链码分裂的边缘主点坐标,近景影像数据提取特征线的数目分别为 310、166、192、394,结果如图 2-12 所示。基于 ASIFT 算法匹配立体像对特征点的数目分别为 1 933、745、2 022、5 061。在获取同名点的基础上计算具有全局变换的仿射矩阵,依据仿射变换将边缘主点映射到右影像上,再利用核线与 Harris 兴趣值约束,实现边缘主点的独立匹配。最终通过线段元第一主分量灰度相似性对初始匹配结果进行一致性检核,本小节将第一主分量灰度值相关系数阈值设置为 $\rho=0.98$。

图 2-12　边缘主点获取及特征直线提取结果

实验选取 4 组近景实验影像直线匹配结果进行展示,如图 2-13 所示。本小节通过链码分裂获取线段元边缘主点,利用仿射变换、核线约束与 Harris 兴趣值三重约束实现边缘主点的独立匹配,避免了特征直线在匹配过程中大量的搜索工作,减少了计算量,同时降低了直线匹配算法的繁琐度。将线段元离散成对应点的集合视为一个整体,通过线段元的第一主成分相似性对匹配结果进行一致性检核,充分考虑线段元中所有元素,并不是单纯地考虑边缘主点的匹配结果,以进一步提高匹配结果的可靠性。从主成分转换的角度降低近景影像的维度,充分利用彩色信息的优势而不是单纯地计算其影像灰度值,使得实验结果更具备可信度。

图 2-13　近景影像实验匹配结果

为验证本小节算法匹配的正确率,将匹配结果与文献[7]和文献[8]的结果进行比较,如表 2-3 所示。3 种直线匹配方法均存在错误匹配情况,但本小节算法在保证正确率的前提下,在具有不同几何变换类型下的近景影像匹配结果中,正确匹配同名直线的数量显著提升。文献[7]由于缺少有效的几何属性作为约束条件,直线匹配结果不够稳定,尤其是在影像存在尺度变换的情况下,直线匹配的准确率很低。文献[8]则在文献[7]的基础上,以局部仿射不变性和核线约束作为匹配的限制条件,在一定程度上抑制了错误匹配情况的出现,但由于在直线提取的过程中存在直线的断裂,采用文献[8]中的算法匹配的结果中仍存在"多配一"等情形,需要进一步优化,与本小节算法相比,文献[8]中的算法的优化过程就略显繁琐。由此可见,本小节算法不仅提高了直线匹配的正确率,而且避免了直线匹配过程中大范围的搜索工作,这样在保证匹配准确率的基础上提高了匹配速率。

为验证线段元支撑区主成分相似性约束的有效性,进一步说明本小节算法对匹配质量的改进程度,本小节对拟合直线的边缘主点独立进行匹配,即在匹配过程中没有利用线段元支撑区主成分相似性约束,并与改进的直线匹配算法的正确率进行比较,如表 2-3 所示。从表 2-3 中可以看出,单纯依赖于边缘主点的直线匹配效果并不理想,因缺乏对彩色影像中纹理场景的综合考虑,匹配精度不高,而本小节以点代线是将通过边缘主点匹配的直线离散为对应点的集合,通过离散点集的主成分相似性约束对其进一步优化,得到高精度的匹配结果。

表 2-3 直线匹配对比结果

立体像对	直线匹配算法	总匹配对数	正确匹配对数	正确率/%
旋转变换	文献[7]中的算法	98	94	95.9
	文献[8]中的算法	101	99	98.1
	改进前的算法	252	239	94.8
	本小节算法	240	239	99.58
尺度变换	文献[7]中的算法	30	14	46.7
	文献[8]中的算法	54	54	100
	改进前的算法	160	148	92.5
	本小节算法	150	148	98.67
亮度变化	文献[7]中的算法	57	55	97.4
	文献[8]中的算法	80	77	96.3
	改进前的算法	147	121	82.3
	本小节算法	123	121	98.37
仿射变换	文献[7]中的算法	155	151	97.4
	文献[8]中的算法	223	220	97.5
	改进前的算法	273	240	87.9
	本小节算法	242	240	99.17

通过对现有数据库中经典的算法进行比较分析可知,本小节算法不仅降低了直线匹配的繁琐程度,同时对多种近景影像实验数据的处理结果均表现出良好的稳定性,避免了类似利用特征线与邻域内以同名端点为虚拟线段的相交仿射不变性来筛选待匹配直线的复杂运算,而且成功匹配直线的总数量明显增多,对存在亮度变化的影像具有一定的抗干扰性。

3. 总结

本小节提出了一种基于线段元支撑区主成分相似性约束的近景影像特征线匹配算法,对具有代表性的 4 组近景影像数据进行直线匹配,通过链码跟踪过程中的分裂边缘主点,综合多重约束条件实现边缘主点的独立匹配,以实现以点代线匹配。与现有的以点代线算法相比,结合线段元支撑区主成分相似性约束,能够提高匹配结果的正确率。该算法降低了匹配特征线算法的复杂程度,同时将线段元离散点集的整体视为匹配基元,通过第一主成分相似性对匹配结果进行一致性检核,提高了特征直线匹配结果的可靠性。但近景影像中存在重复而又相似的纹理特征,导致匹配结果中存在少量错误,后续将进一步深入研究与完善。

本小节参考文献

[1] MOREL J M, YU G. ASIFT: A New Framework for Fully Affine Invariant Image Comparison[J]. Siam Journal on Imaging Sciences, 2009, 2(2):438-469.

[2] WANG Z, FAN B, WU F. Affine Subspace Representation for Feature Description [J]. Eprint Arxiv, 2014, 8695:94-108.

[3] DONG P, GALATSANOS N P. Affine transformation resistant watermarking based on image normalization [C]//Proceedings of International Conference on Image Processing. Rochester: IEEE, 2002: 489-492.

[4] SCHMID C, ZISSERMAN A. The Geometey and Matching of Lines and Curves Over Multiple Views [J]. International Journal of Computer Vision, 2000, 40(3):199-233.

[5] MALIK J, DAHIYA R, SAINARAYANAN G. Harris Operator Corner Detection using Sliding Window Method [J]. International Journal of Computer Applications, 2011, 2(1):2837.

[6] 赵丽科,宋伟东,王竞雪. Freeman 链码优先级直线提取算法研究[J]. 武汉大学学报(信息科学版), 2014, 39(1):42-46.

[7] WANG Z H, WU F C, HU Z Y. MSLD: a robust descriptor for line matching[J]. Pattern Recognition, 2009, 42:941-953.

[8] 梁艳,盛叶华,张卡,等. 利用局部仿射不变及核线约束的近景影像直线特征匹配[J]. 武汉大学学报(信息科学版),2014,39(2):229-233.

2.2.3 多重约束下的直线特征匹配算法

1. 多重约束下的直线特征匹配算法的原理

通过 SIFT 算子[1-3]匹配近景影像中的同名点,利用 RANSAC 算法[4]优化匹配结果,依据最佳匹配结果,计算立体像对间仿射变换矩阵[5]。为了获取数量合适且分布均匀的密集特征点,将参考影像划分成等间距格网,以格网点为待匹配基元,通过格网大小控制特征点的密集覆盖程度。利用仿射变换计算出搜索影像中相应的格网点位置,由于格网点大致坐标已确定,所以在特征点匹配过程中无须设置较大的搜索窗口,可以通过计算窗口内的 Harris 兴趣值,将兴趣值最大的点作为匹配点,最后采用最小二乘法[6]对密集匹配结果进一步进行提纯。采用 Freeman 链码优先级直线提取算法[7-8]分别提取参考影像和搜索影像中的直线,根据密集匹配点与待匹配直线的位置关系筛选同名直线,不仅降低了搜索同名直线的复杂程度,而且有效地减小了立体影像线特征在匹配过程中的搜索范围,提高了直线匹配速率。通过重合度约束对匹配结果进一步进行优化,剔除"一配多""多配一"等情况,能够提升直线匹配结果的精度且原理简单,同时利用核线约束确定了同名直线端点,得到了尽可能长的同名直线段,改善了特征线提取过程中所出现的断裂情况。

1) 密集匹配点约束

因为近景影像中存在较多的建筑物,从而使得提取的直线结果中存在较多垂直线,所以将直线方程两点式转换为一般式,避免对斜率是否存在的问题进行讨论,可提高运行速度。依据密集匹配点与待匹配直线的位置关系,确定初始匹配结果。密集匹配点与待匹配直线应满足:①如果密集匹配点到待匹配直线的距离 $d \leqslant 1$(像素),视为特征点位于待匹配直线上;②构建自适应搜索窗口,以线段长 l 定义搜索窗口的长,以二分之一线段长定义搜索窗口的宽,若密集匹配点位于窗口内,视为特征点存于待匹配直线周围,此时同名点与候选直线的位置关系也应保持顺序一致。

在提取特征线的过程中会出现直线断裂的情况,从而导致匹配结果中可能会存在"一配多""多配一"的现象,因此根据线段有向距离,判断线段是否共线,若共线且间距较小,则连接两线段首尾端点。同时计算更新后直线与原直线间的夹角,若夹角过大,则不予以更新,避免异面直线存在而导致更新结果中出现"假共线"的现象。

2) 重合度约束

为提高直线匹配精度,通过仿射变换将参考影像中的初始匹配结果映射到搜索影像上,仿射变换后两匹配线段应基本平行。但为突出两线段重合区域间的距离变化,以初始匹配直线的交点为原点,以两直线所交锐角的角平分线为 x 轴作图,如图 2-14 所示,(x_1, y_1),(x_2, y_2)分别为待匹配直线段重合区域对应的起点和终点。图 2-14(b)所示为一种极端情况,此时两线段与 x 轴的夹角为 45°,线段 l 所在的直线函数斜率为 1,由此可以推出,基于密集匹配约束的待匹配直线段所在的直线函数斜率不可能大于 1。

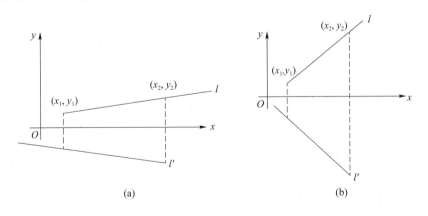

图 2-14 直线段位置关系

理论上待匹配直线应完全重合,然而在实际匹配过程中,大多数待匹配直线并不在同一条直线上,而是存在一定的距离和角度,假设 y 代表待匹配直线重合区域内任意位置处的距离,如式(2-24)所示,则重合度函数如下:

$$y = y_1 + \frac{(x-x_1)(y_1-y_2)}{(x_1-x_2)} \qquad (2\text{-}24)$$

$$f(y) = \begin{cases} 0, & y > 0 \\ 1, & y = 0 \end{cases} \qquad (2\text{-}25)$$

因此,待匹配直线段重合长度为

$$O(l, l') = \int_{x_1}^{x_2} f(y(x)) \mathrm{d}x \qquad (2\text{-}26)$$

即在定义域内对重合度函数求定积分的结果就是待匹配直线段重合区域的长度。公式中的 y 为较小的一个数值,为避免 y 值较小而导致式(2-26)失效,将模糊数学中隶属度的概念引入,定义直线重合度函数为式(2-27),所以最终线段重合长度为式(2-28)。

$$f(y) = \max\left(1 - \frac{y}{\mathrm{dis}}, 0\right) \qquad (2\text{-}27)$$

$$O(l, l') = \int_{x_1}^{x_2} f(y) \mathrm{d}x \qquad (2\text{-}28)$$

将式(2-24)代入式(2-27),再将式(2-27)代入式(2-28)得到重合度判别公式:

$$O(l, l') = \int_{x_1}^{x_2} \max\left(1 - \frac{y_1 + \dfrac{(x-x_1)(y_1-y_2)}{x_1-x_2}}{\mathrm{dis}}, 0\right) \mathrm{d}x \qquad (2\text{-}29)$$

式中 dis 表示待匹配直线段重合区域起点所对应距离的阈值,设置该阈值为待匹配直线段重合区域起点距离的 1.5 倍。利用重合度判别公式即式(2-29),计算每对初匹配直线重合度 $O(l, l')$,直线重合度阈值 thre_s 为待匹配直线段重合长度的下限,当重合长度 $O(l, l') \geqslant$ thre_s 时,则记录直线匹配结果。参数 thre_s 设定为待匹配线段最小重合长度的二分之一。重合度随着参数 dis 的增大而线性减小,匹配精度随着参数 thre_s 的减小而逐渐降低。

3)核线约束直线同名端点

因为通过直线提取算法分别对参考影像和搜索影像进行特征线提取,所以上述直线匹配的结果同名直线段长度基本不同,本小节利用核线约束确定同名直线端点,其原理如图 2-15 所示。

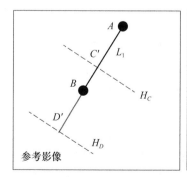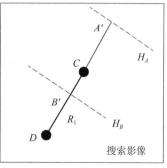

图 2-15　核线约束

假设线段 L_1,R_1 为同名直线段,参考影像中 L_1 的端点分别为 A,B,搜索影像中 R_1 的端

点分别为 C,D。H_A，H_B 为点 A,B 在搜索影像中相对应的核线，与线段 R_1 交于 A' 和 B'，比较 A',B',C,D 每两点间的距离，将距离最大的两点作为线段端点坐标，搜索影像同理。受拍摄角度不同的影响，影像中可能会有遮挡情况存在，由于遮挡而未被完整提取的直线段也得到延长，通过判断延长线段端点窗口灰度相似性来避免类似错误的情况出现。在保证同名直线尽可能长的同时，需考虑延长后线段端点是否超越影像范围，若因遮挡导致同名端点不在影像范围内，此时以直线与影像边界交点更新端点坐标，以保证同名线段端点存在的真实性。

2. 实验结果与分析

为验证所提出多重约束下的直线特征匹配算法的有效性和可靠性，选用中国科学院自动化研究所机器视觉课题组公开的 3 组不同类型近景影像数据，分别对存在旋转变换（640×460 像素）、尺度变换（800×600 像素）以及遮挡（640×460 像素）的立体像对完成直线匹配实验。

利用密集匹配特征点约束直线匹配，减小直线匹配过程中的搜索范围。通过格网间距（subsize）控制匹配特征点数量，格网间距参数 subsize 越小，匹配点数目越多，同时匹配直线的对数也就越多，但当 subsize 减小到一定程度时，虽然密集匹配特征点数目还在增加，但匹配直线的对数将保持不变，即通过密集匹配结果约束直线匹配已到达最优状态，同时表明该格网间距对直线匹配结果具有较好的鲁棒性，如图 2-16 所示。因此在实验过程中设置 subsize=5，在该格网间距下密集匹配点数目能够提高到原 SIFT 匹配结果的 10~17 倍，此外，在重合度约束直线匹配的过程中参数设置为 dis=2，thre_s=380。

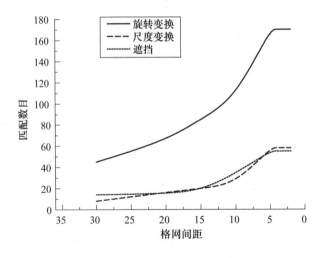

图 2-16　格网间距变化的鲁棒性测试结果

旋转变换：最终成功匹配直线 170 对，直线提取算法导致匹配结果直线段长度不一致，如图 2-17(a) 右图像中的 12 号直线所示，通过核线约束最终获取长度较长的直线匹配结果，图 2-17(d) 为局部放大图。从图中可以看出，本小节的核线约束同名直线端点不同于传统核线约束只获取同名直线重叠部分，而是获取尽可能长的同名直线。

尺度变换：利用本小节算法处理存在尺度变换的立体像对，影像数据存在大约 1.5 倍的缩放尺度，实验结果表明，利用多重约束成功匹配直线 58 对，即使直线段端点不同，如直线 1 和 50 的端点不同，利用本小节算法对于端点位置不确定的线段仍然可以实现成功匹配。再利用核线约束同名直线端点，最终结果如图 2-18 所示。

(a) 匹配结果

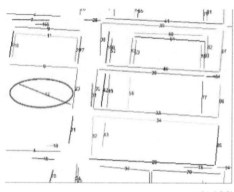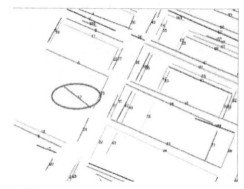

(b) 匹配结果局部放大

(c) 核线约束直线端点

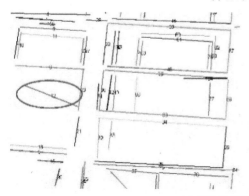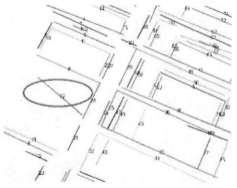

(d) 核线约束直线端点的局部放大

图 2-17　立体像对一直线匹配结果

图 2-18　立体像对二直线匹配结果

遮挡： 受拍摄角度影响，搜索影像中房屋边缘被部分遮挡，遮挡影像势必存在影像不连续的问题，造成直线特征提取不完整，以至于对应直线段端点不对应。如何解决影像中存在遮挡的问题，目前在直线匹配领域具有一定的挑战性。通过实验结果可以看出，成功匹配直线 55 对，类似于图 2-19(a)中 53 号直线所存在的遮挡情况，本小节算法仍然可以实现成功匹配，因为本小节的匹配算法不依赖于直线端点。但图 2-19（a）中 44 号直线匹配出现错误，原因是近景影像中存在夹角较小且比较靠近的两条直线，两条直线相似且近似平行，这种情况影响了直线匹配精度，后续将对此类情况进行更深入的研究。从成功匹配直线的对数来看，本小节算法对于直线端点不确定性问题具有一定的鲁棒性，可以成功解决部分遮挡问题。

(a) 同名直线与影像叠加显示

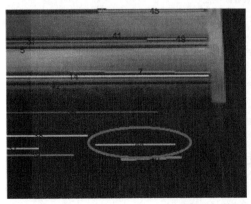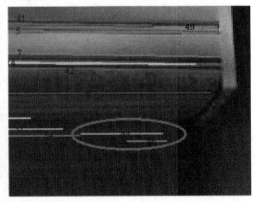

(b) 局部放大

图 2-19　立体像对三直线匹配结果

实验对数据库中经典算法的直线匹配结果进行了比较与分析。表 2-4 列出了 3 种不同类型近景影像数据的直线匹配总对数、正确匹配直线对数以及匹配的正确率。文献[9]单纯利用直线描述算子完成直线匹配,缺乏严格的几何约束,导致匹配结果不够稳定,这种不稳定性对于尺度变换的影像显得尤为明显。文献[10]在文献[9]的基础上,通过局部仿射不变性及核线约束来匹配直线,虽然采取核线约束提高了直线匹配对数,但由于需要先利用直线特征与邻域内以同名点为端点的虚拟直线段的相交仿射不变性进行同名直线的筛选,相对于本小节采用密集匹配约束筛选同名直线的算法就显得过于复杂和繁琐。

表 2-4 两种算法匹配结果对比分析

立体像对	匹配算法	总匹配对数	正确匹配对数	匹配正确率/%
旋转变换	本小节算法	170	170	100
	文献[9]中的算法	98	94	95.9
	文献[10]中的算法	101	99	98.1
尺度变换	本小节算法	58	58	100
	文献[9]中的算法	30	14	46.7
	文献[10]中的算法	54	54	100
遮挡	本小节算法	55	54	98.2
	文献[9]中的算法	47	45	95.7
	文献[10]中的算法	41	40	97.6

从表 2-4 可以看出,实验结果不仅在成功匹配直线对数上有所增加,而且直线匹配正确率也明显提升。通过对实验结果进行对比分析,本小节算法在大大缩减直线匹配过程中搜索范围的同时,采取核线约束获取尽可能长的同名直线,从而改善特征线在提取过程中所出现的断裂情况。多种类型近景影像数据实验表明,本小节算法的匹配结果均具有较高的正确率和良好的稳定性,说明本小节算法具有鲁棒性和普适性。

3. 总结

直线匹配目前是三维重建中的热点和难点问题,通过对现有方法进行分析和总结,本小节提出多重约束下的近景影像线特征匹配算法。利用密集匹配特征点约束直线匹配,同时对格网间距变化进行鲁棒性检测,选取最佳格网间距完成线特征初始匹配。密集匹配特征点约束有效地缩减了近景影像在直线匹配过程中线特征的搜索范围,进而提升了直线匹配速率,并利用重合度约束对初始匹配结果进行一致性检核,使得直线匹配精度得到提升,再通过核线约束同名直线端点。不同于传统的核线约束单纯地保留同名直线间的重叠部分方法,而是获得尽可能长的同名直线段,有效地改善了特征线提取过程中所出现的断裂情况,而且对于存在遮挡的影像也取得了较好的匹配结果,成功地解决了部分遮挡问题。实验结果表明,本小节所提出的直线匹配方法,对于不同类型的近景影像均表现出较好的鲁棒性和普适性,但本小节对候选直线的初步筛选依赖于特征点密集匹配的结果,后续将进一步研究组直线匹配,提高直线匹配的独立性。

本小节参考文献

[1] 贾丰蔓,康志忠,于鹏. 影像同名点匹配的 SIFT 算法与贝叶斯抽样一致性检验[J]. 测绘学报,2013,42(6):877-883.

［2］ JUAN L, GWUN O. A comparison of sift, pca-sift and surf［J］. International Journal of Image Processing (IJIP)，2009，3(4)：143-152.

［3］ LOWE D G. Distinctive image features from scale-invariant keypoints［J］. International Journal of Computer Vision，2004，60：91-110.

［4］ KIM T，IM Y J. Automatic satellite image registration by combination of matching and random sample consensus［J］. IEEE Transactions on Geoscience and Remote Sensing，2003，41(5)：1111-1117.

［5］ DDONG P，GALATSANOS N P. Affine transformation resistant watermarking based on image normalization［C］//Proceedings of International Conference on Image Processing. Rochester：IEEE，2002：489-492.

［6］ YANG H，ZHANG S，ZHANG Q. Least squares matching methods for wide base-line stereo images based on SIFT features［J］. Acta Geodaetica et Cartographica Sinica，2010，39(2)：187-194.

［7］ 赵丽科，宋伟东，王竞雪. Freeman 链码优先级直线提取算法研究［J］. 武汉大学学报(信息科学版)，2014，39(1)：42-46.

［8］ 王竞雪，宋伟东，赵丽科，等. 改进的 Freeman 链码在边缘跟踪及直线提取中的应用研究［J］. 信号处理，2014，30(4)：422-430.

［9］ WANG Z H，WU F C，HU Z Y. MSLD：A robust descriptor for line matching［J］. Pattern Recognition，2009，42：941-953.

［10］ 梁艳，盛叶华，张卡，等. 利用局部仿射不变及核线约束的近景影像直线特征匹配［J］. 武汉大学学报(信息科学版)，2014，39(2)：229-233.

2.3 影像匹配

随着航空航天对地观测技术的不断发展，遥感技术已逐步实现多角度、多时相、多分辨率的对地观测，目前已可获取海量遥感数据[1-3]。为弥补单一传感器数据信息量不足的缺陷，充分利用不同时相、不同传感器数据，就需要对遥感影像进行配准，将不同时相或不同传感器获取的影像数据转换到同一坐标系下，因此遥感影像高精度快速自动配准成为许多专家与学者研究的重点[4-6]。

目前影像配准大致可分为基于灰度信息的配准和基于特征信息的配准：①基于灰度信息的配准算法，需要对影像中灰度信息进行统计分析[7-8]，配准精度虽得到提高，但计算量较大，速度较慢；②基于特征信息的配准算法，主要通过将提取影像中具有局部不变性的几何特征（特征点[9-12]、特征线[13-14]等）视为配准基元进行匹配，将匹配的特征对作为控制点。几何特征比图像灰度信息的稳定性更强，利用特征点可进一步提高影像配准的可靠性，减少一定的计算量。而遥感影像对地观测范围较广，山区或建筑物区域特征点匹配结果相对密集，平原地区特征点则较难提取，特征匹配结果也相对稀疏，导致覆盖全局的控制点分布并不均匀。与特征点相比，特征线也是影像中较为重要的描述符，是易于提取的灰度特征集合，但目前基于特征线的影像配准研究成果适用范围还太过狭窄。因遥感影像自身的特点，加之地形起伏引起影像的几何畸变，以及提取的控制点数量有限且分布不均匀，高精度的影像配准也很难实现，目前针对地形起伏的遥感影像高精度配准的研究文献也相对较少，因此本节针对遥感影像的地形起伏提出 Delaunay 三角网优化下的小面元遥感影像配准算法。

2.3.1　Delaunay 三角网优化下的小面元遥感影像配准算法

针对信息融合、变化检测、超分辨率重建等领域对影像配准高精度的要求,提出一种三角网优化模型下的遥感影像亚像素级配准算法,整体配准算法流程如图 2-20 所示。影像配准主要分为 4 个阶段。①正射纠正。首先利用遥感影像附带的 RPC 参数及覆盖全景影像的 DSM 数据对遥感影像进行正射纠正[15-16],避免遥感影像中地形起伏给影像配准精度带来的影响。②控制点匹配。采用 SIFT 算子[17-18]快速提取特征点,对匹配结果采用 RANSAC 算法进行优化,同时提取影像边缘格网点,并通过仿射变换矩阵、核线约束[19-21]及灰度相似性约束[22]对边缘格网点进行优化,以上得到的高精度匹配点作为影像配准初始控制点。③Delaunay 三角网优化。利用上述控制点构建初始 Delaunay 三角网,通过三角形面积约束,反复迭代对三角网进行优化更新。④扫描线填充。最终通过优化后的 Delaunay 三角网,计算同名三角形间的仿射变换参数,采取扫描线填充算法实现小面元遥感影像配准。

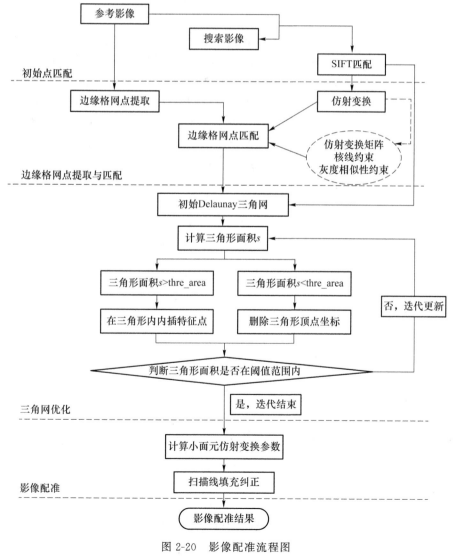

图 2-20　影像配准流程图

1. Delaunay 三角网优化下的小面元遥感影像配准算法的原理

（1）正射纠正与控制点匹配

对于遥感影像覆盖地表范围广的特点，仅采用多项式、全局变换或局部变换等约束模型无法减小地形起伏中阴影给影像配准所带来的影响，因此，首先对遥感影像进行正射纠正，主要采用我国首颗民用高分辨率三线阵立体测绘卫星资源三号影像数据附带的 RPC 参数和覆盖影像整体区域的 DSM 数据进行平面平差求解，从而实现遥感影像正射纠正。

在正射纠正的基础上利用 SIFT 算子提取特征点，通过 RANSAC 算法对匹配结果进行优化，对其进一步提纯，以保证获取同名点的精度。由于遥感影像对地观测范围较广，很可能在山区地貌或建筑物高程起伏较大区域匹配结果相对密集，而在平原地区，匹配结果相对稀疏。直接利用 SIFT 匹配点构建 Delaunay 三角网不仅不能覆盖影像，而且三角网内三角形分布不均匀无法满足后续小面元影像配准精度，因此，对影像边缘格网点进行提取及匹配，并综合利用仿射变换矩阵、核线约束及灰度相似性约束对边缘格网点进行优化，得到高精度匹配点并将其作为影像配准初始控制点，如图 2-21 所示。假设参考影像某一边缘格网点为 a，首先利用仿射变换将 a 点投影到搜索影像上，得到搜索影像中投影点 a'，并确定 a 点在搜索影像中的近似核线 h，将搜索范围由二维降低到一维核线上，进一步减小搜索范围。求 a' 点在近似核线 h 上的垂足 a''，并以 a'' 为中心，分别沿近似核线的两方向搜索 d 个像素长度。最后在搜索范围内通过灰度相似性确定边缘格网匹配点，利用式（2-30）计算近似核线方向上 $2d+1$ 个像素点的灰度相似性系数 ρ，式中 g_{ij}，f_{ij} 分别表示参考影像和搜索影像中搜索窗口中的像素灰度值，g^*，f^* 分别为相应窗口像素的平均值。因为对影像边缘像素进行处理，所以通过复制外边界值来扩展原影像边缘，相关窗口大小设置为 5×5，如图 2-21 所示。在搜索范围内取灰度相似性系数 ρ 的最大值作为边缘格网点最终匹配结果。后续利用控制点构建初始 Delaunay 三角网并进行优化，内插特征点以保证三角网分布均匀。

$$\rho = \frac{\sum\limits_{i=1}^{n}\sum\limits_{j=1}^{m}(g_{ij}-g^*)(f_{ij}-f^*)}{\sqrt{\sum\limits_{i=1}^{n}\sum\limits_{j=1}^{m}(g_{ij}-g^*)^2}\sqrt{\sum\limits_{i=1}^{n}\sum\limits_{j=1}^{m}(f_{ij}-f^*)^2}} \tag{2-30}$$

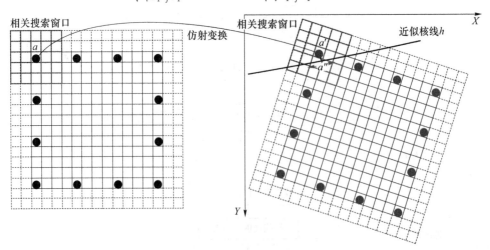

图 2-21　边缘格网点匹配示意图

（2）Delaunay 三角网优化

最终 Delaunay 三角网顶点的来源有 3 种：SIFT 算法提取的高精度特征点、遥感影像边缘格网点，以及优化三角网内插的特征点。通过控制点构建 Delaunay 三角网，计算初始 Delaunay 三角网中三角形的面积及每个三角形中的最小角。当三角形面积小于阈值时，则说明局部特征点过密，删除该三角形顶点；当三角形面积大于阈值时，则局部特征点较稀疏，在该三角形内内插特征点，对初始 Delaunay 三角网进行迭代更新，重新构网，直至所有三角形面积都在阈值范围内，以此作为后续小面元影像配准的 Delaunay 三角网。

为提高遥感影像配准速率，采用不规则 Delaunay 三角网，利用同名三角形作为配准基元，构造一次多项式，根据同名三角形 3 个顶点的坐标计算仿射变换参数，再依照式（2-31）对其三角形内部像元进行逐一纠正，将待配准影像纠正到参考影像中三角形内。

$$\begin{cases} X = ax + by + c \\ Y = dx + ey + f \end{cases} \tag{2-31}$$

通过小面元计算仿射参数，其相邻三角形共用两个顶点坐标，数学理论上可以证明三角形接边解的一致性，因此可通过这种方式解决遥感影像之间几何形变等复杂因素而导致的配准问题。

（3）扫描线填充算法纠正影像

考虑小面元纠正遥感影像的效率，避免判断像元是否在某个三角形内的大量计算，采用扫描线填充算法。通过三角形顶点定义填充区域范围，计算扫描线与三角形的相交区间，再将仿射变换后像素进行填充，即完成影像纠正工作。扫描线填充时三角形 3 个顶点按逆时针顺序进行填充，并将其顶点坐标值存入数组，同时按坐标 Y 值升序排列。填充时沿 Y 轴自上而下扫描三角形，在逐三角形纠正时，仅对扫描线与三角形有效边进行求交运算，避免与其他三角形边多次求交，以提高填充速率。计算扫描线与三角形边交点坐标时，比较容易想到的是利用直线方程 $f(x, y) = 0$，将 Y 值代入方程求解 X 值，然而在扫描线填充算法中，Y 是按 $dy = 1$ 进行累加的，因此只需求出 $dy = 1$ 对应的 dx 即可，如式（2-32）所示。

$$\begin{cases} y' = y + 1 \\ x' = x + dx \end{cases} \tag{2-32}$$

其中，$dx = 1/k$，k 为直线斜率。在计算过程中，及时保存当前 x 像素坐标，则下一个 x 坐标值即可根据式（2-32）直接计算。求取当前扫描线与三角形边交点时，将这些交点按照 X 坐标进行排序，将排序后的交点进行两两配对，填充配对点之间的区域，扫描线不断下移，直到 Y 的最大值为三角形的顶点。

传统扫描线填充算法存在缺陷，大量像素点重复判读，也没有很好地利用相邻扫描线填充次序上的连贯性，存在着不必要的回溯操作。在边界像素填充的取舍问题上作特别考虑，如图 2-22 所示。扫描线与有效三角形边会产生至多两个交点，填充时如果对两个交点及其之间的区域全部进行填充，容易使填充范围扩大，影响区域填充效率，因此采取"左闭右开，上闭下开"的原则，对三角形边界像素进行处理，这种方法使存在几何形变复杂的遥感影像间配准问题得到了有效解决。

2. 实验结果与分析

实验选择资源三号卫星遥感影像作为实验数据，实验环境为 Intel(R) Xeon(R) CPU E21220 @ 3.10 GHz 64 位操作系统，在 Matlab R2011b 平台下编程实现并对提出的算法进行了验证与分析。实验 1 数据是龙江某地区资源三号卫星的前、后视影像，分辨率均为 3.5 m，影像获取于 2012 年,为同源同时相遥感影像数据。实验 2 数据是天津某地区资源三号卫星正视影像,分辨率均为 2.1 m,影像分别获取于 2014 年 2 月和 2014 年 4 月,为同源不同时相遥感影像数据。遥感影像拍摄的时间不同、角度不同,造成影像间存在一定程度的几何变形,根据 DSM 数据显示的最大高程差有 120 m。实验采用格网大小为 15 m×15 m 的 DSM 数据作为高程约束,对实验影像数据进行正射纠正,以正射纠正结果作为后续三角网优化下影像配准的实验数据。

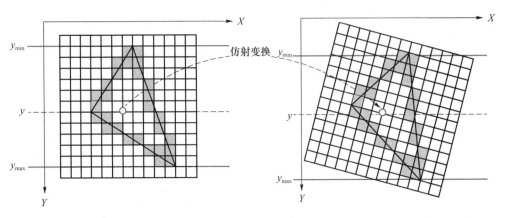

图 2-22　区域填充

实验过程中影像构建 Delaunay 三角网如图 2-23 所示,由实验结果可以看出在地势相对复杂、起伏较大的地区提取的特征点能够较好地覆盖影像范围,而对于地势相对平缓,没有明显地域特征的地区,特征点分布相对较少。三角网经过优化后分布均匀且没有特别狭长的三角形,有助于后续基于构建不规则的 Delaunay 三角网实现小面元遥感影像配准。

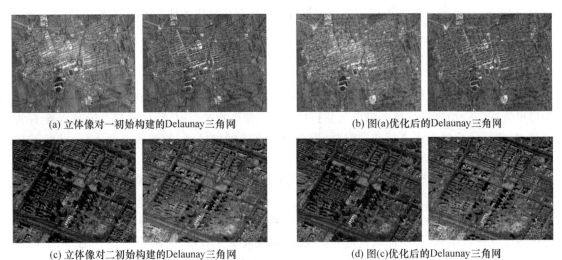

(a) 立体像对一初始构建的Delaunay三角网　　(b) 图(a)优化后的Delaunay三角网

(c) 立体像对二初始构建的Delaunay三角网　　(d) 图(c)优化后的Delaunay三角网

图 2-23　Delaunay 三角网优化

对相同时相和不同时相的 2 组遥感影像实验进行说明,为验证通过三角网优化能够提高小面元影像配准精度,对影像配准结果再次进行同名特征点提取,以同名点间像素差验证影像配准结果精度,如表 2-5 所示。

表 2-5 影像配准精度

实验组	检测点数目	纠正点精度/像素		
		X 方向中误差	Y 方向中误差	平均中误差
实验组 1	37	0.454	0.432	0.626
实验组 2	48	0.645	0.521	0.829

通过表 2-5 可以直观地看出,相同时相与不同时相遥感影像配准精度在 x 方向与 y 方向像素中误差均小于 1 个像素,达到亚像素级。可见在优化三角网下小面元影像配准结果的定位精度有了明显提高。通过相同时相、不同时相遥感影像实验对比,可以得出,配准后影像几何定位精度得到了改善,并具有较好的稳定性。

本小节针对全局变换等模型不能解决的地形起伏阴影对影像配准的影响的问题,提出一种 Delaunay 三角网优化下的小面元遥感影像配准算法。这种算法首先对影像进行几何粗配准即正射纠正,在正射纠正的基础上,利用 SIFT 算子提取特征点,然后通过 RANSAC 算法对匹配结果进行优化,得到高精度最佳匹配特征点集,同时对影像边缘格网点进行提取匹配,将匹配结果作为影像配准控制点并构建覆盖整幅影像的 Delaunay 三角网。为提高遥感影像配准效率和配准精度,避免控制点分布不均匀所带来的配准精度问题,这种算法通过约束三角形面积,实现三角网优化,并通过扫描线填充算法,完成逐像元纠正。实验结果表明,本小节提出的影像配准算法的资源三号影像配准精度已达到亚像素级,具有较好的适应性和较高的自动化程度,可用于后续遥感影像处理工作。

本小节参考文献

[1] MA J, ZHOU H, ZHAO J, et al. Robust feature matching for remote sensing image registration via locally linear transforming[J]. IEEE Transactions on Geoscience and Remote Sensing, 2015, 53(12): 6469-6481.

[2] XIANG S, WEN G, GAO F. An accurate registration method for remote sensing images based on control network[C]//2015 IEEE China Summit and International Conference on Signal and Information Processing (ChinaSIP). Chengdu: IEEE, 2015: 1071-1075.

[3] WU C, DU B, ZHANG L. An automatic relative radiometric correction method based on slow feature analysis[C]//2013 Seventh International Conference on Image and Graphics. Qingdao: IEEE, 2013: 83-88.

[4] ZITOVA B, FLUSSER J. Image registration methods: a survey[J]. Image and Vision Computing, 2003, 21(11): 977-1000.

[5] HONG G, ZHANG Y. Wavelet-based image registration technique for high-resolution remote sensing images[J]. Computers & Geosciences, 2008, 34(12): 1708-1720.

[6] JE C, PAR H M. Optimized hierarchical block matching for fast and accurate image registration[J]. Signal Processing: Image Communication, 2013, 28(7): 779-791.

[7] GUO Y, WANG J, ZHONG W, et al. Robust feature based multisensor remote sensing image registration algorithm[C]//2014 Seventh International Symposium on

Computational Intelligence and Design. Hangzhou：IEEE，2014：319-322.

[8] CHEN C, QIN Q, JIANG T, et al. An improved method for remote sensing image registration[J]. Acta Scientiarum Naturalium Universitatis Pekinensis，2010，46(4)：629-635.

[9] XIE J，LI B H，HAN W，et al. A tiny facet primitive remote sensing image registration method based on SIFT key points[C]//2012 International Symposium on Instrumentation & Measurement，Sensor Network and Automation (IMSNA). Sanya：IEEE，2012：138-141.

[10] HASAN M，PICKERING M R，JIA X. Modified SIFT for multi-modal remote sensing image registration[C]//2012 IEEE International Geoscience and Remote Sensing Symposium. Munich：IEEE，2012：2348-2351.

[11] WANG L，NIU Z，WU C，et al. A robust multisource image automatic registration system based on the SIFT descriptor[J]. International Journal of Remote Sensing，2012，33(12)：3850-3869.

[12] HUO C，PAN C，HUO L，et al. Multilevel SIFT matching for large-size VHR image registration[J]. IEEE Geoscience and Remote Sensing Letters，2011，9(2)：171-175.

[13] DING C，QIN Y，WU L. An improved algorithm of multi-source remote sensing image registration based on SIFT and wavelet transform[C]//2014 9th IEEE Conference on Industrial Electronics and Applications. Hangzhou：IEEE，2014：1189-1192.

[14] HABIB A F，ALRUZOUQ R I. Line-based modified iterated Hough transform for automatic registration of multi-source imagery[J]. The Photogrammetric Record，2004，19(105)：5-21.

[15] 汪韬阳，张过，李德仁，等. 卫星遥感影像的区域正射纠正[J]. 武汉大学学报（信息科学版），2014，39(7)：838-842.

[16] 张过，李德仁，秦绪文，等. 基于 RPC 模型的高分辨率 SAR 影像正射纠正[J]. 遥感学报，2021（6）：942-948.

[17] 王鹏，王平，沈振康，等. 一种基于 SIFT 的仿射不变特征提取新方法[J]. 信号处理，2011，27(1)：88-93.

[18] LIU J，ZHANG Y，ZHANG J. The registration of high-resolution remote sensing image using multi-feature and multi-stage strategy[C]//2014 IEEE Geoscience and Remote Sensing Symposium. Quebec City：IEEE，2014：1612-1615.

[19] 戴激光，贾永红，宋伟东，等. 一种异源高分辨率卫星遥感影像近似核线生成算法[J]. 武汉大学学报(信息科学版)，2013，6(6)：661.

[20] 胡芬，王密，李德仁，等. 基于投影基准面的线阵推扫式卫星立体影像对近似核线影像生成方法[J]. 测绘学报，2009，38(5)：428-436.

[21] 张永军，丁亚洲. 基于有理多项式系数的线阵卫星近似核线影像的生成[J]. 武汉大学学报(信息科学版)，2009(9)：1068-1071.

[22] 王竞雪，朱庆，王伟玺. 多匹配基元集成的多视影像密集匹配方法[J]. 测绘学报，2013，42(5)：691-698.

2.3.2　多策略结合的影像匹配方法

本小节关注如何利用多次拍摄的光场影像进行稀疏三维重建。运动恢复结构(SfM)研究了如何从多次拍摄的无序影像中恢复出场景的稀疏三维点云,其中一个关键问题就是如何从影像中提取稳定可靠的特征点并准确地完成影像匹配。不同影像间尺度、旋转变化和视角变换等造成的几何变形以及光照变化和遮挡,导致匹配比较困难[1]。光场影像中包含丰富的深度信息,进一步增加了匹配难度,因此如何从光场影像中提取高质量的特征点并有效地进行匹配,从而实现基于多次拍摄的光场影像的稀疏三维重建是当前研究的难点。针对光场影像之间的匹配,本小节提出了一种新的匹配算法 LF-Match,同时改进了传统的特征提取算法和匹配策略。

SIFT 算法[2]因具有较好的尺度不变性、旋转不变性等优点而被广泛应用,它在影像 I 上构建包含 M 个尺度的高斯差分金字塔 $D(x,y,\sigma)$,并依据特征点响应大小来检测特征点。这样提取到的特征点空间、尺度分布并不均匀,特征点多分布在纹理丰富、灰度变化大的区域,而且 SIFT 算法没有考虑深度信息。因此,为了获得深度、空间、尺度分布合理的特征点,本小节提出了 LF-SIFT(Light Field-Scale Invariant Feature Transform)特征提取算法,并在各个不同视角的子孔径图像上提取特征点。具体地:首先依据图像大小确定所有要检测的特征点数量,并根据不同深度下检测到的特征点数量和该尺度下影像信息熵,按比例确定不同深度下提取的特征点数量;其次在每个深度影像上构建高斯差分金字塔,根据各尺度所在的层数确定每个尺度下检测的特征点数量;再次在每个不同尺度影像上划分格网,依据每个格网影像信息熵的大小、不同尺度下特征点的响应强度来合理分配各个子区域提取的特征点数量;最后采用与 SIFT 算子类似的方法构建特征描述子,去除边缘和不稳定特征点的影响。

传统的特征点匹配方法多采用两个特征点间的最短距离进行匹配,这样的方法可以匹配一定数量的特征点,但数量较少,浪费了大量的特征点。针对以上问题,本小节提出一种多策略的图像匹配算法来充分利用提取的特征点,以得到更多深度、尺度和空间下分布合理的高精度匹配点对。具体地:首先通过最小化特征描述子之间的欧氏距离完成初始匹配,求出影像间的变换模型;其次对剩余未能正确匹配的特征点进行几何对应匹配,以得到更多的正确匹配点对。

图 2-24 列出了本章的整个算法流程。首先,对每张光场影像进行解码,得到一系列的子孔径图像;然后,对每张光场影像解码得到不同子孔径影像利用提出的 LF-Match 算法进行穷举匹配,得到最终的匹配点对;最后,基于得到匹配点对,利用光束法平差完成场景的稀疏三维重建,该过程利用 Colmap 实现。

图 2-25 给出了 LF-Match 算法的步骤。首先提取 LF-SIFT 特征点,然后进行初始匹配、误匹配剔除和几何对应匹配。实验结果表明,LF-Match 可以在少量增加计算量的情况下,大大地提高特征点的利用率,增加匹配点的数量,特征点分布也更加均匀。

1. LF-SIFT 特征点提取

针对光场影像,在 SIFT 算法的基础上,通过控制特征点在不同尺度和空间下的数量、质量和分布,本小节提出了 LF-SIFT 特征提取算法,以提高特征点的鲁棒性。LF-SIFT 的主要思想是在整个图像范围的各个尺度上均匀地保留一定数量的高质量特征点,具体步骤如下。

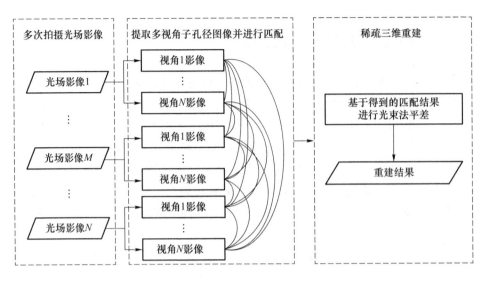

图 2-24　多次拍摄光场影像进行稀疏三维重建流程

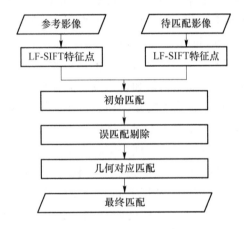

图 2-25　LF-Match 算法流程

① 确定总的特征点数量。总的特征点数量确定为图像大小为 0.4％,并且上限为 5 000 个特征点,但当图像较小时,可适当增大该系数,以保证获得足够数量的特征点。

② 计算各尺度影像的特征点数量。根据 SIFT 算法构建尺度空间,以最初的特征点为局部的极值点,按对比度从大到小进行排列,舍弃掉后 10％的特征点。为确保特征点能均匀地分布在各个尺度,依据尺度参数预先设定特征点的数量。假定总的特征点数量为 N_a,那么在第 o 组第 l 层的数量为

$$N_{ol} = N_a \cdot F_{ol} \tag{2-33}$$

$$\sum_{o=1}^{ON} \sum_{i=1}^{LN} F_{ol} = 1 \tag{2-34}$$

其中 F_{ol} 是第 o 组第 l 层的比例参数。因为尺度空间的不断降采样和高斯模糊,所以保留的特征点数量是逐层递减的。因此,F_{ol} 和尺度参数 SC_{ol} 是负相关的。假设 $f_0 = F_{11}$ 是第一组第一层影像的比例参数,SC_{11} 是该层的尺度系数。因为所有比例参数的和为 1,所以 f_0 可以首先计算出来,然后比例参数 F_{ol} 也可以通过下列公式推算出来:

$$F_{ol} = \frac{SC_{11}}{SC_{ol}} f_0 \tag{2-35}$$

根据 Lowe 的论文[2]，有

$$\mathrm{SC}_{ol} = \sigma_0 k^{\mathrm{LN}(O-1)+l}, o=1,2,\cdots,\mathrm{ON}; l=1,2,\cdots,\mathrm{LN}; k=2^{1/\mathrm{LN}} \tag{2-36}$$

其中 LN 是总的层数，ON 是总的组数。

③ 确定每层影像上每个格网中的特征点数量。为了确保特征点在每层影像上的均匀分布，在其上划分虚拟格网。对于在第 o 组第 l 层上的第 k 格网 Grid_k，根据该格网影像的影像信息熵 E_k、落在该格网内候选特征点的数量 n_k 以及这些候选点的平均对比度 C_k，可以利用以下公式计算该格网内保留的特征点数量：

$$\mathrm{N\_Grid}_k = N_{ol}\left[\frac{W_\mathrm{E}E_\mathrm{k}}{\sum_i E_\mathrm{k}} + \frac{W_\mathrm{n}n_\mathrm{k}}{\sum_i n_\mathrm{k}} + \frac{(1-W_\mathrm{E}-W_\mathrm{n})C_k}{\sum_i C_\mathrm{k}}\right] \tag{2-37}$$

其中，W_E 和 W_n 分别是影像信息熵和特征点数目所占的比例参数。

④ 选择保留特征点。假设根据上一步计算出来的保留的特征点数量为 N_cell，则首先根据对比度，从大到小保留前 $3\times N_\mathrm{cell}$ 个特征点，丢弃其他特征点；其次按照 SIFT 算法将特征点精度提高到亚像素级，并去除边缘影响；最后计算剩余特征点的局部影像信息熵，从大到小保留前 N_cell 个特征点。

⑤ 按照 SIFT 算法计算特征点主方向，进而计算特征描述子。首先在关键点的尺度空间，将空间点邻域进行划分，计算特征点的主方向；其次利用邻域信息构造梯度直方图，排序得到特征描述子；最后进行归一化，去除光照和边缘的影响。

2. 多策略结合的影像匹配方法

特征匹配分为初始匹配、误匹配剔除和几何对应匹配 3 个阶段。

（1）初始匹配

初始匹配首先采用最近邻和次近邻比值法（NNDR）来寻找匹配点，取 NNDR＝0.8。为尽量保证保留特征点的正确性，引入交叉匹配策略。具体地，设 P 和 Q 分别为两幅影像提取的特征点集，如果参考图像中的一个特征点 $p_i\in P$ 与输入图像中的特征点 $q_j\in Q$ 匹配，并且 $q_j\in Q$ 成功地与 $p_i\in P$ 匹配，则点对 (p_i,q_j) 被暂时保留，否则删除。

$$\mathrm{NNDR}=\frac{d_1}{d_2} \tag{2-38}$$

其中 d_1 和 d_2 分别为两个特征点描述子之间最近和次近欧氏距离。

（2）误匹配剔除

如图 2-26 所示，对于两幅图像 I_1 和 I_2，两个相机光心分别为 O_1 和 O_2。设 I_1 上有一个特征点 p_1，其在 I_2 上对应于特征点 p_2。若匹配成功，则 p_1 和 p_2 对应于同一空间点 P。以图像 I_1 的相机坐标系为基准，若两幅图像坐标系之间的相机运动为 R,t，如果使用齐次坐标，则有

$$p_1=KP, \quad p_2=K(RP+t) \tag{2-39}$$

其中 K 是相机内参矩阵。

取 $x_1=K^{-1}p_1, x_2=K^{-1}p_2$ 则有

$$x_2=Rx_1+t \tag{2-40}$$

变形可得

$$x_2^\mathrm{T} t^\wedge Rx_1 = x_2^\mathrm{T} t^\wedge x_2 = 0 \tag{2-41}$$

重新代入 p_1,p_2，得

$$p_2^\mathrm{T} K^{-\mathrm{T}} t^\wedge RK^{-1} p_1 = 0 \tag{2-42}$$

取 $\boldsymbol{F}=\boldsymbol{K}^{-\mathrm{T}}\boldsymbol{t}^{\wedge}\boldsymbol{R}\boldsymbol{K}^{-1}$，则有

$$\boldsymbol{p}_2^{\mathrm{T}}\boldsymbol{F}\boldsymbol{p}_1=0 \tag{2-43}$$

该式被称为核线约束，矩阵 $\boldsymbol{F}$ 被称为基本矩阵（fundamental matrix）。对极约束描述了两个匹配点的空间位置关系，同时包含了平移和旋转。

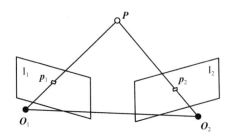

图 2-26　核线约束

采用随机采样一致性（Random Sample Consensus，RANSAC）[3]算法计算基本矩阵 $\boldsymbol{F}$，以进一步剔除误匹配。

（3）几何对应匹配

通常情况下，初始匹配只能成功匹配很少一部分特征点，很多高质量的特征点没能被成功匹配，因此，为了充分利用剩余的特征点，采用几何对应匹配完成增量过程。由于初始匹配仅利用了特征点的局部信息，并没有利用全局信息，为此，首先用初始匹配计算出两幅影像的投影变换关系，求出特征点的大概位置，再利用双向改进的相关系数法进行匹配。传统的相关系数法（NCC）[4]对旋转和比例缩放的鲁棒性较差，但是旋转和比例缩放在影像间又普遍存在，因此本小节提出改进的相关系数 M-NCC，通过对窗口影像进行采样的方法来提高相关系数法对几何形变的鲁棒性。具体地：首先在参考影像中选择一个矩形的窗口影像；其次将该影像的 4 个角点按照初始匹配中得到的单应矩阵变换到输入影像中，这样很可能得到一个不规则的四边形；再次采用双线性内插法把该不规则四边形采样为与矩形窗口影像相同大小的影像；最后根据标准的 NCC 算法来计算相关系数。几何对应匹配的具体步骤如下。

① 首先找到参考影像上在初始匹配中未能实现匹配的特征点。对于这部分特征点，如图 2-27 所示，利用初始匹配计算出的投影变换矩阵 $\boldsymbol{A}$，并根据该矩阵预测出其在待匹配影像上的位置，例如在左影像上的一点 p，计算出右影像上的同名点位置为 p'。由于仿射变换可能存在偏差，右影像上离 p' 最近的点不一定是 p 的对应点，因此选择保留距离 p' 在 n 个像素以内的特征点。若右影像上存在这样的一组特征点 $\{q_1,q_2,\cdots,q_n\}$，则根据式（2-44），利用 M-NCC 分别计算 p 与这些点的相关系数，并将其从小到大进行排列。若存在 q_j 与 p 相关系数最大且大于 r 的情况，则反过来，利用 $\boldsymbol{A}$ 的逆矩阵 $\boldsymbol{A}^{-1}$ 计算 q_j 在左影像上的预测点 q_j'，若点 q_j' 在左影像上与点 p 的距离在 n 个像素内，在所有候选点 Q_j' 中，将相关系数最大且值大于 r 的点视为匹配点，则初步认定 p 与 q_j 为一对匹配点。

$$\rho(c,r)=\frac{\displaystyle\sum_{i=1}^{w}\sum_{j=1}^{s}(g_{i,j}\cdot g_{i+r,j+c})-\frac{1}{w\cdot s}\left(\sum_{i=1}^{w}\sum_{j=1}^{s}g_{i,j}\right)\left(\sum_{i=1}^{w}\sum_{j=1}^{s}g'_{i+r,j+c}\right)}{\sqrt{\left[\displaystyle\sum_{i=1}^{w}\sum_{j=1}^{s}g_{i,j}^2-\frac{1}{w\cdot s}\left(\sum_{i=1}^{w}\sum_{j=1}^{s}g_{i,j}\right)^2\right]\left[\sum_{i=1}^{w}\sum_{j=1}^{s}g'^2_{i+r,j+c}-\frac{1}{w\cdot s}\left(\sum_{i=1}^{w}\sum_{j=1}^{s}g'_{i+r,j+c}\right)^2\right]}}$$

$$\tag{2-44}$$

其中，$\rho(c,r)$ 是相关系数值，w 和 s 是匹配窗口的大小，$g(i,j)$ 为 (i,j) 处的灰度值。

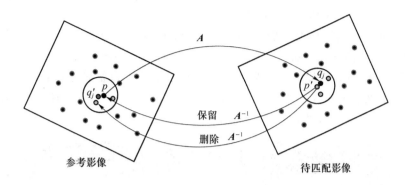

图 2-27　几何对应匹配

② 误匹配剔除。利用获取的匹配点和初始匹配获取的匹配点一起重新计算单应矩阵 H_1，并利用全局的均方根误差(RMSE)进行误差剔除，若 RMSE 大于 r_1 个像素，则逐点剔除误差最大的点，直到 RMSE 小于 r_1 个像素。然后，计算在水平和垂直方向的均方差 σ_x 和 σ_y，若某点的水平误差大于 E_x 或者垂直误差大于 E_y，则剔除该点。

③ 以上一步得到的匹配点和 H_1 作为输入，重复步骤①和②，直到最终获取的正确匹配对数不再增加为止。通常情况下，重复次数不超过 3 次，3 次以后增加个数较少，但却会增加匹配时间，因此选择 3 次作为最大重复次数。

3. 实验与分析

为了验证该算法的可靠性，本小节将所提算法与 SIFT 和 LiFF[5] 算法进行了比较。LiFF 与所提的 LF-SIFT 都是专门针对光场数据所设计的，LF-SIFT 通过构造深度-尺度空间，提高了检测特征点对深度变化的鲁棒性，但 LiFF 并没有对匹配策略进行改进，而是采用了与 SIFT 相同的匹配方法，而且为了追求效率，LiFF 仅利用了中心视角子孔径影像。

(1) 参数设置

① LF-SIFT 特征提取中的参数。类似于 SIFT，用于构建尺度金字塔的组数根据图像大小自适应设置，每组的层数设置为 3。依据文献[6]，格网大小设置为约 100×100 像素，W_E 和 W_n 的值分别设置为 0.2 和 0.5。

② 几何对应匹配中的参数。为了找到在几何对应匹配第一步中参数 n 和 r 的最优值，以 0.5 的步长将 0.5～3 的值赋予 n，以 0.1 的步长将 0.6～0.9 的值赋予 r。大量的实验结果表明，当 $n=1$ 和 $r=0.8$ 时，单应性矩阵的代价函数值保持在 1 个像素内，得到的匹配点对可被认为是正确匹配。将几何对应匹配第二步中用到的 r_1 赋值为 1，这足以剔除错误匹配[7]。错误匹配是高斯分布，而正确匹配的精度为 0.3～0.4 像素，如果一对匹配点在水平或者垂直方向上的误差大于 $3\sigma_x$ 或者 $3\sigma_y$，这可能是一对错误匹配，因此 E_x 和 E_y 分别被赋予 $3\sigma_x$ 和 $3\sigma_y$。这可能会剔除一些正确匹配点对，但是保证了被保留下来的匹配点对的正确性。

(2) 数据来源

实验数据采用了斯坦福大学提供的多视光场数据集(http://dgd.vision/Tools/LiFF)。所有的数据都是由一台 Lytro Illum 相机拍摄的，针对每个场景都拍摄了多张光场影像。该数据集包含 4 211 幅光场影像，涵盖 30 个类别的 850 个场景，每个场景有 3～7 个视角影像。

每张光场影像以两种形式进行存储：原始的 LFR 格式和解码后的 ESLF 格式。每张光场影像有 $7\,728 \times 5\,368$ 像素，每个微透镜影像包含 14×14 个六边形的像素。这些影像同样可以用 Lytro Toolbox 或者由 Lytro 公司推出的与 Lytro desktop software 具有相同功能的 Lytro

Power Tools 进行处理。每张 LFR 格式的影像大小为 55 MB 左右。

ESLF 影像是已经解码的光场影像,如图 2-28 所示,经过了去马赛克和对齐处理,可以方便地用来提取多视角的子孔径影像。ESLF 影像利用 Lytro Power Tools Beta 进行处理后,以 PNG 格式进行存储,每幅影像的大小为 7 574×5 252 像素。每幅影像包含 14×14 个视角影像,每个子孔径影像的大小为 541×375 像素。除此之外,Lytro 工具包还对光场影像进行了相机畸变校正处理。为了方便处理,采用 ESLF 数据格式。

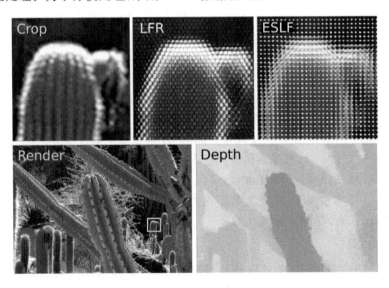

图 2-28　数据集中包含数据的格式

每张光场影像还附带有元数据文件,以及同样利用 Lytro Power Tools 生成的全聚焦影像和一张深度图影像。元数据文件中包含影像获取时相机的焦距、光圈大小和曝光时间等参数,生成全聚焦影像的设置则包含在数据集中。

(3) 评价标准

采用 Schonberger 等在 CVPR 2017 论文中所提出的评价方法[8],将匹配点对作为 SfM 的输入,以评价所提出算法在三维评价中的应用。虽然所提算法和 LiFF 均提取了图像的深度图,但为了更好和更公平地评价所提特征和匹配方法的有效性,本小节并没有利用深度图信息对 SfM 结果进行优化。

所有算法在 SfM 阶段均采用 Colmap,生成稀疏点云后,在密集三维重建前停止。对于 LiFF,采用与原作者相同的方法,将提取的 LiFF 特征作为 Colmap 输入,完成 SfM;对于 SIFT,直接将每幅影像的中心视角影像作为输入,从特征提取到生成密集点云均由 Colmap 完成;对于所提算法,将匹配点对作为 Colmap 的 inlier match 输入,Colmap 仅完成重建过程。

具体地,首先对匹配结果进行评价,包括提取特征点数量(feature points)、匹配点对(matches)、正确匹配点对(inliner matches)和正确匹配率(inlier match ratio),其中正确匹配率为正确匹配对数与所有匹配对数的比值。其次,根据 Colmap 的输出,对算法在三维重建中的效果进行评价,包括所有场景重建出三维点的数量(3D points)、追踪长度(track length)、总观察点数(observations)、每张影像平均观察到的点数(observations per image),其中追踪长度为一个空间点平均在多少张影像中可见。

对于匹配主要同时给出了两方面的结果,包括从同一光场影像中提取出的中心视角与边缘视角影像的匹配结果和从两次拍摄光场影像中提取出的中心视角影像的匹配结果。除了统计结果外,还给出了两次拍摄光场影像中心视角影像的匹配结果图,以及同一光场影像内不同视角的匹配结果。一方面,匹配点对较多,不能从匹配结果图中得到有用信息,因此并没有给出;另一方面,重建的稀疏点云点数较少,无法看出地物形状,也没有给出。

(4)实验结果与分析

从上述数据集中挑选了 3 组影像数和场景类别均不同的光场影像作为实验影像。同组影像间存在不同程度的尺度、旋转、视角和光照变化。不同组影像间的纹理丰富程度、拍摄场景均不同,涵盖了室内、城市和野外的典型场景。

① 实验一。如图 2-29 所示,实验一采用了 Bikes 数据集中 IMG_1309. eslf. png、IMG_1310. eslf. png 和 IMG_1311. eslf. png 共 3 幅光场影像,实验结果见表 2-6 和表 2-7 以及图 2-30。

(a) 光场影像　　　　　　　　　　　　(b) 中心视角子孔径图像

图 2-29　第一组实验影像

表 2-6　在 Bikes 数据集上的匹配结果

算法	特征点 1	特征点 2	匹配点对	正确匹配点对	正确匹配率
SIFT	2 086	2 472	54	14	25.92%
LF-Match	2 863	2 909	49	31	63.26%

注:特征点 1 和 2 分别表示在第一和第二张影像上检测的特征点数量。

表 2-7 在 Bikes 数据集上的对比实验结果

算法	重建点数	共观察次数	追踪长度	平均观察点数/幅
LiFF(仅中心)	—	—	—	—
SIFT(4×4)	672	13 428	19.982	279.75
本节算法(4×4)	768	17 423	22.684	362.979

注:"—"表示重建失败

(a) SIFT

(b) LF-Match

图 2-30 实验一中两次拍摄光场影像中心子孔径图像匹配结果

② 实验二。如图 2-31 所示,实验二采用了 Books 数据集中 IMG_5776. eslf. png、IMG_5777. eslf. png、IMG_5778. eslf. png、IMG_5779. eslf. png 和 IMG_5780. eslf. png 共 5 幅影像,实验结果见表 2-8 和表 2-9 以及图 2-32。

表 2-8 在 Books 数据集上的匹配结果

算法	特征点 1	特征点 2	匹配点对	正确匹配点对	正确匹配率
SIFT	817	515	218	73	33.48%
LF-Match	1 448	1 335	245	132	53.87%

表 2-9 在 Books 数据集上的对比实验结果

算法	重建点数	共观察次数	追踪长度	平均观察点数/幅
LiFF(仅中心)	221	678	3.068	135.600
SIFT(4×4)	2 233	44 816	20.067	560.200
本节算法(4×4)	2 392	53 004	22.156	662.550

(a) 光场影像   (b) 中心视角子孔径图像

图 2-31 第二组实验影像

(a) SIFT

(b) LF-Match

图 2-32　实验二中两次拍摄光场影像中心子孔径图像匹配结果

③ 实验三。如图 2-33 所示,实验三选用了 Cacti 数据集中 IMG_2145. eslf. png、IMG_2146. eslf. png、IMG_2147. eslf. png、IMG_2148. eslf. png、IMG_2149. eslf. png、IMG_2150. eslf. png 共 6 张影像,实验结果见表 2-10 和表 2-11 以及图 2-34。

表 2-10　在 Cacti 数据集上的匹配结果

算法	特征点 1	特征点 2	匹配点对	正确匹配点对	正确匹配率
SIFT	2 337	2 904	199	69	34.67%
LF-Match	2 874	3 784	360	240	63.80%

表 2-11　在 Cacti 数据集上的对比实验结果

算法	重建点数	共观察次数	追踪长度	平均观察点数/幅
LiFF(仅中心)	430	1 382	3.214	230.330
SIFT(4×4)	2 244	63 463	28.281	661.073
本节算法(4×4)	2 405	70 214	29.187	731.396

从上述实验结果可以看出,LF-Match 算法可以提取更多的特征点,而且在找到了更多的正确匹配点对的同时,保证了较高的正确匹配率。这是因为在特征提取阶段控制在各个尺度、各个位置的特征点数保证了整个图像上的特征点数量以及特征点的质量和分布。为了充分利用 LF-SIFT 提取出的特征点,采用了多策略结合的匹配方法,在得到了更多的匹配点对的同时,保证了较高的正确匹配率。具体地,在初始匹配阶段,通过最小化欧氏距离进行匹配并进行误差剔除。为了进一步利用提取出的特征点,基于仿射变换矩阵并结合改进的相关系数法,实现了几何对应匹配。几何对应匹配将匹配点的搜索范围缩小到一个很小的区域,保证了精度,同时新得到的匹配点不受纹理的限制,保证了分布的均匀性。与此同时,所提算法在初始匹配阶段,使用交叉匹配和 RANSAC 算法来保证初始匹配的正确性;在几何对应匹配过程中,通过在全局、x 和 y 方向进行约束来消除误匹配。这一系列的约束措施保证了得到的匹配点对的精度。

(a) 光场影像　　　　　　　　(b) 中心视角子孔径图像

图 2-33　第三组实验影像

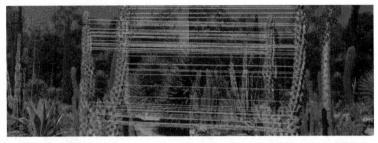

(a) SIFT

(b) LF-Match

图 2-34　实验三中两次拍摄光场影像中心子孔径图像匹配结果

　　LiFF 在 Bikes 数据集中重建失败，这是因为 LiFF 算法为了追求效率，仅利用了中心视角的影像，但是 Colmap 在进行光束法平差的过程中需要首先找到两张匹配较好的影像并将其作为初始匹配影像对，当两次拍摄的影像变化较大时，容易出现匹配失败的情况。因此，对于光场相机影像，子孔径影像空间分辨率较低，提取特征点数量较少，导致匹配点对较少，仅利用中心孔径影像时，经常出现找不到初始匹配影像对的情况，无法进入下一步的增量重建过程。

　　所提算法和 SIFT 利用单次拍摄影像 4×4 个视角的子孔径影像，不同子孔径影像间由于视角变化小，更容易匹配成功，可选做初始匹配影像对，在 3 组实验中均重建成功。相比于SIFT，所提算法在利用相同影像的情况下，重建出了更多的三维点，而且每幅影像上观察到的点的数量更多，单个特征点的追踪长度更长。这是因为在匹配过程中，LF-SIFT 通过在尺度金字塔上划分格网，并根据格网影像的信息熵和特征点的对比度分配特征点数量，在纹理匮乏区域也保留了大量的特征点。而纹理模糊区域在不同深度下，可能会变得清晰，可提出高质量的特征点，因此 LF-SIFT 相比于 SIFT 具有更好的深度、尺度和空间分布。

　　在稀疏点云的基础上进一步完成密集匹配，即可得到场景的稠密点云。以第二组 Books数据集为例，得到的结果如图 2-35 所示，但因为图像中纹理较少且不同姿态下影像数较少，得到的点云并不完整。

图 2-35　第二组数据稠密点云

本小节提出了基于多次拍摄光场影像的稀疏三维重建方法,通过从每张光场影像中提取的 4×4 视角的子孔径影像,利用 LF-Match 算法进行穷举匹配,继而利用光束法平差完成场景的稀疏三维重建。LF-Match 算法通过改进传统特征提取算法,利用多级匹配策略,大大地增加了正确匹配的数量。本小节基于多组影像数和场景类别均不同的光场影像验证了所提算法的有效性。

本小节参考文献

[1] SCHEFFLER D,HOLLSTEIN A,DIEDRICH H,et al. AROSICS:an automated and robust open-source image co-registration software for multi-sensor satellite data [J]. Remote Sensing,2017,9(7):676.

[2] LOWE D G. Distinctive image features from scale-invariant keypoints [J]. International Journal of Computer Vision,2004,60(2):91-110.

[3] FISCHLER M A,BOLLES R C. Random sample consensus:a paradigm for model fitting with applications to image analysis and automated cartography[J]. Communications of the ACM,1981,24(6):381-395.

[4] NAVY P,PAGE V,GRANDCHAMP E,et al. Matching two clusters of points extracted from satellite images [J]. Pattern Recognition Letters,2006,27(4):268-274.

[5] DANSEREAU D G,GIROD B,WETZSTEIN G. LiFF:light field features in scale and depth[C]//Proceedings of the IEEE Conference on Computer Vision and Pattern Recognition. Long Beach:IEEE,2019:8042-8051.

[6] LIU Y,MO F,TAO P. Matching multi-source optical satellite imagery exploiting a multi-stage approach[J]. Remote Sensing,2017,9(12):1249.

[7] 姜三,许志海,张峰,等. 面向无人机倾斜影像的高效 SfM 重建方案[J]. 武汉大学学报(信息科学版),2019(8):1153-1161.

[8] SCHONBERGER J L,HARDMEIER H,SATTLER T,et al. Comparative evaluation of hand-crafted and learned local features[C]//Proceedings of the IEEE Conference on Computer Vision and Pattern Recognition. Honolulu:IEEE,2017:1482-1491.

第 3 章
多模态遥感影像匹配

近年来,随着遥感技术的发展,光学、红外、合成孔径雷达(Synthetic Aperture Radar,SAR)、激光雷达(Light Detection and Ranging,LiDAR)、夜景灯光等多源多模态遥感成像手段在精准农业、资源调查、环境监测、国防军事等各个领域发挥着越来越重要的作用[1]。其中,基于多模态遥感影像的目标识别、变化检测、图像融合、地表覆盖分析等,是资源勘察、地理国情检测、应急灾害管理、全球专题制图等行业重要应用的关键支撑技术。而稳定高效的多模态影像匹配方法是这些技术的基础和前提,具有十分重要的研究意义。

近年来,得益于空间运载技术和传感器制造技术的快速发展,人类对遥感数据的获取能力得到了极大的提升[2]。目前,已形成高效、多样、快速的空天地一体化数据获取手段,可提供海量非结构化遥感数据[3]。在这样的时代背景下,以多源、高分、多时相为特点的遥感影像联合观测对传统摄影测量领域提出了新的挑战,如何在保证较高的处理效率的同时将所有对地观测数据最大限度地用于高精度空间信息产品的生产是一个亟待解决的问题[4]。

不同类型的传感器具有不同的成像原理和特性,因此,不同传感器获取的数据通常能够反映地物属性的不同方面,适用于不同的应用领域。例如,光学影像广泛应用于灾害管理[5]、变化检测[6];SAR 影像可应用于地表沉降监测[7]、DEM/DSM 生成[8]、目标识别[9];红外影像可应用于土壤水分反演[10]和森林火灾监测[11]。虽然目前单一类型遥感数据的处理和应用技术已经达到了很高的水平,但是单一类型的传感器只能对特定波段的电磁波信息进行编码。

考虑不同类型传感器数据之间的互补性,研究人员开始融合多模态数据来解决传统的遥感问题,如土地覆盖分析[12-15]、变化检测[16-18]、地物分类[19]和影像融合[20-21]。另外,地形图测绘作为摄影测量和遥感领域的一个关键应用,主要是利用光学卫星影像完成的[22]。然而,传统基于地面控制点的定向方法需要花费大量人力与物力进行控制点实测,并且在某些地区(如我国西部地区、境外地区)难以实测,甚至无法实测。多源传感器数据的综合利用能够成为实现卫星影像高精度几何定向,并促进快速准确的大范围甚至全球范围地形图测绘的一种颇具前景的解决方案[23]。

多模态影像进行联合应用的关键前提是空间位置上的严格对应。只有保证不同影像上的同名区域在空间上严格对齐,后续从影像上所提取的互补信息才具有应用的意义和价值。若想实现这个目的,需要用到影像匹配技术。影像匹配的实质是在给定的参考影像与输入影像之间寻找到一定数量的同名点,所谓同名点是指同一物方空间点投影到不同影像平面上得到的像方点[24]。利用同名点求解出影像间的空间变换关系,将不同影像统一到相同的参考坐标系框架,从而实现后续的影像分析及相关应用。

多模态影像的特殊性使得传统的影像匹配方法无法直接应用于多模态遥感数据,因此研究如何进行高精度的多模态影像匹配具有非常重要的意义。首先,多模态影像大多由不同类型的传感器获取,它们的成像原理和成像波段都不同,相比于同类型的影像,多模态影像间存在显著的非线性辐射差异,因此,有必要研究对多模态影像间非线性辐射差异有良好抗性的匹配方法;其次,传感器平台的飞行高度不同、空间分辨率不同、成像视角不同,会导致影像间存在旋转和尺度等几何差异,甚至可能会出现一定的透视几何变形,因此,如何使多模态匹配算法具有旋转和尺度不变性是当前的一个难点;最后,多模态影像的类型非常丰富,包括光学、红外、SAR、LiDAR 深度、夜景灯光影像等,另外,栅格地图也被认为是一类影像数据,如何使匹配方法具有通用性,能够适用于不同模态数据的处理也是亟待解决的重点问题。图 3-1 给出了多模态遥感影像数据的示例。

彩图 3-1

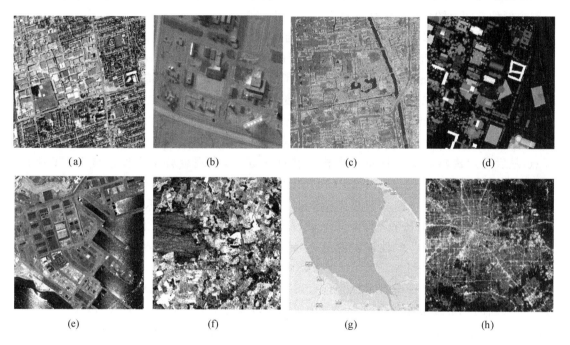

图 3-1 多模态遥感影像数据。(a)光学影像;(b)近红外影像;(c)热红外影像;
(d)LiDAR 深度图;(e)LiDAR 强度图;(f)SAR 影像;(g)栅格地图;(h)夜景灯光影像。

根据同名点识别策略的不同,多模态遥感影像匹配可分为基于特征的匹配方法、基于区域的匹配方法以及基于深度学习的匹配方法[25],3.1 节将针对这 3 类匹配方法对当前的研究现状进行讨论。

3.1 多模态遥感影像匹配研究现状

3.1.1 基于特征的匹配方法

基于特征的匹配方法通过检测图像上的显著特征并根据特征间的相似性进行匹配。这些特征可以看作局部影像区域的抽象表达,对影像间几何和辐射变化具有一定的鲁棒性。影像特征可以分为点特征[26-27]、线特征[28-29]以及面特征[30]。

为了匹配光学和 SAR 影像,Fan 等[31]提出了 SIFT-M 算法,这种算法通过提取参考影像和输入影像上的 SIFT[32]特征,基于多个支撑区域构建出不同的特征描述子,并引入空间一致的匹配策略进行特征点匹配。与 SIFT 相比,SIFT-M 获得了更多的匹配点,并具有更高的效率和准确率。基于 SIFT-M,Xiang 等[33]进一步提出了 OS-SIFT 算法,建立与光学和 SAR 影像一致梯度上的 Harris 尺度空间中检测特征点,并计算多个图像块的直方图,以增强特征描述符的可区分性,提高算法的鲁棒性和匹配性能。

Salehpour 等[34]提出了一种基于 BRISK 算子的分级匹配方法[35],该方法使用自适应椭圆双边滤波器对 SAR 影像进行滤波,以减小散斑噪声的影响,并引入了一种分级方法来利用 BRISK 特征的局部和全局几何关系。该方法具有较高的准确率,但获取的同名点很少,并且在整个影像空间上的分布均匀性较差。

为了提高多模态影像间非线性辐射差异的鲁棒性,Li 等[36]提出了一种对辐射变化不敏感的特征变换方法 RIFT。考虑影像特征的重复性和数量,该方法首先在相位一致性图[37]上检测特征点,然后基于 log-Gabor 卷积结果构建了最大值索引图并进行特征描述。此外,通过分析最大值索引图随方向的变化实现了旋转不变性。结果表明,RIFT 在多模态遥感影像匹配上表现良好且性能稳定。基于 RIFT,Cui 等[38]进一步提出了 SRIFT 方法,首先利用非线性扩散技术建立了多尺度空间,其次使用局部方向和尺度相位一致性算法来获得足够稳定的特征点,最后采用旋转不变坐标系统来构建特征描述子,实现旋转不变性。与 RIFT 相比,SRIFT 获得了更多的匹配点,并增强了对尺度变化的鲁棒性。

Wang 等[39]提出了一种基于相位一致性的方法来匹配光学和 SAR 影像,该方法包括采用一致 Harris 特征检测方法和基于相位一致性方向直方图的局部特征描述子。ROS-PC 对光学和 SAR 影像之间的非线性辐射度量差异具有鲁棒性,并且可以容忍一定的旋转和尺度变化。

为了提高经典局部自相似性描述子(LSS)[40]的可区分性,Sedaghat 等[41]基于可分序列提出了一种新的自相似性描述子 DOBSS。为了实现多源光学影像匹配,首先从两幅影像中提取 UR-SIFT[42]特征点,其次为特征点构建 DOBSS 描述子,最后基于投影变换模型并结合交叉匹配和一致性检查找到正确点位对应关系。该方法不仅获得了更多的匹配点,而且比 SIFT 和 LSS 显示出更好的鲁棒性和准确性。

除了基于点特征的方法之外,Sui 等[43]提出了一种通过将迭代线特征提取和基于 Voronoi 集成谱的点匹配相结合的多模态影像匹配方法,提高了线特征匹配的可靠性。但是,这种方法要求目标场景中含有大量的线特征,降低了方法通用性。Hnatushenko 等[44]提出了一种基于变分法的轮廓特征匹配方法,用于农业地区的光学和 SAR 影像的联合配准,该方法对光学和 SAR 影像进行了一些特殊的预处理,并通过将其转换为约束优化问题来实现影像配准。这种方法在含有大量农田的区域上非常有效。Xu 等[45]提出了一种基于面特征的方法,该方法采用基于区域特征分割的方式来提取表面特征进行匹配。但是,这种方法只能应用于包含显著区域边界的影像,例如湖泊和农田。

尽管基于特征的匹配方法在多模态图像上具有灵活性和鲁棒性的优势,但影像间的几何变形和非线性辐射差异,导致特征的可重复性相对较低[46-47],特征的定位精度会受到很大影响。例如,较为先进的方法 RIFT 只有大约 15% 的内点率,定位精度也只能保证到 2.5 个像素左右,降低了基于特征的匹配方法在匹配多模态遥感影像方面的性能。

3.1.2 基于区域的匹配方法

基于区域的匹配方法也被称为模板匹配,通过在影像上设置匹配窗口并利用相似性测度来实现同名点识别[48]。归一化互相关(NCC)[49]和互信息(MI)[50]是光学卫星影像匹配中两种常用的相似性测度。然而,由于非线性辐射差异的影响,NCC 在大多数情况下无法处理多模态影像的匹配。相反,MI 描述了影像的统计信息,对影像间的非线性辐射变化具有一定的鲁棒性,但是 MI 方法没有考虑邻域像素的影响,容易陷入局部极值而导致误匹配。另外,MI对影像窗口的大小很敏感,且匹配过程计算量很大。Suri 和 Reinartz[51]分析了 MI 在覆盖城市地区的 TerraSAR-X 影像和 Ikonos 影像配准的性能,发现基于 MI 的方法可以成功地消除影像间大的全局偏移。除了空间域中的相似性测度,另一种方法是将多模态图像变换到频率域当中,并基于频域中的相似性测度完成影像匹配。Kuglin 和 Hines[52]开发的相位相关算法可用于将多模态遥感影像转换到频域中匹配。相位相关算法对非线性辐射差异表现出一定的鲁棒性并且具有很高的计算效率。为了探索对光学影像和 SAR 影像的内在结构信息的使用潜力,Xiang 等[53]提出了 OS-PC 算法,通过将稳健的特征表达与三维相位相关结合,该算法对非线性辐射差异表现出了很强的鲁棒性。

一些学者注意到,尽管多模态遥感影像之间存在较大的非线性辐射差异,但形态区域特征仍然存在[54-55]。因此,这些学者基于影像间的共有结构创建了模板特征,然后使用模板特征代替影像灰度进行匹配,显著地提高了匹配性能。Li 等[56]使用方向梯度直方图(HOG)[57]构造了表达影像结构的模板特征,并使用 NCC 作为相似性测度,获得了良好的匹配结果。基于HOG,Ye 等[58]提出了方向相位一致性直方图(HOPC),通过用方向相位一致性特征代替方向梯度特征,在多模态遥感影像的匹配上获得了良好的性能。Zhang 等[59]将 HOPC 应用于立体光学卫星影像的组合区域网平差框架中,该框架以星载 SAR 影像和激光测高数据作为辅助。Ye 等[60]进一步提出了一种相似性度量 DLSC,构造了名为密集局部自相似性(DLSS)的特征表达,结合 NCC 测度进行影像匹配。由于 DLSS 提取影像内的自相似性特征,因此它对非线性辐射差异具有不错的鲁棒性。

然而,HOG、HOPC 和 DLSS 均是在稀疏的采样格网中进行特征构建的,因此,它们都是稀疏的特征表达,难以精确地捕获影像中的细节结构信息,另外它们的计算效率较低。为了解决这个问题,Ye 等[61]进一步提出了名为方向梯度通道特征(CFOG)的稠密模板特征,通过逐像素地计算相邻结构特征,显著地增强了对细节结构信息的描述能力。在相似性测度方面,基于卷积定理和傅里叶变换推导出误差平方和(SSD)测度在频域中的表示,进而达到了快速计算的目的。Ye 等[62]使用 CFOG 完成了 Sentinel-1 SAR 影像和 Sentinel-2 光学影像的配准,并评估了各种几何变换模型的性能,包括多项式模型、投影模型和有理函数模型。然而,CFOG 只计算了水平和垂直方向的梯度,并使用它们来插值得到所有预设方向的梯度,这会带来歧义并降低准确性。基于此点考虑,樊仲藜等[63]通过将梯度值分布到两个最相关的预定方向上,提出了角度加权方向梯度(AWOG)模板特征,并提出了使用频域互相关作为相似性度量,得到了更高的匹配性能。

尽管基于区域的匹配方法取得了良好的匹配精度和计算效率,但它们对初始匹配位置的要求较高。如果初始对应与正确匹配点有较大偏差,方法的匹配性能将急剧下降。此外,基于区域的匹配方法对旋转和尺度变化较为敏感,因此需要提前消除较大的几何变形,限制了其在各种应用中的通用性。

3.1.3 基于深度学习的匹配方法

随着深度学习领域的发展,一些研究人员探索基于深度学习技术来实现多模态遥感影像的匹配。Merkle 等[64]探究了条件生成式对抗网络(cGAN)在光学和 SAR 影像匹配任务中的潜力。他们训练 cGAN 模型从光学影像中生成类似 SAR 风格的图像块,实现了影像模态的统一,然后在同影像模态下使用 NCC、SIFT 和 BRISK 等传统方法来实现影像匹配。遵循同样的想法,Zhang 等[65]采用基于深度学习的图像转换方法来消除光学和 SAR 影像之间的模态差异,并应用传统方法完成影像匹配。与 Merkle 等[64]的方法不同,Zhang 等[65]训练了一个能够执行双向风格迁移的网络,该网络既能将光学影像转化为 SAR 风格的影像,也能将 SAR 影像转化为光学风格的影像,这种策略进一步提高了匹配的鲁棒性。

Ma 等[66]提出了一种两步配准方法来配准多模态遥感影像,首先使用深度卷积神经网络 VGG-16[67]计算影像间的近似几何变换关系,然后采用稳健的基于局部特征的匹配策略进一步细化初始结果。类似地,Li 等[68]应用两步过程来估计光学和 SAR 影像之间的刚体旋转并实现影像匹配。他们利用名为 RotNET 的深度学习神经网络来粗略地预测两幅影像之间的旋转矩阵,随后使用基于高斯金字塔开发的新型局部模板特征获得了精确的影像匹配结果。

Zhang 等[69]建立了一个全卷积孪生神经网络(fully convolutional siamese network),并使用设计的损失函数对其进行训练,以最大化正负样本之间的特征距离,并基于该网络模型设计了一个多模态遥感影像配准的通用框架。Hughes 等[70]开发了一种用于多模态遥感影像匹配的深度学习三步法。首先,使用 goodness 网络找到最适合于匹配的影像区域,其次使用 correspondence 网络计算相似性图,最后通过 outlier reduction 网络进行粗差剔除。

尽管这些基于深度学习的匹配方法在它们各自的实验上比传统的基于几何的方法获得了更好的结果,但当前基于深度学习的匹配方法存在以下问题。首先,没有足够大的多模态影像数据集来训练通用的深度神经网络。其次,基于深度学习的匹配方法对计算机环境,尤其是 GPU 带来了挑战,在大多数计算机设置下其计算效率相对较低。最后,当前基于深度学习的匹配方法难以应用于全尺寸的卫星遥感图像。这些缺点限制了深度学习技术在多模态遥感图像匹配或配准中的实际应用。

根据以上对 3 类匹配方法的分析和讨论,可以看出各类方法都可以在不同程度上应用于多模态匹配任务,但是它们对初始条件的要求以及它们的适用性、结果精度等均有所差异,各类方法也表现出了各自的优缺点,表 3-1 对这些内容进行了总结。

表 3-1　3 类匹配方法在各项指标上的表现统计

性能	基于特征	基于区域	基于深度学习
对先验信息(如 RPC)的依赖性	低	高	中等
对同名点初始定位准确性的要求	低	高	中等
对影像间几何差异的抗性	较高	低	中等
对计算机硬件的要求	低	低	很高
方法通用性	高	高	低
匹配精度	中等	高	中等
计算效率	较高	高	低
对于大尺寸遥感影像的实用性	较高	高	中等

本节参考文献

[1] 李树涛,李聪妤,康旭东.多源遥感图像融合发展现状与未来展望[J].遥感学报,2021,25(1):148-166.

[2] QIU C, SCHMITT M, ZHU X X. Towards automatic SAR-optical stereogrammetry over urban areas using very high resolution imagery [J]. ISPRS Journal of Photogrammetry and Remote Sensing, 2018, 138: 218-231.

[3] POH C, GENDEREN J L V. Review article multisensor image fusion in remote sensing: concepts, methods and applications[J]. Int. J. Remote Sens, 1998, 9: 823-854.

[4] 凌霄. 基于多重约束的多源光学卫星影像自动匹配方法研究[D]. 武汉:武汉大学,2017.

[5] NAYAK S, ZLATANOVA S. Remote sensing and GIS technologies for monitoring and prediction of disasters[M]. Springer Science & Business Media, 2008.

[6] ZHOU K, LINDENBERGH R, GORTE B, et al. LiDAR-guided dense matching for detecting changes and updating of buildings in Airborne LiDAR data[J]. ISPRS Journal of Photogrammetry and Remote Sensing, 2020, 162: 200-213.

[7] STROZZI T, WEGMULLER U, TOSI L, et al. Land subsidence monitoring with differential SAR interferometry [J]. Photogrammetric Engineering and Remote Sensing, 2001, 67(11): 1261-1270.

[8] GEYMEN A. Digital elevation model (DEM) generation using the SAR interferometry technique[J]. Arabian Journal of Geosciences, 2014, 7: 827-837.

[9] DING J, CHEN B, LIU H, et al. Convolutional neural network with data augmentation for SAR target recognition[J]. IEEE Geoscience and Remote Sensing Letters, 2016, 13(3): 364-368.

[10] CARLSON T N, GILLIES R R, PERRY E M. A method to make use of thermal infrared temperature and NDVI measurements to infer surface soil water content and fractional vegetation cover[J]. Remote Sensing Reviews, 1994, 9(1/2): 161-173.

[11] BOSCH I, GOMEZ S, VERGARA L, et al. Infrared image processing and its application to forest fire surveillance[C]//2007 IEEE Conference on Advanced Video and Signal Based Surveillance. London: IEEE, 2007: 283-288.

[12] SHAO Z, ZHANG L, WANG L. Stacked sparse autoencoder modeling using the synergy of airborne LiDAR and satellite optical and SAR data to map forest above-ground biomass[J]. IEEE Journal of Selected Topics in Applied Earth Observations and Remote Sensing, 2017, 10(12): 5569-5582.

[13] ZHANG H, XU R. Exploring the optimal integration levels between SAR and optical data for better urban land cover mapping in the Pearl River Delta[J]. International Journal of Applied Earth Observation and Geoinformation, 2018, 64: 87-95.

[14] CAMPOS-TABERNER M, GARCíA-HARO F J, CAMPS-VALLS G, et al. Exploitation of SAR and optical sentinel data to detect rice crop and estimate seasonal

dynamics of leaf area index[J]. Remote Sensing, 2017, 9(3): 248.

[15] HONG D, HU J, YAO J, et al. Multimodal remote sensing benchmark datasets for land cover classification with a shared and specific feature learning model[J]. ISPRS Journal of Photogrammetry and Remote Sensing, 2021, 178: 68-80.

[16] DE ALBAN J D T, CONNETTE G M, OSWALD P, et al. Combined Landsat and L-band SAR data improves land cover classification and change detection in dynamic tropical landscapes[J]. Remote Sensing, 2018, 10(2): 306.

[17] NIU X, GONG M, ZHAN T, et al. A conditional adversarial network for change detection in heterogeneous images[J]. IEEE Geoscience and Remote Sensing Letters, 2018, 16(1): 45-49.

[18] TOUATI R, MIGNOTTE M, DAHMANE M. Multimodal change detection in remote sensing images using an unsupervised pixel pairwise-based Markov random field model[J]. IEEE Transactions on Image Processing, 2019, 29: 757-767.

[19] LEY A, DHONDT O, VALADE S, et al. Exploiting GAN-based SAR to optical image transcoding for improved classification via deep learning[C]//EUSAR 2018: 12th European Conference on Synthetic Aperture Radar. Aachen: VDE, 2018: 1-6.

[20] CHU T, TAN Y, LIU Q, et al. Novel fusion method for SAR and optical images based on non-subsampled shearlet transform[J]. International Journal of Remote Sensing, 2020, 41(12): 4590-4604.

[21] SHAKYA A, BISWAS M, PAL M. CNN-based fusion and classification of SAR and Optical data[J]. International Journal of Remote Sensing, 2020, 41(22): 8839-8861.

[22] HOLLAND D A, BOYD D S, MARSHALL P. Updating topographic mapping in Great Britain using imagery from high-resolution satellite sensors[J]. ISPRS Journal of Photogrammetry and Remote Sensing, 2006, 60(3): 212-223.

[23] FAN Z, ZHANG L, LIU Y, et al. Exploiting high geopositioning accuracy of SAR data to obtain accurate geometric orientation of optical satellite images[J]. Remote Sensing, 2021, 13(17): 3535.

[24] 张祖勋, 张剑清. 数字摄影测量学[M]. 武汉: 武汉大学出版社, 2012.

[25] JIANG X, MA J, XIAO G, et al. A review of multimodal image matching: methods and applications[J]. Information Fusion, 2021, 73: 22-71.

[26] YU L, ZHANG D, HOLDEN E J. A fast and fully automatic registration approach based on point features for multi-source remote-sensing images[J]. Computers & Geosciences, 2008, 34(7): 838-848.

[27] BAY H, ESS A, TUYTELAARS T, et al. Speeded-up robust features (SURF)[J]. Computer Vision and Image Understanding, 2008, 110(3): 346-359.

[28] PAN C, ZHANG Z, YAN H, et al. Multisource data registration based on NURBS description of contours[J]. International Journal of Remote Sensing, 2008, 29(2): 569-591.

[29] LI H, MANJUNATH B S, MITRA S K. A contour-based approach to multisensor image registration[J]. IEEE Transactions on Image Processing, 1995, 4(3):

320-334.

[30] DARE P, DOWMAN I. An improved model for automatic feature-based registration of SAR and SPOT images[J]. ISPRS Journal of Photogrammetry and Remote Sensing, 2001, 56(1): 13-28.

[31] FAN B, HUO C, PAN C, et al. Registration of optical and SAR satellite images by exploring the spatial relationship of the improved SIFT[J]. IEEE Geoscience and Remote Sensing Letters, 2012, 10(4): 657-661.

[32] LOWE D G. Distinctive image features from scale-invariant keypoints [J]. International Journal of Computer Vision, 2004, 60: 91-110.

[33] XIANG Y, WANG F, YOU H. OS-SIFT: a robust SIFT-like algorithm for high-resolution optical-to-SAR image registration in suburban areas[J]. IEEE Transactions on Geoscience and Remote Sensing, 2018, 56(6): 3078-3090.

[34] SALEHPOUR M, BEHRAD A. Hierarchical approach for synthetic aperture radar and optical image coregistration using local and global geometric relationship of invariant features[J]. Journal of Applied Remote Sensing, 2017, 11(1): 015002.

[35] LEUTENEGGER S, CHLI M, SIEGWART R Y. BRISK: binary robust invariant scalable keypoints [C]//2011 International Conference on Computer Vision. Barcelona: IEEE, 2011: 2548-2555.

[36] LI J, HU Q, AI M. RIFT: multi-modal image matching based on radiation-variation insensitive feature transform[J]. IEEE Transactions on Image Processing, 2019, 29: 3296-3310.

[37] KOVESI P. Phase congruency detects corners and edges[C]//The Australian Pattern Recognition Society Conference. Sydney: DICTA, 2003.

[38] CUI S, XU M, MA A, et al. Modality-free feature detector and descriptor for multimodal remote sensing image registration [J]. Remote Sensing, 2020, 12 (18): 2937.

[39] WANG L, SUN M, LIU J, et al. A robust algorithm based on phase congruency for optical and SAR image registration in suburban areas[J]. Remote Sensing, 2020, 12 (20): 3339.

[40] SHECHTMAN E, IRANI M. Matching local self-similarities across images and videos[C]//2007 IEEE Conference on Computer Vision and Pattern Recognition. Minneapolis: IEEE, 2007: 1-8.

[41] SEDAGHAT A, EBADI H. Distinctive order based self-similarity descriptor for multi-sensor remote sensing image matching[J]. ISPRS Journal of Photogrammetry and Remote Sensing, 2015, 108: 62-71.

[42] SEDAGHAT A, MOKHTARZADE M, EBADI H. Uniform robust scale-invariant feature matching for optical remote sensing images [J]. IEEE Transactions on Geoscience and Remote Sensing, 2011, 49(11): 4516-4527.

[43] SUI H, XU C, LIU J, et al. Automatic optical-to-SAR image registration by iterative line extraction and Voronoi integrated spectral point matching[J]. IEEE Transactions

on geoscience and remote sensing, 2015, 53(11): 6058-6072.

[44] HNATUSHENKO V, KOGUT P, UVAROV M. Variational approach for rigid co-registration of optical/SAR satellite images in agricultural areas[J]. Journal of Computational and Applied Mathematics, 2022, 400: 113742.

[45] XU C, SUI H, LI H, et al. An automatic optical and SAR image registration method with iterative level set segmentation and SIFT[J]. International Journal of Remote Sensing, 2015, 36(15): 3997-4017.

[46] KELMAN A, SOFKA M, STEWART C V. Keypoint descriptors for matching across multiple image modalities and non-linear intensity variations[C]//2007 IEEE Conference on Computer Vision and Pattern Recognition. Minneapolis: IEEE, 2007: 1-7.

[47] GESTO-DIAZ M, TOMBARI F, GONZALEZ-AGUILERA D, et al. Feature matching evaluation for multimodal correspondence[J]. ISPRS Journal of Photogrammetry and Remote Sensing, 2017, 129: 179-188.

[48] YE Y, SHAN J, BRUZZONE L, et al. Robust registration of multimodal remote sensing images based on structural similarity[J]. IEEE Transactions on Geoscience and Remote Sensing, 2017, 55(5): 2941-2958.

[49] WANG X, WANG X. FPGA based parallel architectures for normalized cross-correlation[C]//2009 First International Conference on Information Science and Engineering. Nanjing: IEEE, 2009: 225-229.

[50] COLE-RHODES A A, JOHNSON K L, LEMOIGNE J, et al. Multiresolution registration of remote sensing imagery by optimization of mutual information using a stochastic gradient[J]. IEEE Transactions on Image Processing, 2003, 12(12): 1495-1511.

[51] SURI S, REINARTZ P. Mutual-information-based registration of TerraSAR-X and Ikonos imagery in urban areas[J]. IEEE Transactions on Geoscience and Remote Sensing, 2009, 48(2): 939-949.

[52] KUGLIN C, HINES D. The phase correlation image alignment method[J]. IEEE Conference on Cybernetics and Society, 1975: 163-165.

[53] XIANG Y, TAO R, WAN L, et al. OS-PC: combining feature representation and 3-D phase correlation for subpixel optical and SAR image registration[J]. IEEE Transactions on Geoscience and Remote Sensing, 2020, 58(9): 6451-6466.

[54] FAN J, WU Y, LI M, et al. SAR and optical image registration using nonlinear diffusion and phase congruency structural descriptor[J]. IEEE Transactions on Geoscience and Remote Sensing, 2018, 56(9): 5368-5379.

[55] XIONG X, XU Q, JIN G, et al. Rank-based local self-similarity descriptor for optical-to-SAR image matching[J]. IEEE Geoscience and Remote Sensing Letters, 2019, 17(10): 1742-1746.

[56] LI Q, QU G, LI Z. Matching between SAR images and optical images based on HOG descriptor[J]. 2013.

[57] DALAL N, TRIGGS B. Histograms of oriented gradients for human detection[C]// 2005 IEEE Computer Society Conference on Computer Vision and Pattern Recognition (CVPR'05). San Diego: IEEE, 2005: 886-893.

[58] YE Y, SHEN L. Hopc: a novel similarity metric based on geometric structural properties for multi-modal remote sensing image matching[J]. ISPRS Annals of the Photogrammetry, Remote Sensing and Spatial Information Sciences, 2016, 3: 9-16.

[59] ZHANG G, JIANG B, WANG T, et al. Combined block adjustment for optical satellite stereo imagery assisted by spaceborne SAR and laser altimetry data[J]. Remote Sensing, 2021, 13(16): 3062.

[60] YE Y, SHEN L, HAO M, et al. Robust optical-to-SAR image matching based on shape properties[J]. IEEE Geoscience and Remote Sensing Letters, 2017, 14(4): 564-568.

[61] YE Y, BRUZZONE L, SHAN J, et al. Fast and robust matching for multimodal remote sensing image registration[J]. IEEE Transactions on Geoscience and Remote Sensing, 2019, 57(11): 9059-9070.

[62] YE Y, YANG C, ZHU B, et al. Improving co-registration for sentinel-1 SAR and sentinel-2 optical images[J]. Remote Sensing, 2021, 13(5): 928.

[63] 樊仲藜, 张力, 王庆栋, 等. SAR 影像和光学影像梯度方向加权的快速匹配方法[J]. 测绘学报, 2021, 50(10): 1390-1403.

[64] MERKLE N, AUER S, MUELLER R, et al. Exploring the potential of conditional adversarial networks for optical and SAR image matching[J]. IEEE Journal of Selected Topics in Applied Earth Observations and Remote Sensing, 2018, 11(6): 1811-1820.

[65] ZHANG J, MA W, WU Y, et al. Multimodal remote sensing image registration based on image transfer and local features[J]. IEEE Geoscience and Remote Sensing Letters, 2019, 16(8): 1210-1214.

[66] MA W, ZHANG J, WU Y, et al. A novel two-step registration method for remote sensing images based on deep and local features[J]. IEEE Transactions on Geoscience and Remote Sensing, 2019, 57(7): 4834-4843.

[67] SIMONYAN K, ZISSERMAN A. Very deep convolutional networks for large-scale image recognition[J]. Computer Science, 2014.

[68] LI Z, ZHANG H, HUANG Y. A rotation-invariant optical and SAR image registration algorithm based on deep and Gaussian features[J]. Remote Sensing, 2021, 13(13): 2628.

[69] ZHANG H, NI W, YAN W, et al. Registration of multimodal remote sensing image based on deep fully convolutional neural network[J]. IEEE Journal of Selected Topics in Applied Earth Observations and Remote Sensing, 2019, 12(8): 3028-3042.

[70] HUGHES L H, MARCOS D, LOBRY S, et al. A deep learning framework for matching of SAR and optical imagery[J]. ISPRS Journal of Photogrammetry and Remote Sensing, 2020, 169: 166-179.

3.2　多模态影像匹配方法框架与相关工作

　　稳定可靠的同名对应关系是众多摄影测量与遥感应用的关键前提,在当前的时代背景下,多模态遥感影像之间的联合应用,如多模态影像融合、目标识别、变化检测、联合平差等,对影像匹配算法提出了新的挑战。基于特征的匹配方法和基于区域的匹配方法作为最主要的两类多模态影像匹配方法,它们有着各自独特的优点,也有着各自的缺点。通常需要根据待处理影像的情况,选择合适的方法框架,从而设计出效果最优、最能满足实际需求的匹配算法。本章将重点介绍多模态影像的特征匹配算法框架和模板匹配算法框架,以及基于这两种框架产生的一些典型的多模态匹配算法。

3.2.1　多模态影像匹配方法框架

1. 多模态影像特征匹配框架

　　多模态影像特征匹配算法中所使用的影像特征可以是点特征、线特征或面特征,而点特征作为其他特征的构成基础,具有最强的普适性,因此本节所介绍的特征匹配框架是针对点特征的匹配框架。

　　图 3-2 给出了多模态影像点特征匹配的通用框架流程图。基于特征的匹配方法主要包括 4 个步骤:特征检测、特征描述、特征匹配及粗差剔除。首先,需要使用特征检测器在影像中检测出显著特征点,目前在多模态影像匹配领域主要使用了一些单尺度或多尺度检测器。其次,需要结合特征点所在的局部影像区域进行特征描述,生成性质独特且区分度好的特征描述向量,现阶段出现的多模态影像特征描述子主要是浮点型描述子。再次,使用一些距离度量如欧氏距离进行特征向量的匹配,通过计算特征向量之间的相似性来寻找潜在的同名点对,对于浮点型描述子,主要采用最近与次近距离的比值来完成匹配。最后,需要对初始同名点对集合进行粗差剔除,剔除当中含有的大量错误匹配,得到纯净的匹配点对集合,最常用的是随机抽样一致算法 RANSAC[1] 及其衍生算法,也有如选权迭代法等其他类型的方法。

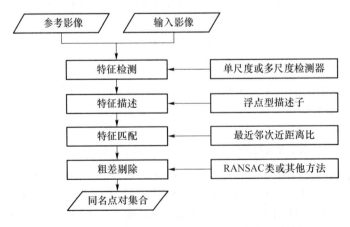

图 3-2　多模态影像点特征匹配的通用框架流程图

虽然不同的特征匹配算法采用的策略及处理方式各有不同,但是基本都符合上述的框架流程,即包括特征检测、特征描述、特征匹配和粗差剔除 4 步,这当中的每一个步骤都可以作为一个独立的问题进行研究。

(1)特征检测

特征检测是将有独特性质的影像点位提取出来,它是影像特征匹配算法的基础,特征点的质量决定了同名点对集合中点的数量、点位精度和分布均匀性。特征点指的是影像中显著性强、区分度大的像点,如遥感影像中的房屋建筑的角点、道路交叉点、线性地物边缘点等。特征点的获取通常使用自动的特征检测器,特征检测器一般要求具备以下特性。①重复性。性质良好的特征检测器应能在覆盖相同场景的不同模态的影像中检测到高度重复的特征。②数量与分布均匀性。特征检测器应能够提取到数量大且在影像范围内分布均匀的特征点。③准确性。特征检测器提取的特征点应具有很好的点位精度,这是实现高精度特征匹配的基础。

(2)特征描述

特征描述是针对目标特征形成特定的描述信息,它是特征匹配阶段的依据,特征描述的好坏直接决定了初始匹配点对集合中内点的占比。特征点的描述由设计的特征描述子自动完成,通常以特征点为中心取一局部影像区域,通过结合邻域信息完成特征描述,特征描述子一般要求具备如下特性。①可区分性。特征描述向量之间应具有良好的区分性,从而保证同名点位之间的准确对应,避免产生与无关特征点的错误匹配。②鲁棒性。特征描述子应具备对影像间辐射差异和几何差异的良好抗性,应能保证在影像间存在光照、对比度、噪声、尺度、旋转等变化的条件下,仍可得到一致性较高的特征描述向量。③高效性。特征描述子应具有很高的计算效率以满足快速匹配的需求。

(3)特征匹配

特征匹配是指选择一定的相似性度量来评价特征描述向量之间的相似性,为每个特征点搜索最佳匹配的过程,其原理相对简单。目前,多模态影像匹配所采用的特征描述子大都属于浮点型描述子,通常采用欧氏距离作为度量,以最近距离与次近邻距离的比值进行匹配。浮点型描述子的特征向量维度通常较高,直接进行最近距离搜索的计算量很大,一般采用 KNN[2] 方法来提高计算效率。

(4)粗差剔除

粗差剔除是对含有大量误匹配的初始同名点对集合进行筛选,将错误匹配点从点集中剔除,得到纯净的同名点对集合的过程。粗差剔除算法中常用的当属 RANSAC 算法及其衍生算法,如快速抽样一致算法(FSC)[3],此类算法对粗差的抵抗能力很强,当数据中含有一半以上的粗差时仍能实现较好的粗差剔除效果,得到了广泛的应用。当事先已知数据的内点率较高时,也可选择其他粗差剔除方法,如选权迭代法、最小中值二乘法等。

2. 多模态影像模板匹配框架

相比于传统同源影像以影像灰度为基础的模板匹配方法,多模态影像模板匹配通常以设计的模板特征为基础,因此本节所介绍的模板匹配框架主要针对含有模板特征设计的匹配框架。

图 3-3 展示了多模态影像模板匹配的通用框架流程图。模板匹配方法同样包括 4 个主

要步骤,即特征点检测、模板特征构建、模板匹配及粗差剔除。首先,使用特征检测器在参考影像中检测出显著特征点。其次,以特征点为中心设置一块模板窗口,结合一些先验信息(如概略几何变换模型参数、影像 RPC、轨道姿态参数等)在输入影像上确定一块相应的搜索区域,并为它们生成能够反应影像结构信息的模板特征,这些模板特征通常是稀疏或稠密的特征表达。再次,将模板窗口在搜索区域中滑动,并选择一定的相似性测度计算搜索区域中每个像素位置的相似性值,将相似性值最大的像素定为对应匹配,常用的有空间域中的测度,也有频率域中的测度。最后,同样需要对初始同名点对集合进行粗差剔除,得到纯净的同名点对集合。

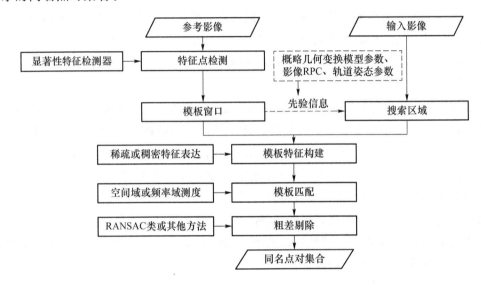

图 3-3 多模态影像模板匹配的通用框架流程图

不同的多模态影像模板匹配算法使用的策略虽略有不同,但大都符合上述的框架流程,即包括特征点检测、模板特征构建、模板匹配和粗差剔除 4 步,由于粗差剔除在前文中已经做过讨论,此处不再赘述,只对前 3 个步骤进行详细阐述。

(1)特征点检测

与特征匹配方法不同,基于模板的影像匹配方法只在参考影像上提取显著特征点,这是由匹配框架中通过滑动模板搜索同名位置的特点所决定的。模板匹配方法要求提取的特征点显著性强、数量多、均匀性好、定位精度高。对于特征点显著性的要求,可以根据参考影像的类型选择合适的特征检测器,如光学影像可以使用 Harris[4]、FAST[5],SAR 影像可以使用 SAR-Harris[6]等。对于特征点数量和均匀性的要求,可以采用如局部非极大值抑制和基于影像分块相结合的检测策略实现。在特征点的定位精度方面,通常可以根据检测器所使用的特征图,结合特征点的邻域信息进行拟合,得到亚像素的特征定位。

(2)模板特征构建

模板特征构建是多模态影像模板匹配的核心环节,它的质量直接决定了匹配结果的好坏。多模态影像间存在着显著的非线性辐射差异,但考虑结构特征能够在多模态影像中较为稳定地存在,好的模板特征应当对影像中的几何结构和形状特征有很好的表达能力,以抵抗非线性辐射差异的影响。一般将影像梯度、相位一致性等影像特征作为模板特征构建的基础。目前模板特征主要有两种形式,即稀疏特征表达和稠密特征表达。稀疏特征表达通过设置稀疏的采样网格,以非逐像素采样的方式结合直方图统计构建出局部区域的模板特征,其结果是对应局部影像区域的特征描述向量。稠密特征表达以每个像素为单位进行逐像素采样,通过结合卷积或邻域统计的方式为每个像素计算特征向量,通常将特征向量沿垂直像平面的方向放置,其结果是对应局部影像区域的三维特征描述矩阵。

(3)模板匹配

模板匹配是将参考影像上的模板窗口在输入影像上的搜索区域中滑动,并通过选择合适的相似性测度为滑动轨迹上每个像素计算相似性值来搜索最佳匹配的过程。模板匹配方法十分注重相似性测度的设计,好的相似性测度能够对影像中的噪声、光照、对比度等差异具有一定的抵抗能力。空间域中的相似性测度包括绝对误差和(SAD)、误差平方和(SSD)、归一化互相关(NCC)等,频率域中的相似性测度主要是相位相关、频域互相关等。

3.2.2 多模态影像特征匹配算法

本小节重点介绍3种典型的多模态影像特征匹配算法,以展示更直观的算法设计思路。

1. PSO-SIFT 算法

Ma 等提出的 PSO-SIFT 算法[7]是 SIFT 算法[8]的拓展版,用于存在显著辐射差异的多模态影像间的匹配。他们通过实验发现 SIFT 算法在匹配多模态遥感影像对时难以得到足够多的正确匹配点对,因此对 SIFT 得到的匹配点对集合的尺度比率、主方向差值、水平位移和垂直位移的统计直方图的表现模式进行了分析,图 3-4 展示了 SIFT 算法的上述 4 种统计直方图结果。通过观察图 3-4 能够发现,SIFT 匹配结果在每一类直方图上都表现出了多种模式,而实际上两幅遥感影像之间的尺度比、方向差、水平垂直位移量一般都是固定的,因此将 SIFT 算法直接用于多模态遥感影像匹配效果较差。

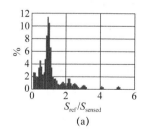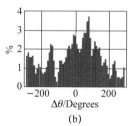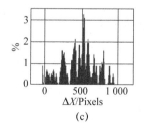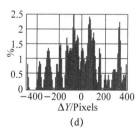

(a)   (b)   (c)   (d)

图 3-4 SIFT 算法的 4 种统计直方图结果(图片源自文献[7])。(a)尺度比率直方图;
(b)主方向差值直方图;(c)水平位移直方图;(d)垂直位移直方图。

为解决这一问题,Ma 等从影像梯度的定义出发,提出了一种新的梯度定义,他们首先利用 Sobel 算子[9]对原始影像进行滤波,得到影像在 x 方向和 y 方向上的梯度分量 G_x^1 和 G_y^1,并根据式(3-1)计算了影像梯度图:

$$G^1 = \sqrt{(G_x^1)^2 + (G_y^1)^2}$$

(3-1)

随后再次利用 Sobel 算子对梯度图 G^1 进行滤波,得到 G^1 在 x 方向和 y 方向上的梯度分量 G_x^2 和 G_y^2,根据式(3-2)计算出 G^1 的梯度方向 R^2 和梯度值 G^2 并将其作为影像的梯度计算结果,用于特征描述子的构建和主方向分配。

$$R^2 = \arctan\left(\frac{G_y^2}{G_x^2}\right), G^2 = \sqrt{(G_x^1)^2 + (G_y^1)^2} \tag{3-2}$$

图 3-5 展示了用 PSO-SIFT 算法得到的匹配点对集合的尺度比率、主方向差值、水平位移和垂直位移的统计直方图的结果。

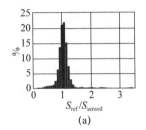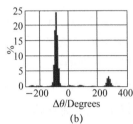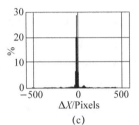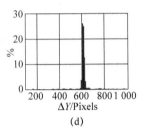

(a)　　　　　　　(b)　　　　　　　(c)　　　　　　　(d)

图 3-5　PSO-SIFT 算法的 4 种统计直方图结果(图片源自文献[7])。(a)尺度比率直方图;
(b)主方向差值直方图;(c)水平位移直方图;(d)垂直位移直方图。

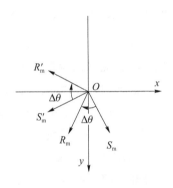

图 3-6　主方向差值在数值上的
两种模式(图片源自文献[7])

观察图 3-5 能够看出,除了主方向差值直方图展示出了两种模式之外,其余 3 种直方图均具有单一的表现模式。而主方向差值直方图的这种结果是由梯度方向角在 $180°$ 和 $-180°$ 方向上的非连续计算造成的,图 3-6 描述了这一现象。

考虑影像间只存在一种主方向表现模式,Ma 等进一步对主方向差值进行了归化,该过程可根据式(3-3)进行。

$$\Delta\theta = \begin{cases} \Delta\theta + 360, & \Delta\theta \in [-360, 0) \\ \Delta\theta - 360, & \Delta\theta \in [0, -360) \end{cases} \tag{3-3}$$

PSO-SIFT 算法中特征点的检测采用了与 SIFT 相同的方法,在特征描述方面使用了 GLOH 描述子[10]。除了上述梯度定义与 SIFT 算法不同之外,Ma 等还提出了一种增强匹配策略。具体地,首先,基于上述梯度定义进行一次初匹配,得到影像间的尺度比、旋转角、水平和垂直方向位移等几何变换分量结果;其次,基于对主方向差值直方图模式的分析,得到两种几何变换分量的组合,使用定义的 PSO 欧氏距离对影像进行一次重新匹配;最后,对匹配点对集合进行粗差剔除,得到最终的匹配结果。相比于 SIFT,PSO-SIFT 在多模态影像匹配方面表现出了更好的效果,能够有效地匹配有较大时相差异的光学影像对和光学-红外影像对,图 3-7 展示了 PSO-SIFT 算法在一对光学-红外影像上的匹配结果。

2. LGHD 算法

Aguilera 等在他们提出的 EHD(Edge Histogram Descriptor)算法[11]的基础上进一步提出了 LGHD(Log-Gabor Histogram Descriptor)算法[12],用于一些计算机视觉任务中的 RGB 彩色影像与 LWIR 长波红外影像间的匹配,其主要的贡献在于 LGHD 描述子的构建。

图 3-7　PSO-SIFT 算法在一对光学-红外影像上的匹配结果(图片源自文献[7])　彩图 3-7

　　LGHD 使用多尺度多方向的 log-Gabor 滤波器[13]对影像进行卷积,基于卷积结果结合直方图统计生成特征描述向量。通常为奇对称和偶对称两种 log-Gabor 滤波器分别设置 4 个尺度 6 个方向,所以共 48 个滤波器被用于描述子的构建。LGHD 描述子的构建过程可简述如下:①使用 4 个尺度 6 个方向的 log-Gabor 滤波器对影像进行卷积;②以特征点为中心设置一局部影像区域,将该影像区域均分成 4×4 共 16 个子区域;③在每个尺度的每个子区域中构建定向 log-Gabor 卷积结果的直方图;④在 6 个方向上连接每个子区域的直方图,并组合 4 个结果直方图,得到 16×24 共 384 个 bin 的特征向量。需要指出的是,LGHD 算法在计算子区域统计直方图时所使用的信息并不是 log-Gabor 卷积的结果值,而是 6 个方向上最大的卷积值出现的方向数,即最大卷积值对应的方向层号。LGHD 描述子的构造过程见图 3-8。

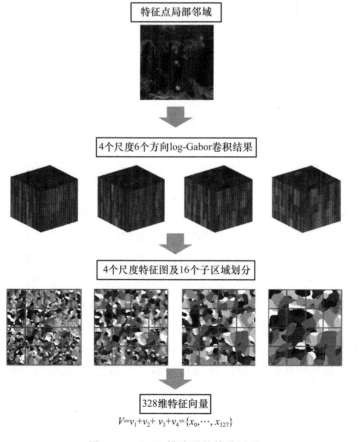

图 3-8　LGHD 描述子的构造过程　彩图 3-8

LGHD 描述子能够生成区分度很高的描述向量,也有不错的计算效率,但是算法没有给出有效的特征点检测方案,只是使用了 FAST 检测器[5]在原始影像上进行特征点提取,这在一定程度上降低了算法整体的应用效果。图 3-9 展示了 LGHD 算法在一对光学-长波红外影像上的匹配结果。

图 3-9　LGHD 算法在一对光学-长波红外影像上的匹配结果

3. RIFT 算法

Li 等提出了一种效果拔群的多模态影像匹配算法 RIFT(Radiation-Variation Insensitive Feature Transform)[14]。RIFT 算法本质上是对 LGHD 算法[11]的改进,它同样使用了 log-Gabor 卷积[13]作为特征描述的基础,但与 LGHD 算法不同的是,RIFT 算法的特征检测是基于影像的相位一致性图[13]进行的,另外,RIFT 进一步改进了特征描述子,并通过分析旋转角对描述子的影响实现了旋转不变性。

RIFT 算法的匹配流程可简述如下。①计算两影像相位一致性最大、最小矩图,在最小矩图上进行 Harris 特征点检测[11,12],在最大矩图上进行 FAST 特征点检测[15]。②使用 4 个尺度 6 个方向的 log-Gabor 滤波器对影像进行卷积。③对卷积结果沿尺度维求和,并更换 6 次起始方向层的层号,产生 6 组 MIM 特征图[15]。④以特征点为中心设置一局部影像区域,将该影像区域均分成 6×6 共 36 个子区域。⑤在 6 个方向上连接每个子区域的直方图,产生 6 组结果直方图,每组结果得到 36×6 共 216 个 bin 的特征向量。⑥迭代匹配 6 个方向上的特征向量,以找到最优匹配点对集合。其中 RIFT 以多方向的 MIM 描述子实现旋转不变性是其主要的算法创新点,图 3-10 给出了多方向 MIM 描述子的构建流程。

MIM 是由多方向的 log-Gabor 滤波器对影像卷积结果生成的,所以当影像之间发生旋转时,直接计算出的 MIM 与无旋转状态下计算的 MIM 完全不同。Li 等通过分析旋转角对 MIM 结果的影响,发现通过变换 log-Gabor 卷积结果的起始方向层,总能找到不同旋转角与 MIM 之间的对应关系,从而为两幅影像计算出表观一致的 MIM。图 3-11 展示了旋转角对不同起始方向 MIM 误差图的影响。

RIFT 算法是目前比较具有代表性、鲁棒性较好的多模态影像特征匹配算法,但是 RIFT 算法仍然具有一些缺点,如不具备尺度不变性、匹配精度较低等。图 3-12 展示了 RIFT 算法在一对光学-红外影像上的匹配结果。

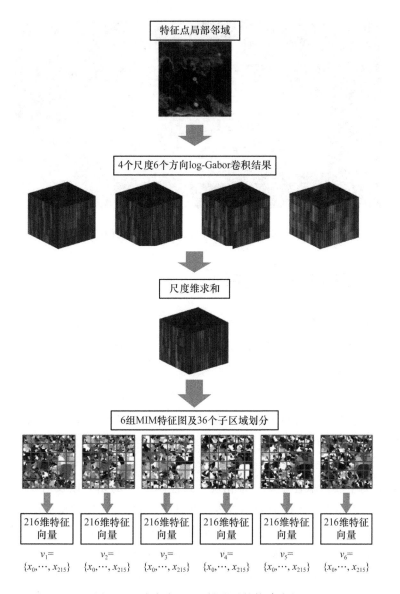

图 3-10 多方向 MIM 描述子的构建流程

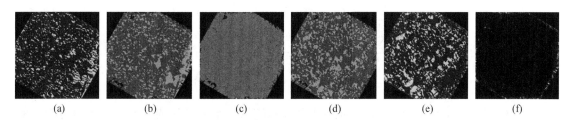

图 3-11 旋转角对不同起始方向 MIM 误差图的影响(图片源自文献[14])。

(a)~(f)为不同起始层对应的 MIM 误差图结果。

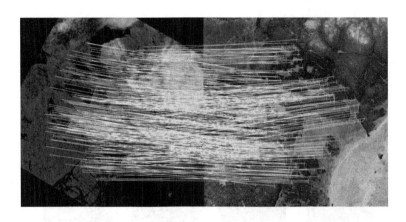

图 3-12　RIFT 算法在一对光学-红外影像上的匹配结果

3.2.3　多模态影像模板匹配算法

前文给出了多模态影像模板匹配的方法框架,并详细地论述了模板匹配的主要步骤、概念及原理。本小节介绍 3 种具有代表性的多模态影像模板匹配算法,以更直观地展示模板匹配算法设计的侧重点和关键环节。

1. HOPC 算法

考虑相位一致性模型具有对影像光照和对比度差异不变性的特点,Ye 等[16-17]将该模型引入多模态影像模板匹配当中,并基于 HOG[18] 的结构提出了 HOPC 描述子,用作影像匹配的特征模板。

HOPC 算法的主要贡献在于对二维相位一致性模型[13]的拓展以及对 HOPC 特征模板的构建。若要构建与 HOG 有类似结构的直方图描述子,需要同时用到特征的方向和幅值信息,然而传统的相位一致性模型只给出了相位一致性幅值的计算方法,并没有提供相位一致性方向的计算方法。log-Gabor 奇对称滤波器是一个平滑的导数滤波器,它可以计算单个方向上的图像导数[19],考虑这一点,Ye 等将每个方向的卷积结果分别投影到水平方向和垂直方向上,分别得到图像在水平和垂直方向的导数。相位一致性方向的定义见式(3-4)。

$$a = \sum_{\theta} \left[o_{\text{no}}(\theta)\cos(\theta) \right] \; a = \sum_{\theta} o_{\text{no}}(\theta)\cos(\theta) \tag{3-4a}$$

$$b = \sum_{\theta} \left[o_{\text{no}}(\theta)\sin(\theta) \right] \; b = \sum_{\theta} o_{\text{no}}(\theta)\sin(\theta) \tag{3-4b}$$

$$\varphi = \arctan\left(\frac{b}{a}\right) \; \phi = \arctan\left(\frac{b}{a}\right) \tag{3-4c}$$

式中:$o_{\text{no}}(\theta)$表示 log-Gabor-odd 在方向 θ 上的卷积结果;a 和 b 分别表示水平和垂直方向上的导数;φ 表示值域为$(0°,360°)$的相位一致性方向结果。图 3-13 展示了相位一致性方向的计算流程。

在有了相位一致性方向的计算模型之后,便可按照与 HOG[18] 相同的结构来构造 HOPC 特征描述,具体构造过程可简述如下:①在图像中设置一定尺寸的模板窗口,计算模板窗口中每个像素的相位一致性方向和幅值;②将模板窗口划分为一些重叠的 block,每个 block 进一

步分为 $m \times m$ 个 cell,每个 cell 包含 $n \times n$ 个像素;③在每个 block 内计算所有 cell 的相位一致性方向的局部直方图,并将它们连接;④收集每个 block 的 HOPC 描述子,将其转化为可用于模板匹配的组合特征向量。HOPC 特征的构造过程如图 3-14 所示。

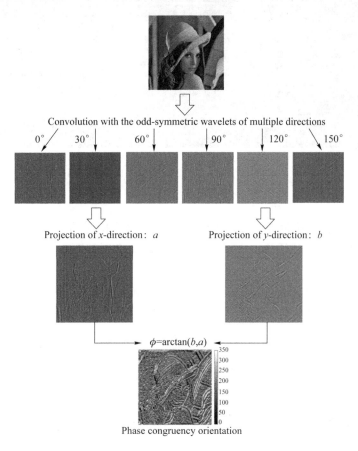

图 3-13 相位一致性方向的计算流程(图片源自文献[16])

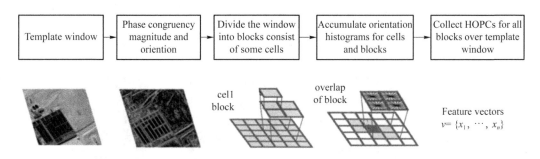

图 3-14 HOPC 特征的构造过程(图片源自文献[17])

在相似性测度方面,HOPC 算法选择使用 NCC 测度进行影像匹配。HOPC 算法能够实现很好的多模态影像匹配效果,但是其缺点在于整体计算效率较低,这是由于 HOPC 特征描述向量的计算量很大,基于 NCC 测度的同名点搜索过程计算量也很大,降低了 HOPC 算法的实用性。图 3-15 展示了 HOPC 算法在一对光学-近红外影像上的匹配结果。

图 3-15   HOPC 算法在一对光学-近红外影像上的匹配结果

2. DLSS 算法

考虑局部自相似性模型能够很好地表达影像中的形状特征,Ye 等[20]进一步将 LSS 描述子[21]的原理与 HOG[18]描述子的结构相结合,提出了 DLSS 描述子,用于光学和 SAR 影像的匹配。

LSS 描述了局部影像区域的中心区域影像块与周围影像块之间的统计特征。在计算 LSS 特征时需要先计算出影像的相关表面,对相关表面进行统计便可得到 LSS 特征。相关表面的计算模型见式(3-5)。

$$S_q(x,y) = \exp\left(-\frac{\text{SSD}_q(x,y)}{\max(\text{var}_{\text{noise}}, \text{var}_{\text{ayto}}(q))}\right) \qquad (3\text{-}5)$$

式中:$S_q(x,y)$ 表示局部影像区域的相关表面;$\text{SSD}_q(x,y)$ 表示中心影像块与周围影像块的差值平方和函数;$\max(\cdot)$ 表示对括号内取最大值;$\text{var}_{\text{noise}}$ 表示图像块噪声;$\text{var}_{\text{auto}}(q)$ 表示图像块灰度方差。

在得到相关表面函数 $S_q(x,y)$ 之后,将其转换为对数极坐标表示并按照 10 个角度间隔和 3 个径向间隔划分出 30 个 bin。每个 bin 的最大值用于形成与区域中心像素相关的 LSS 特征描述向量。LSS 特征的构造过程如图 3-16 所示。

图 3-16   LSS 特征的构造过程(图片源自文献[20])

在有了局部自相似性的计算模型之后,便可按照与 HOG[18]相同的结构来构造 DLSS 特征描述,具体构造过程可简述如下:①在图像中设置一定尺寸的模板窗口;②将模板窗口划分为一些重叠的 cell,每个 cell 包含 $n \times n$ 个像素,相邻的 cell 之间有半个 cell 的重叠区域;③计算每个 cell 的 LSS 特征;④收集每个 cell 的 LSS 特征,将其转化为可用于模板匹配的组合特征向量。DLSS 特征的构造过程如图 3-17 所示。

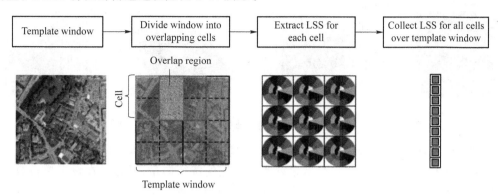

图 3-17　DLSS 特征的构造过程(图片源自文献[20])

在相似性测度方面,DLSS 算法同样选择了使用 NCC 测度。DLSS 算法可以实现较好的多模态影像匹配效果,但是 DLSS 具有与 HOPC 相同的缺点,即特征描述向量的生成和同名点搜索过程计算量很大,另外,DLSS 算法的表现及鲁棒性似乎不如 HOPC 算法。图 3-18 展示了 DLSS 算法在一对光学-近红外影像上的匹配结果。

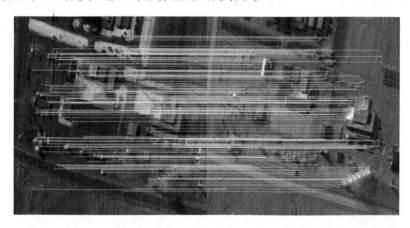

图 3-18　DLSS 算法在一对光学-近红外影像上的匹配结果

3. CFOG 算法

为提高影像匹配算法的计算效率,Ye 等[22]进一步提出了方向梯度通道特征 CFOG。CFOG 算法的核心仍是模板特征的设计,同样参考 HOG[18]描述子的结构,通过减少 block 中 cell 的数量构造出 one-cell block,同时在为每个 cell 计算特征向量时使用高斯卷积代替三线性内插,以提高计算效率。

相比于 HOG,CFOG 的构造过程实际上更加简单,可概括为梯度计算和高斯滤波两步。具体的构造过程可简述如下:①使用一维差分算子 $[-1,0,1]$ 和 $[-1,0,1]^{\mathrm{T}}$ 对影像进行滤波,得到水平和垂直方向的梯度 d_x 和 d_y;②根据 d_x 和 d_y 计算出多个预定方向上的方向梯度,得到方向梯度结果;③使用平面上的二维高斯核和垂直像平面方向上的一维核对方向梯度结果进行滤波;④特征向量归一化,得到 CFOG 特征模板。CFOG 特征模板的构造过程如图 3-19 所示。

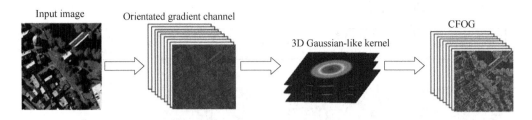

图 3-19 CFOG 特征模板的构造过程（图片源自文献[22]）

直观上来看，CFOG 特征比 HOPC 和 DLSS 特征的数据量更大，这是因为 one-cell block 的计算方式使 CFOG 特征在每一个像素处都有对应的特征向量。因此，在设置模板窗口后，得到的是一个三维的特征矩阵。那么，若选用一般的相似性测度（如 SAD、SSD、NCC 等）似乎很难实现快速匹配的目的。Ye 等提出利用快速傅里叶变换（FFT）和卷积定理将 SSD 测度计算时的影像卷积操作转化为频域中的点乘操作，以大幅提高计算效率，对应的影像匹配函数见式（3-6）。

$$v_i = \arg \min \{F^{-1}[F^*(D_2)F(D_2 T_i)](v) - 2F^{-1}[F^*(D_2)F(D_2 T_i)](v)\} \qquad (3\text{-}6)$$

式中：v 表示当前模板窗口中心对应的像素与搜索区域中心像素的偏移向量；v_i 表示最优匹配位置对应的偏移向量；D_1 和 D_2 分别表示模板窗口和搜索区域的模板特征；T_i 是一个规定模板覆盖区域的掩膜函数，它的取值与模板窗口中心的位置有关；F 和 F^{-1} 表示快速傅里叶变换的正变换和逆变换，F^* 表示对正变换结果取复共轭。

使用上述匹配函数能够大幅提高模板匹配的计算效率，同时 one-cell block 的策略使 CFOG 特征能够更好地表达影像中的细节结构，其匹配表现较 HOPC 和 DLSS 算法更优，实现了更好的匹配效果。图 3-20 展示了 CFOG 算法在一对光学-近红外影像上的匹配结果。

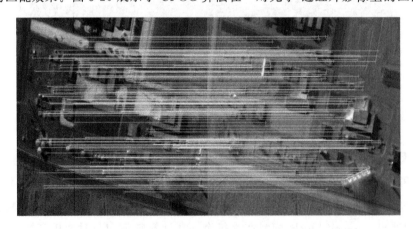

图 3-20 CFOG 算法在一对光学-近红外影像上的匹配结果

本节介绍了多模态影像的特征匹配框架和模板匹配框架，详细地阐述了两种框架中每个关键步骤的原理、概念以及应该具备的性质。然后，本节介绍了 3 种典型的多模态影像特征匹配算法，即 PSO-SIFT、LGHD、RIFT，以及 3 种典型的多模态影像模板匹配算法，即 HOPC、DLSS、CFOG。特征匹配算法和模板匹配算法有各自的优势，也有各自的缺点，如鲁棒性、精度、计算效率等方面，通过对两种算法的整体框架以及对现有算法的设计思路进行回顾和总结，为后续章节多模态影像匹配算法的提出打下了坚实的基础。

本节参考文献

[1]　FISCHLER M A，BOLLES R C. Random sample consensus：a paradigm for model fitting with applications to image analysis and automated cartography［J］. Communications of the ACM，1981，24(6)：381-395.

[2]　MUJA M，LOWE D G. Scalable nearest neighbor algorithms for high dimensional data ［J］. IEEE Transactions on Pattern Analysis and Machine Intelligence，2014，36(11)：2227-2240.

[3]　WU Y，MA W，GONG M，et al. A novel point-matching algorithm based on fast sample consensus for image registration［J］. IEEE Geoscience and Remote Sensing Letters，2014，12(1)：43-47.

[4]　HARRIS C G，STEPHENS M J. A combined corner and edge detector［J］. Alvey Vision Conference，1988，15(50)：5210-5244.

[5]　ROSTEN E，PORTER R，DRUMMOND T. Faster and better：a machine learning approach to corner detection［J］. IEEE Transactions on Pattern Analysis and Machine Intelligence，2008，32：105-119.

[6]　DELLINGER F，DELON J，GOUSSEAU Y，et al. SAR-SIFT：a SIFT-like algorithm for SAR images［J］. IEEE Transactions on Geoscience and Remote Sensing，2014，53：453-466.

[7]　MA W，WEN Z，WU Y，et al. Remote sensing image registration with modified SIFT and enhanced feature matching［J］. IEEE Geoscience and Remote Sensing Letters，2016，14：3-7.

[8]　LOWE D G. Distinctive image features from scale-invariant keypoints［J］. International Journal of Computer Vision，2004，60：91-110.

[9]　ZHANG J Y，CHEN Y，HUANG X X. Edge detection of images based on improved Sobel operator and genetic algorithms［C］//2009 International Conference on Image Analysis and Signal Processing. Linhai：IEEE，2009：31-35.

[10]　MIKOLAJCZYK K，SCHMID C. A performance evaluation of local descriptors［J］. IEEE Transactions on Pattern Analysis and Machine Intelligence，2005，27(10)：1615-1630.

[11]　ZHAO C，ZHAO H，LV J，et al. Multimodal image matching based on multimodality robust line segment descriptor［J］. Neurocomputing，2016，177：290-303.

[12]　LIU X，AI Y，TIAN B，et al. Robust and fast registration of infrared and visible images for electro-optical pod［J］. IEEE Transactions on Industrial Electronics，2018，66(2)：1335-1344.

[13]　KOVESI P. Phase congruency detects corners and edges［C］//The Australian Pattern Recognition Society Conference. Sydney：DICTA，2003.

[14]　LI J，HU Q，AI M. RIFT：multi-modal image matching based on radiation-variation

insensitive feature transform[J]. IEEE Transactions on Image Processing, 2019, 29: 3296-3310.

[15] ZHANG X, HU Q, AI M, et al. A multitemporal UAV Images Registration Approach Using Phase Congruency[C]//2018 26th International Conference on Geoinformatics. Kunming: IEEE, 2018: 1-6.

[16] YE Y, SHAN J, BRUZZONE L, et al. Robust registration of multimodal remote sensing images based on structural similarity[J]. IEEE Transactions on Geoscience and Remote Sensing, 2017, 55(5): 2941-2958.

[17] YE Y, SHEN L. Hopc: a novel similarity metric based on geometric structural properties for multi-modal remote sensing image matching[J]. ISPRS Annals of the Photogrammetry, Remote Sensing and Spatial Information Sciences, 2016, 3: 9-16.

[18] DALAL N, TRIGGS B. Histograms of oriented gradients for human detection[C]// 2005 IEEE Computer Society Conference on Computer Vision and Pattern Recognition (CVPR'05). San Diego: IEEE, 2005: 886-893.

[19] MORENO P, BERNARDINO A, SANTOS-VICTOR J. Improving the SIFT descriptor with smooth derivative filters[J]. Pattern Recognition Letters, 2009, 30 (1): 18-26.

[20] YE Y, SHEN L, HAO M, et al. Robust optical-to-SAR image matching based on shape properties[J]. IEEE Geoscience and Remote Sensing Letters, 2017, 14(4): 564-568.

[21] SHECHTMAN E, IRANI M. Matching local self-similarities across images and videos[C]//2007 IEEE Conference on Computer Vision and Pattern Recognition. Minneapolis: IEEE, 2007: 1-8.

[22] YE Y, BRUZZONE L, SHAN J, et al. Fast and robust matching for multimodal remote sensing image registration[J]. IEEE Transactions on Geoscience and Remote Sensing, 2019, 57(11): 9059-9070.

3.3　多模态影像梯度方向加权的快速匹配方法

针对多模态遥感影像之间存在显著的非线性辐射差异,导致影像匹配困难的问题,本节提出了一种基于影像结构特征的模板匹配方法,该方法的核心在于模板特征和相似性测度的设计。首先,本节提出了一种基于影像分块的特征点检测策略,用于保证特征点的数量和分布均匀性;其次,综合利用影像的梯度值和梯度方向信息构建出一种能够有效表达影像结构的模板特征——角度加权方向梯度(Angle-Weighted Orientated Gradients,AWOG);再次,利用三维相位相关(Three-Dimensional Phase Correlation,3D-PC)建立了用于影像匹配的相似性测度,并给出了在频率域中表达的影像匹配函数;最后,选择多种类型的多模态遥感影像进行匹配试验。结果表明,本节提出的方法能够有效抵抗多模态遥感影像间的非线性辐射差异,并且在匹配性能和匹配精度等方面都优于经典的基于影像灰度的匹配方法以及其他基于影像结构的匹配方法。

3.3.1 影像梯度与结构特征模板

本小节首先介绍了影像梯度的概念,阐述了梯度对影像的重要性,给出了影像梯度的各种计算方法;其次介绍了影像结构特征的概念,讨论了结构特征用于多模态影像匹配的潜力,总结了结构特征模板的构造与分类。

1. 影像梯度

数学概念中的梯度也就是函数的导数,是通过微分求函数的变化率。那么对于影像来说,它可以被看作一个二维离散函数,那么也可以通过微分计算来反映影像灰度的变化率,也就是影像的梯度。

通过计算梯度,可以反映出影像中不同像素位置上灰度变化的剧烈程度,而区域出现显著灰度变化通常反映了影像属性的变化和重要事件的发生,一般包括影像深度上的变化、物体表面方向的变化、物质属性的变化、场景照明的变化等,因此,影像梯度可以反映出影像的显著特征。通过计算梯度能够大幅减少影像中灰度变化平滑区域的数据量,可以认为剔除了特征不明显的影像信息,而保留了影像的重要结构属性,非常有助于影像特征的提取。

在微积分中,一维函数的一阶微分的基本定义可由式(3-7)表示:

$$\frac{\mathrm{d}f(x)}{\mathrm{d}x} = \lim_{\varepsilon \to 0} \frac{f(x+\varepsilon) - f(x)}{\varepsilon} \tag{3-7}$$

对于影像来说,它是一个二维函数,则需要求偏微分,可由式(3-8)表示:

$$\frac{\mathrm{d}f(x,y)}{\mathrm{d}x} = \lim_{\varepsilon \to 0} \frac{f(x+\varepsilon,y) - f(x,y)}{\varepsilon} \tag{3-8a}$$

$$\frac{\mathrm{d}f(x,y)}{\mathrm{d}y} = \lim_{\varepsilon \to 0} \frac{f(x,y+\varepsilon) - f(x,y)}{\varepsilon} \tag{3-8b}$$

因为影像是一个二维离散函数,自变量的变化值无法趋于零,最小的变化值便是一个像素,所以影像实际的微分计算形式可由式(3-9)表达:

$$\frac{\mathrm{d}f(x,y)}{\mathrm{d}x} = f(x+1,y) - f(x,y) = g_x(x,y) \tag{3-9a}$$

$$\frac{\mathrm{d}f(x,y)}{\mathrm{d}y} = f(x,y+1) - f(x,y) = g_y(x,y) \tag{3-9b}$$

然后便可以计算影像的梯度值和梯度方向,由式(3-10)表达:

$$M(x,y) = \sqrt{g_x(x,y)^2 + g_y(x,y)^2} \tag{3-10a}$$

$$D(x,y) = \arctan\left(\frac{g_y(x,y)}{g_x(x,y)}\right) \tag{3-10b}$$

由式(3-9)可以看出,影像列方向和行方向上的梯度计算可以看作一个模板算子在影像中滑动的过程,因此有许多梯度算子被设计出来,典型的有一维非中心差分算子、一维中心差分算子、Roberts 算子、Prewitt 算子、Sobel 算子等。这 5 种梯度算子对应的模板如图 3-21 所示。

能够看出一维非中心差分算子和 Roberts 算子是偶数算子,计算出的梯度值其实是两像素中间点的值,会导致计算结果偏移半个像素。而一维中心差分算子、Prewitt 算子和 Sobel 算子是奇数算子,计算结果则是待求像素点的梯度值,不会出现偏移。图 3-22 展示了 5 种梯度算子在经典的图像处理图片 Lena 上的计算梯度图,能够看出不同算子计算出的影像梯度是非常相似的,只需在使用时根据任务需求选择合适的梯度算子即可。

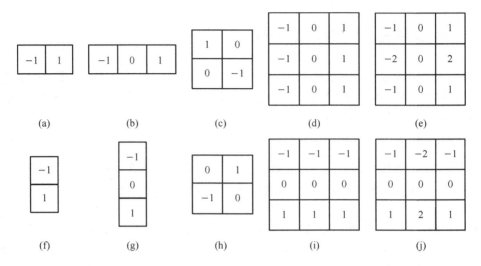

图 3-21　5 种影像梯度算子。(a)和(f)一维非中心差分算子;(b)和(g)一维中心差分算子;
(c)和(h)Roberts 算子;(d)和(i)Prewitt 算子;(e)和(j)Sobel 算子。

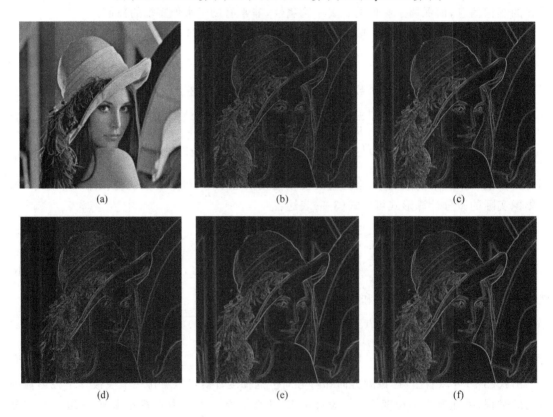

图 3-22　5 种算子计算的梯度图。(a)Lena 原图;(b)一维非中心差分算子计算结果;(c)一维中心差分
算子计算结果;(d)Roberts 算子计算结果;(e)Prewitt 算子计算结果;(f)Sobel 算子计算结果。

2. 结构特征模板

利用影像的结构特征进行多模态遥感影像的匹配[1-4],是基于对不同模态影像的观察所提出的一类方法。对于遥感影像来说,在较短的时相差异条件下,一般认为目标场景中的地物是没有变化的,那么不同模态影像中的结构属性应当是相同或相似的,比如光学影像中存在一栋房屋,覆盖相同场景的 SAR 影像中存在同一栋房屋,那么它们与周围地面的深度变化、光照变化、材质变化等应当具有相似的表现。图 3-23 展示了一对光学-SAR 影像中结构和形状属性的相似性。

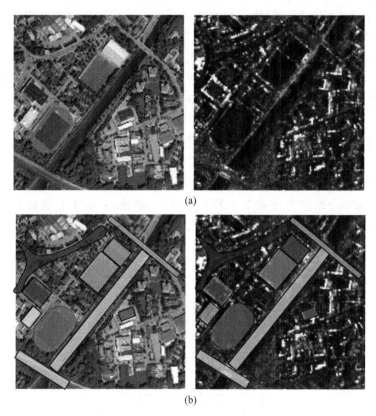

(a)

(b)

图 3-23　一对光学-SAR 影像中结构和形状属性的相似性。(a)原图;(b)部分共享的结构。

基于上述假设和观察,我们给出影像结构特征的概念,正如前文中所描述的影像梯度的概念那样“梯度的强弱能够反映影像属性的变化和重要事件的发生,其结果中保留了影像的重要结构属性”,我们将能够反映影像中结构属性的特征称为结构特征,一般常用于多模态影像匹配的有梯度特征、相位一致性特征和局部自相似特征等。

由于多模态影像间存在显著的非线性辐射差异,基于影像灰度或纹理信息的方法难以实现正确的影像匹配,所以不同模态影像间有能够共享且稳定存在的结构特征则显得尤为重要。虽然经典的 SIFT[5]、SURF[6]等算法也是基于影像梯度所设计的匹配算法,但是直接将它们用于多模态影像的匹配的效果却非常不理想,这是因为这些算法受到非线性辐射差异的影响,难以提取到具有高重复率的共有特征。相比于特征匹配,模板匹配的策略对于特征点的依赖性很小,只需在参考影像一侧检测特征点,通过一些先验信息在输入影像上为该特征点确定一个初始对应位置,并以模板滑动的方式实现同名点识别即可。虽然模板匹配需要先验信息的支持,但是遥感影像一般具有较准确的位置姿态参数或 PRCs,因此,对于实现高精度的多模态影像匹配而言,影像结构特征结合模板匹配的策略实则更具潜力。

在 3.2.3 节中讨论了 3 种模板匹配算法,即 HOPC[2]、DLSS[3]和 CFOG[4],这 3 种算法均使用了所设计的结构特征模板的名称来命名,体现出了模板特征设计在影像匹配算法中的核心地位。实际上,结构特征模板存在两种构造方式,分别是稀疏网格采样和稠密网格采样,因而按照构造方式的不同可将模板特征分为稀疏模板特征和稠密模板特征。HOPC 和 DLSS 就是典型的稀疏模板特征,它们基于 HOG[7] 的结构,通过设置 block-cell 的逐级子区域划分,生成一个具有稀疏性的采样网格,以每个网格为单位产生特征向量,并将子区域的特征向量逐个连接,最终生成代表整个局部影像区域的特征向量。而 CFOG 则是典型的稠密模板特征,通过设置 one-cell block 进行特征向量的计算,它的实际含义是以每个像素为单位划分采样网格,即逐像素采样,通过逐像素结合邻域信息,为局部影像中每个像素都计算一个特征向量,其最后的结果是一个三维特征矩阵的形式,相比于稀疏模板特征而言,稠密模板特征对影像中的细节结构具有更强的表达能力,其匹配性能更强、精度更高。

3.3.2　梯度方向加权描述的多模态影像匹配方法

本小节将介绍一种基于影像结构特征的多模态影像匹配方法,该方法的整体流程如图 3-24 所示。本小节着力于介绍该方法的 3 个核心步骤,分别是:①基于分块的特征点检测策略;②角度加权方向梯度模板特征;③频域中的三维相位相关测度。其余步骤的工作原理完全符合通用框架,可参见 3.2.1 节中描述的"多模态影像模板匹配框架"部分,本小节不再赘述。

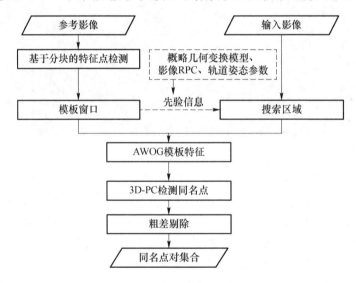

图 3-24　本小节所提方法的整体流程

1. 基于分块的特征点检测策略

模板匹配实际上不需要进行特征点的检测,早期的模板匹配算法也的确如此[8],图 3-25 展示了在不检测特征点的情况下使用均匀划分的格网的交点作为兴趣点的模板匹配计算结果。这种做法虽然能够保证点位的数量和分布均匀性,但是格网交点落在影像中的位置却是随机的,很有可能导致点位落在一些匀质地物当中,如水体、农田、森林、裸地等。在这种情况下,以所选点位为中心的局部影像区域则会非常缺乏结构信息,导致计算的结构特征模板性能下降,不利于多模态影像的匹配。

为了避免兴趣点落入水体、农田等匀质地物中,我们需要使用合适的特征检测器检测显著特征点,提高兴趣点的独特性,进而确保模板窗口中包含足够的结构信息。由于模板匹配的特点,只需要参考影像一侧进行特征点检测即可,那么我们只需要根据参考影像的模态选择合适的特征检测器即可,因此,本小节的重点不在于特征检测器的设计,而在于如何在兴趣点不失独特性的情况下,保证点位的数量和分布均匀性。

图 3-25 以格网交点为兴趣点的偏移向量计算结果(图片源自文献[8])

本小节提出了一种基于影像分块的特征点检测策略。该策略包括如下步骤:①将参考影像均匀地划分为 $n \times n$ 个互不重叠的格网区域;②根据所选的特征检测器计算每个格网影像块的特征值;③使用对应的特征强度指标在每个格网影像块中选出 k 个强度最大的点位作为兴趣点。使用该策略可从影像中提取 $k \times n \times n$ 个特征点,关于划分的格网数 n 和格网特征点数 k 的选择,一般经验性地将 k 设置为 $1 \sim 5$ 个点,再根据期望得到的总点数 N 计算出格网数 n^2。

虽然上述基于分块的特征点检测策略原理十分简单,但其兴趣点提取效果非常优秀,为验证其性能,我们使用 Harris 检测器[9]结合分块策略对一幅光学影像进行兴趣点提取,使用 PC-Harris 检测器[10]结合分块策略对一幅 LiDAR 深度图进行兴趣点提取,使用 SAR-Harris 检测器[11]结合分块策略对一幅 SAR 影像进行兴趣点提取,参数设置为 $n=10$、$k=2$,兴趣点提取结果如图 3-26 所示。

从图 3-26 中可以看出,在不使用影像分块策略时,提取的特征点的分布均匀性非常差,而使用了影像分块策略后,特征点的分布变得非常均匀,这一点在 LiDAR 深度图上尤为明显。光学影像和 SAR 影像上的结果变化虽然不如 LiDAR 深度图上那么显著,但仍能观察到点位分布的均匀性有所增强,而且之前没有检测到点的明显特征位置也有新的特征点被提取到。

通过上述简单的测试,验证了基于影像分块的特征点检测策略的有效性,为影像匹配算法的成功打下了基础。

2. 角度加权方向梯度模板特征

在此部分我们提出了一种改进的模板特征——角度加权方向梯度 AWOG,将这种模板特征用于多模态遥感影像的模板匹配,获得了稳健且准确的匹配性能。

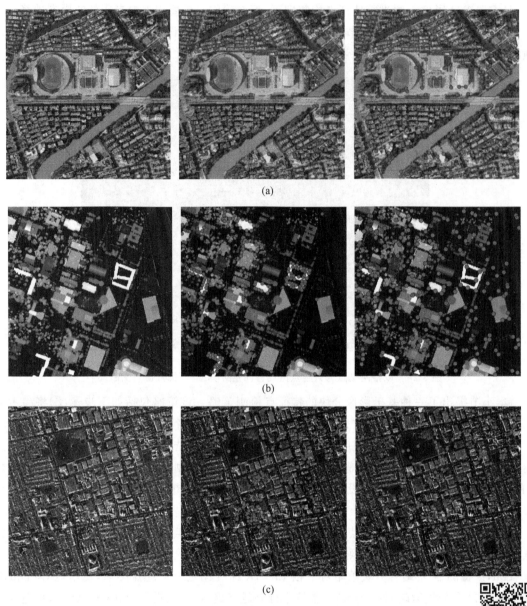

(a)

(b)

(c)

图 3-26 3 幅影像上的兴趣点提取结果。(a)从左至右为光学影像、Harris 特征点、分块 Harris 特征点;(b)从左至右为 LiDAR 深度图、PC-Harris 特征点、分块 PC-Harris 特征点;(c)从左至右为 SAR 影像、SAR-Harris 特征点、分块 SAR-Harris 特征点。

彩图 3-26

　　梯度信息可以很好地描述影像结构并且对非线性辐射差异具有鲁棒性,因此,与其他先进的模板特征类似,此部分同样基于影像梯度构建了一种多模态影像模板特征 AWOG。然而,与 HOG[7]、HOPC[2] 和 DLSS[3] 等稀疏模板特征不同,AWOG 为每个像素计算特征向量并构建密集描述符,增加了对影像细节结构的描述能力。尽管 CFOG[4] 同样属于密集描述符,但 CFOG 使用水平和垂直梯度在其他多个方向上插值出方向梯度,降低了特征向量的独特性。相反,AWOG 使用角度加权策略将梯度值仅分配到两个最相关的固定方向上,大大地提高了特征描述向量的可区分性,进一步提高了多模态影像的匹配可靠性。

　　AWOG 首先计算影像梯度并将其作为后续计算的基础,该过程如图 3-27 所示。首先根据式(3-11)使用 Sobel 算子计算水平方向梯度 g_x 和竖直方向梯度 g_y,然后根据式(3-12)和式(3-13)计算影像的梯度值 GM 和梯度方向 GD。多模态影像之间可能存在灰度反转现象,因此需要进行梯度方向校正[2,4,12-14],这是多模态影像匹配算法的一种常用策略,具体地,根据式(3-14),将大于 180°的梯度方向值统一减去 180°。

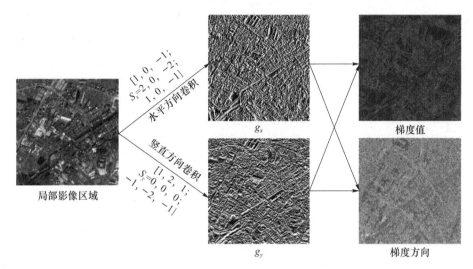

图 3-27　梯度值和梯度方向的计算过程

$$g_x(x,y) = S_x * I(x,y) \tag{3-11a}$$
$$g_y(x,y) = S_y * I(x,y) \tag{3-11b}$$

式中:S_x 和 S_y 分别表示 x 和 y 方向的 Sobel 算子;$*$ 表示卷积计算;$I(x,y)$ 表示影像;$g_x(x,y)$ 和 $g_y(x,y)$ 分别表示 x 和 y 方向的梯度。

$$GM(x,y) = \sqrt{g_x(x,y)^2 + g_y(x,y)^2} \tag{3-12}$$

式中,$GM(x,y)$ 表示梯度值。

$$D(x,y) = \begin{cases} \tan^{-1}\left(\dfrac{g_y(x,y)}{g_x(x,y)}\right) \times \dfrac{180}{\pi}, & g_x(x,y) \geqslant 0 \bigcap g_y(x,y) \geqslant 0 \\ \tan^{-1}\left(\dfrac{g_y(x,y)}{g_x(x,y)}\right) \times \dfrac{180}{\pi} + 180, & g_x(x,y) < 0 \\ \tan^{-1}\left(\dfrac{g_y(x,y)}{g_x(x,y)}\right) \times \dfrac{180}{\pi} + 360, & g_x(x,y) \geqslant 0 \bigcap g_y(x,y) \leqslant 0 \end{cases} \tag{3-13}$$

式中,$GD(x,y)$ 表示梯度方向。

$$GD(x,y) = \begin{cases} GD(x,y), & GD(x,y) \in [0°, 180°] \\ GD(x,y) - 180, & GD(x,y) \in [180°, 360°] \end{cases} \tag{3-14}$$

为了充分利用梯度信息,我们首先将[0°,180°)的区间用几个离散且连续的固定方向值均匀地划分为 n 个子区间(如图 3-28 所示),固定方向的数量与特征向量的维数相同,并且这些方向的索引号对应用于构建特征向量的特征方向的索引号。然后,我们提出了一个特征方向索引表 FOI(Feature Orientation Index table)来加速后续的计算过程。对于单个像素,其梯度方向值必定落在某个子区间当中,我们将像素所在子区间的下界和上界的索引分别命名为 ILB 和 IUB。需要注意的是,IUB 的值始终比 ILB 大 1。索引表 FOI 是通过收集所有像素的 ILB 得到的,FOI 可以通过式(3-15)计算得到。

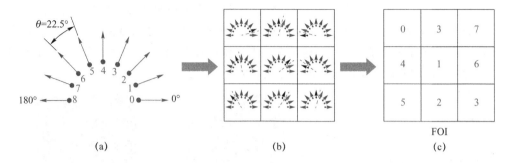

(a)　　　　　　　　　　　(b)　　　　　　　　　　　(c)

图 3-28　以 9 个像素的影像块为例生成特征方向索引表(FOI)，图中 $n=8$。
(a)索引号为 0～8 的 9 个特征方向，用于将[0°,180°)的区间均匀地划分为 8 个子区间；
(b)像素梯度方向(绿色箭头)的下界(红色箭头)和上界(黑色箭头)的确定；(c)FOI。

$$\text{FOI}(x,y)=\left\lfloor\frac{\text{GD}(x,y)}{180/n}\right\rfloor \tag{3-15}$$

其中，符号 $\lfloor\cdot\rfloor$ 表示取不大于符号内的值的整数。

特别地，每个像素的特征向量被初始化为 $n+1$ 维的 **0** 向量，将每个像素的梯度方向与它们各自 ILB 和 IUB 对应的两个特征方向的角度差作为权重，以角度加权的方式将梯度值分配到与梯度方向距离最近的两个特征方向上。梯度方向和特征方向之间的角度差越小，分配给该特征方向的梯度值就越大，反之，角度差越大，分配给该特征方向的梯度值就越小。

此外，我们利用局部邻域信息来削弱多模态遥感影像之间的非线性辐射差异的影响。为了提高计算效率，我们引入了两个加权梯度值图像 WGML 和 WGMU，WGML 和 WGMU 可以通过收集分布在每个像素的 ILB 和 IUB 对应的特征方向上的加权梯度值来获得。计算过程可由式(3-16)表示。

$$\begin{cases}\text{WU}(x,y)=\dfrac{\text{GD}(x,y)}{180/\pi}-\text{FOI}(x,y)\\[2mm]\text{WL}(x,y)=1-\text{WU}(x,y)\\[2mm]\text{WGML}(x,y)=\text{WL}(x,y)\cdot\text{GM}(x,y)\\[2mm]\text{WGMU}(x,y)=\text{WU}(x,y)\cdot\text{GM}(x,y)\end{cases} \tag{3-16}$$

式中：$\text{WU}(x,y)$ 和 $\text{WL}(x,y)$ 是计算出的两个特征方向的权重；$\text{WGML}(x,y)$ 和 $\text{WGMU}(x,y)$ 是加权梯度值图像。图 3-29 展示了加权梯度值图像计算结果。

彩图 3-29

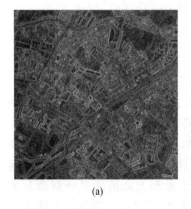  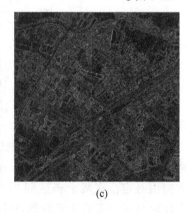

(a)　　　　　　　　　　　(b)　　　　　　　　　　　(c)

图 3-29　加权梯度值图像。(a)梯度值 GM；(b)加权梯度值 WGML；(c)加权梯度值 WGMU。

　　随后进行特征向量的计算,以目标像素为中心,同时在 WGML 和 WGMU 上开辟 $m \times m$ 像素的统计窗口,并根据 FOI 将窗口中每个像素的值赋给特征向量的对应元素。统计过程类似于投票,特征向量的每个元素作为投票箱,WGML 和 WGMU 的值作为投票值,统计过程如图 3-30 所示。对于目标像素的特征向量 v 的某个特定元素 x_i,它可以看作两部分的和。第一部分 x_i^{L} 是 WGML 的统计窗口中 ILB 等于 i 的所有像素值之和,第二部分 x_i^{U} 是 WGMU 的统计窗口中 IUB 等于 i 的所有像素值之和,该过程可用式(3-17)表示。在完成了所有预定义的特征方向的计算后,便得到目标像素的特征向量。若在每个像素位置沿着垂直于像平面的 z 轴方向排列特征向量,可以形成一个 3D 图像立方体,便于显示计算结果。

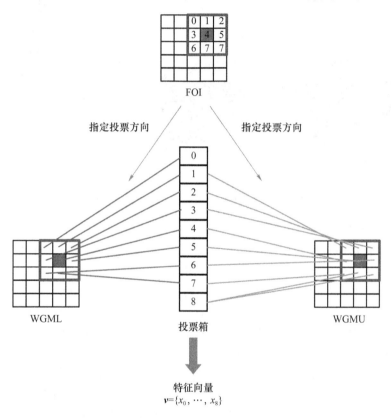

图 3-30　特征向量的统计过程(图中 $n=8$, $m=3$)

$$\begin{cases} x_i = x_i^{\mathrm{L}} + x_i^{\mathrm{U}}, i \in [0,n] \\ x_i^{\mathrm{L}} = \sum\limits_{(x,y) \in \text{statistic window}} \mathrm{WGML}(x,y), \mathrm{FOI}(x,y) = i \\ x_i^{\mathrm{U}} = \sum\limits_{(x,y) \in \text{statistic window}} \mathrm{WGMU}(x,y), (\mathrm{FOI}(x,y)+1) = i \end{cases} \tag{3-17}$$

式中,x_i 表示特征向量的元素,x_i^{L} 和 x_i^{U} 是通过统计窗口计算的值。

　　为了减小影像间局部几何和辐射变化引起的畸变所造成的影响,使用 z 轴方向的卷积核 $d_z = [1,3,1]^{\mathrm{T}}$ 对 3D 特征立方体进行卷积,该操作对不同方向的特征值起到平滑作用[4]。最后,我们使用式(3-18)表达的 L2 范数进一步归一化特征向量。

$$x_i' = \frac{x_i}{\sqrt{\sum\limits_{i=0}^{8} |x_i|^2 + \varepsilon}} \tag{3-18}$$

式中,ε 是一个避免分母为零的小数。

综上,AWOG 特征模板的整体构建流程如图 3-31 所示。

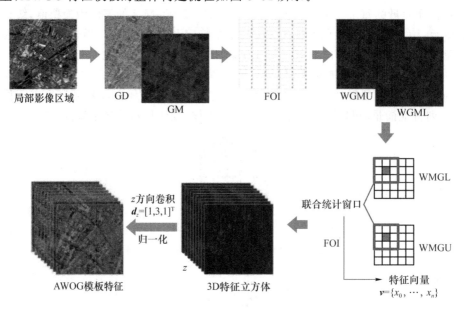

图 3-31　AWOG 模板特征的整体构建流程

3. 频域中的三维相位相关测度

对于以高维特征向量作为输入的影像匹配,传统空间域中的相似性度量,如 SAD、SSD、NCC 等,它们的计算会非常耗时。因此,我们利用基于频率域的相位相关[15-16]实现影像匹配,以提高计算效率。需要指出的是,AWOG 模板特征具有 3D 立方体结构,因此我们使用的是三维相位相关(Three-Dimensional Phase Correlation,3D-PC)。与传统 PC 算法不同的是,3D-PC 算法不再对计算的互功率谱进行归一化,因为 AWOG 在构建时已经执行了归一化操作,而这是传统算法的输入数据所不具备的。

3D-PC 算法的核心思想是傅里叶位移定理,它将影像坐标的偏移量转换为频域中的线性相位差[17]。首先,需要对影像数据进行傅里叶变换,转化到频率域,并计算它们之间的互功率谱。假设 $A_1(x,y,z)$ 和 $A_2(x,y,z)$ 分别是参考影像和输入影像的 AWOG 模板特征,那么它们之间的几何关系可由式(3-19)表达:

$$A_2(x,y,z)=A_1(x-x_0,y-y_0,z) \tag{3-19}$$

式中:(x_0,y_0) 是两影像窗口之间的偏移量;z 是特征向量的维度。

对 $A_1(x,y,z)$ 和 $A_2(x,y,z)$ 进行三维快速傅里叶变换可得 $F(u,v,w)$ 和 $G(u,v,w)$,根据傅里叶移位定理,它们之间的关系可由式(3-20)表达:

$$G(u,v,w)=F(u,v,w)\exp[-2\pi i(ux_0+vx_0)]\boldsymbol{d} \tag{3-20}$$

式中,$\boldsymbol{d}$ 表示三维单位向量。

对式(3-20)进行一些变形,$F(u,v,w)$ 和 $G(u,v,w)$ 的互功率谱 $Q(u,v,w)$ 可由式(3-21)表达:

$$Q(u,v,w)=G(u,v,w)F(u,v,w)^*=\exp[-2\pi i(ux_0+vx_0)]\boldsymbol{d} \tag{3-21}$$

式中,符号 $*$ 表示计算复共轭。

随后,对互功率谱 $Q(u,v,w)$ 进行逆傅里叶变换可获得一个相关函数 $\delta(x-x_0,y-y_0)$,并且相关函数的峰值一般会出现在 (x_0,y_0) 位置处。因此,可以通过搜索相关函数的局部最大

值来找到影像匹配点,相关函数的计算由式(3-22)表达:

$$Q(x,y,z)=\mathcal{F}^{-1}\left[G(u,v,w)F(u,v,w)^{*}\right]=\delta(x-x_0,y-y_0)\boldsymbol{d} \qquad (3-22)$$

式中,$\mathcal{F}^{-1}(\cdot)$表示三维快速傅里叶逆变换。

为了验证 3D-PC 的性能,在一对覆盖同一城区且非线性辐射差异较大的高分辨率光学-SAR 影像上进行简单的实验,并将计算结果与空域测度 NCC 的结果进行比较。如图 3-32 所示,AWOG 模板特征被作为计算的输入,可以看出 3D-PC 和 NCC 的计算结果都只有一个单峰,这表示它们都找到了正确的匹配位置。然而,3D-PC 的耗时仅为 0.01 s,而 NCC 的耗时为 3.2 s。因此,3D-PC 作为相似性度量不仅有着与 NCC 同样的高精度,而且大大地提高了效率。

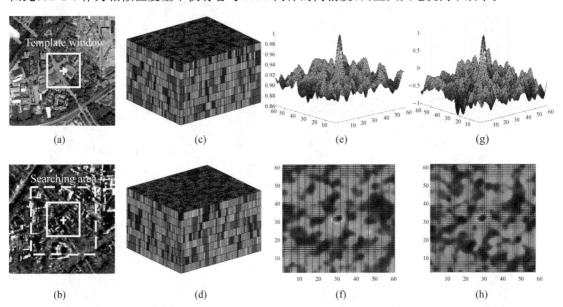

图 3-32 3D-PC 和 NCC 在一对高分辨率光学-SAR 影像上的匹配对比实验。(a)光学影像;(b)SAR 影像;(c)和(d)分别是光学和 SAR 影像的 AWOG 模板特征;(e)和(g)分别是 3D-PC和 NCC 计算的相似性值的三维可视化结果;(f)和(h)分别是(e)和(g)的二维相似性图。

3.3.3 实验结果

本小节验证了本章提出的匹配方法相对于最先进的多模态影像匹配方法的优越性,介绍了实验使用的数据集和实验中评价算法性能的指标,进行了本章算法的参数学习实验并给出了推荐参数,给出了不同算法的性能测试结果和对实验结果的分析与讨论。

1. 实验数据集

为验证所提方法的性能,本小节使用 5 种不同类型共 12 对多模态影像数据进行测试,包括 2 对 optical-optical 影像、2 对 optical-infrared 影像、2 对 optical-LiDAR 影像、4 对 optical-SAR 影像、2 对 optical-map 影像。这些测试影像有些是文献[4]公开的数据,有些来自CoFSM 数据集[18],也有部分是本小节制作的数据。这些影像对是在不同的成像时间获得的,涵盖了丰富的影像内容。图 3-33 展示了所有的实验影像对。实验仅考虑影像间的平移差异,对于旋转和尺度差异可使用先验信息预先消除,使影像间只剩余平移参数未知,而平移参数与影像自身的无控定位精度有关。然而,影像间仍存在局部几何变形和明显的非线性辐射差异,匹配难度依然较大。实验数据的详细信息见表 3-2。

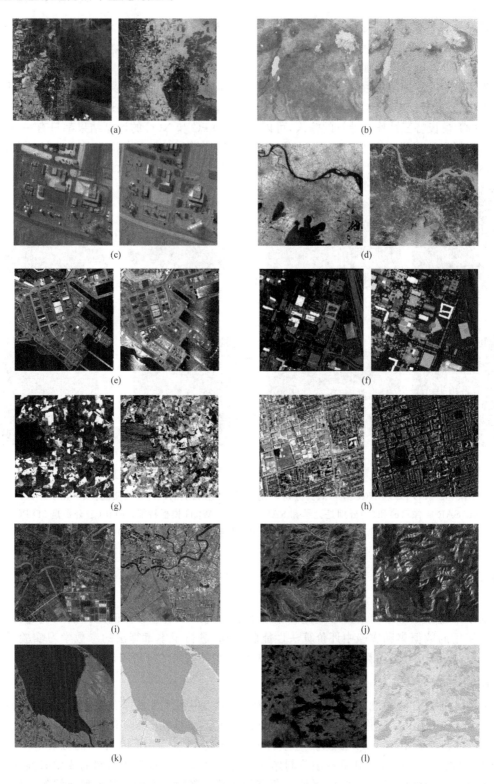

图 3-33　实验中用到的多模态影像对。(a)和(b)optical-optical 影像对;(c)和(d)optical-infrared
影像对;(e)和(f)optical-LiDAR 影像对;(g)～(j)optical-SAR 影像对;(k)和(l)optical-map
影像对;(a)～(l)分别对应表 3-2 中的影像对 1～12。

表 3-2 实验数据的详细信息表

类型		影像对	分辨率/m	尺寸/像素
optical-optical	1	CoFSM	—	500×500
		CoFSM	—	500×500
	2	CoFSM	—	500×472
		CoFSM	—	500×458
optical-infrared	3	Daedalus optical	0.5	512×512
		Daedalus infrared	0.5	512×512
	4	CoFSM	—	485×500
		CoFSM	—	485×500
optical-LiDAR	5	WorldView-2	2	621×621
		LiDAR intensity	2	621×617
	6	Airborne optical	2.5	524×524
		LiDAR depth	2.5	524×524
optical-SAR	7	TM band 3	30	600×600
		TerraSAR-X	30	600×600
	8	Google Earth	3	528×520
		TerraSAR-X	3	534×513
	9	Google Earth	10	777×737
		TH-2	10	777×737
	10	Google Earth	10	1 001×1 001
		GF-3	10	1 000×1 000
optical-map	11	CoFSM	—	500×500
		CoFSM	—	500×500
	12	CoFSM	—	520×520
		CoFSM	—	520×520

注:符号—表示未知。

2. 评价指标

采用正确匹配率(Correct Matching Ratio,CMR)、均方根误差(Root Mean Square Error,RMSE)和平均运行时间(average running time,t)等 3 个常用的评价指标来显示算法的匹配性能。

① 正确匹配率描述了匹配的成功率,CMR 由正确匹配点对数 $N_{correct}$ 与总体匹配点对数 N_{total} 的比值表达,CMR 的计算可由式(3-23)表达。

$$\text{CMR} = \frac{N_{correct}}{N_{total}} \qquad (3\text{-}23)$$

② 均方根误差描述了匹配的精度,RMSE 由所有正确匹配点的定位误差计算得到。使用影像间的几何转换模型真值 H 为每个兴趣点 (x_1, y_1) 计算出一个匹配点坐标真值 (x_1', y_1'),如果影像匹配点 (x_2, y_2) 与真值 (x_1', y_1') 的位置误差小于 1.5 像素,则认为 (x_2, y_2) 是一个正

确匹配。以所有正确匹配点坐标与其真值坐标误差的 RMSE 作为反映匹配精度的指标,RMSE 越小,匹配精度越高,RMSE 的计算可由式(3-24)表达。

$$RMSE = \sqrt{\frac{1}{N_{\text{correct}}} \sum_{i=1}^{N} \text{correct}[(x'^i_1 - x^i_2)^2 + (y'^i_1 - y^i_2)^2]} \quad (3\text{-}24a)$$

$$[x'^i_1, y'^i_1, 1]^{\text{T}} = H \cdot [x'^i_1, y'^i_1, 1]^{\text{T}} \quad (3\text{-}24b)$$

③ 平均运行时间 t 描述了方法的计算效率,t 由实验数据集上的运行总时间 T_{total} 与试验影像对数 N 的比值计算得到,t 的计算可由式(3-25)表达。

$$t = \frac{T_{\text{total}}}{N} \quad (3\text{-}25)$$

3. 参数学习

有两个参数会显著影响 AWOG 模板特征的匹配精度和计算效率,分别是整个梯度方向划分的子区间数 n 和用于计算特征向量的统计窗口的尺寸 m。为 m 和 n 设置合适的参数值对于充分发挥 AWOG 模板特征的性能至关重要。理论上来讲,参数 n 的值越小,描述向量的维度就越低,这可能会降低影像匹配的准确性,较大的参数值会增加描述向量的维度,提高描述向量的可区分性,但可能会降低计算效率。对于参数 m 来说,一般而言,m 的值越大,特征向量的可区分性越差,计算量也越大。为给 m 和 n 设置最佳的参数值,我们进行了大量实验,并在表 3-3 和表 3-4 中给出了影像对 7 和影像对 8 的平均结果值。

表 3-3　固定 m 变化 n 的实验结果

指标	$m=3$				
	$n=3$	$n=5$	$n=8$	$n=9$	$n=10$
CMR/%	94.5	96.2	96.5	96.0	96.0
RMSE/pixels	0.691	0.619	0.606	0.604	0.601
t/s	0.941	0.978	1.091	1.144	1.189

从表 3-3 的结果可以看出,随着 n 值的增大,CMR 逐渐增大并趋于稳定,RMSE 逐渐减小且趋于稳定,t 在逐渐增大。当 n 的值达到 8 时,RMSE 和 CMR 的值分别达到 0.606 像素和 96.5%。当 n 的值大于 8 之后,CMR 不再出现显著变换,RMSE 的表现略有提高,但运行时间仍在增加。

表 3-4　固定 n 变化 m 的实验结果

指标	$n=8$				
	$m=3$	$m=5$	$m=7$	$m=9$	$m=11$
CMR/%	96.5	96.0	92.5	84.7	76.2
RMSE/pixels	0.606	0.635	0.697	0.718	0.726
t/s	1.091	1.189	1.379	1.626	1.955

从表 3-4 的结果可以看出,当 m 设置为 3 时,3 项评价指标的表现最好。随着 m 的增加,3 项评价指标的表现都出现下降趋势。这是因为 m 的值越大,相邻像素使用的信息的重复率就越高,降低了描述向量的区分性,并在匹配时导致混淆。

根据以上参数实验的结果及分析,推荐 n 的参数值设置为 8,m 的参数值设置为 3,并在后续的性能测试中使用该参数设置。

4. 匹配性能测试

为了验证本章所提出方法的有效性和优越性,使用表 3-2 中的 12 对多模态影像,将所提方法与 HOPC[2]、DLSS[3] 和 CFOG[4] 等 3 种较为先进的方法进行对比分析与评价。此外,考虑 MI 算法[19] 对非线性辐射变化具有一定的鲁棒性,MI 也被用于对比实验以提供参考。AWOG 和 CFOG 逐像素计算特征向量,匹配既可以使用空间域中的测度如 SSD 和 NCC,也可以使用频率域中的测度如 3D-PC。然而,HOPC 和 DLSS 是在稀疏的采样格网中计算的,并非逐像素采样的模板特征,这意味着它们的匹配只能使用空间域中的测度如 SSD 和 NCC。为保证算法对比的公平性和评价的全面性,使用 SSD 作为 AWOG、CFOG、HOPC、DLSS 等 4 种模板特征的相似性测度进行实验,另外,两种稠密模板 AWOG 和 CFOG 还使用了 3D-PC 测度进行实验。为方便起见,我们将 AWOG 与 3D-PC、CFOG 与 3D-PC、AWOG 与 SSD、CFOG 与 SSD、HOPC 与 SSD、DLSS 与 SSD 的组合分别命名为 $AWOG_{PC}$、$CFOG_{PC}$、$AWOG_{SSD}$、$CFOG_{SSD}$、$HOPC_{SSD}$、$DLSS_{SSD}$。

在实验中,影像对的第一幅影像被作为参考影像,第二幅影像被作为输入影像。在匹配之前,使用前文提出的分块策略在参考影像上检测 200 个分布均匀的 Harris 特征点作为兴趣点,然后用上述不同方法在输入影像上搜索最优匹配。对于 MI、$AWOG_{SSD}$、$CFOG_{SSD}$、$HOPC_{SSD}$、$DLSS_{SSD}$,以参考影像上的兴趣点为中心开辟一个模板窗口,并从 $25 \times 25 \sim 91 \times 91$ 像素不断变化模板窗口的尺寸,通过滑动模板在输入影像的搜索区域中检测对应点,相应地从 $46 \times 46 \sim 111 \times 111$ 像素变化搜索区域的尺寸。对于 $AWOG_{PC}$ 和 $CFOG_{PC}$,则直接使用两影像上相同尺寸的窗口影像进行模板特征提取和相位相关计算。

图 3-34 展示了所有参与对比的方法在 12 对试验影像上的 CMR。

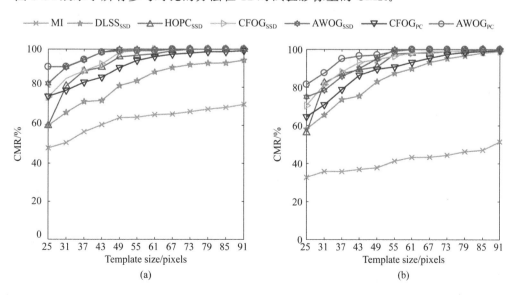

图 3-34 不同模板尺寸下所有方法的 CMR 结果。

(a)～(l)分别对应表 3-2 中的影像对 1～12 的 CMR 结果。

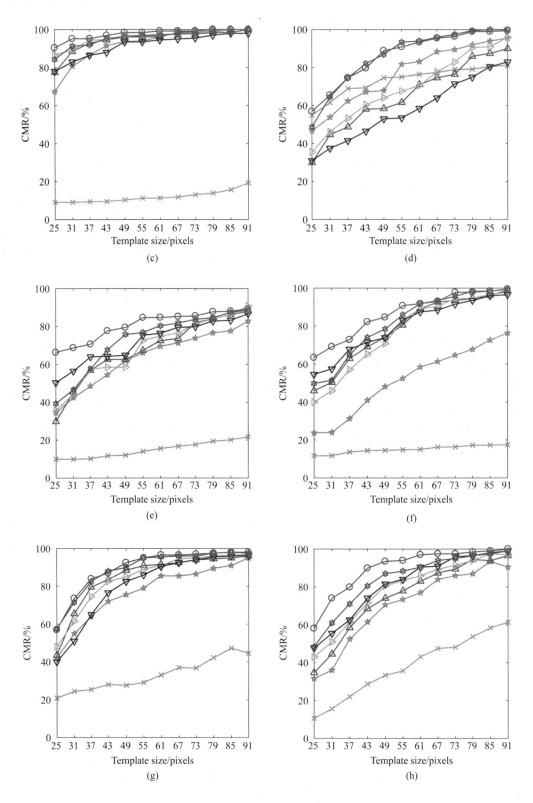

图 3-34　不同模板尺寸下所有方法的 CMR 结果。

（a）～（l）分别对应表 3-2 中的影像对 1～12 的 CMR 结果。（续图）

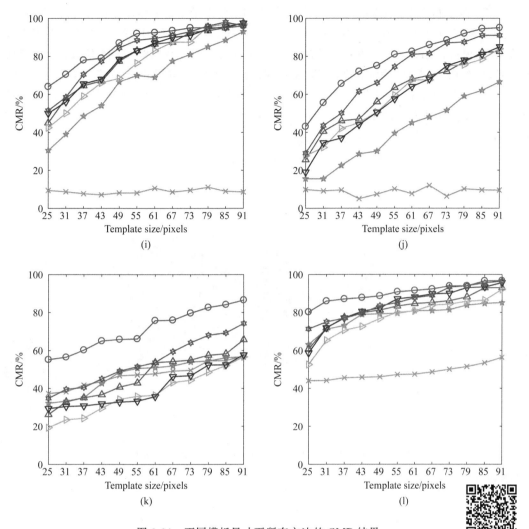

图 3-34 不同模板尺寸下所有方法的 CMR 结果。

(a)～(l)分别对应表 3-2 中的影像对 1～12 的 CMR 结果。(续图) 彩图 3-34

整体上,可以看出所提出的 AWOG$_{PC}$ 表现最好,而 MI 的表现最差,原因可能是 MI 算法在匹配时没有考虑相邻信息,使计算陷入局部最优而导致误匹配。考虑 DLSS$_{SSD}$、HOPC$_{SSD}$、CFOG$_{SSD}$ 和 AWOG$_{SSD}$ 都使用了 SSD 作为相似性测度,它们的计算结果提供了不同模板特征之间最公平的对比。DLSS$_{SSD}$ 容易受到影像内容属性的影响,它在影像对 6 和影像对 10 上的表现比其他数据差,其中,影像对 6 包含一张纹理性质较弱的 LiDAR 深度图,而影像对 10 则是覆盖山区的 optical-SAR 影像对。在 CMR 指标上,HOPC$_{SSD}$ 和 CFOG$_{SSD}$ 都获得了比 DLSS$_{SSD}$ 更好的性能,对影像间的非线性辐射变化表现出了良好的抗性。与 HOPC$_{SSD}$、DLSS$_{SSD}$ 和 CFOG$_{SSD}$ 相比,AWOG$_{SSD}$ 在所有数据上得到了最高的 CMR,证明了所提出的 AWOG 模板特征的优越性和鲁棒性。

另外,CFOG$_{PC}$ 和 AWOG$_{PC}$ 的性能分别优于 CFOG$_{SSD}$ 和 AWOG$_{SSD}$,这证明了 3D-PC 相似性度量用于多模态影像匹配的有效性。与 CFOG$_{PC}$ 相比,AWOG$_{PC}$ 取得了更好的结果,这得益于 AWOG 具有更强的特征描述能力。需要指出的是,AWOG$_{PC}$ 的表现受模板尺寸变化的影响更小,性能更加稳定,在模板窗口尺寸较小时仍可保持较高的 CMR。例如,当模板窗口尺寸为 24×24 像素和 31×31 像素时,AWOG$_{PC}$ 的 CMR 分别平均比 CFOG$_{PC}$ 高 17.4% 和 17.5%。

图 3-35 展示了当模板窗口为 91×91 像素时所有方法的 RMSE 结果,表 3-5 提供了准确的 RMSE 值统计结果。在 RMSE 指标上,MI 显示了最差的结果。整体来看,与同样使用 SSD 测度的所有其他方法相比,AWOG$_{SSD}$ 取得了最小的 RMSE。同样地,在该指标上,CFOG$_{PC}$ 和 AWOG$_{PC}$ 的表现仍分别优于 CFOG$_{SSD}$ 和 AWOG$_{SSD}$。此外,AWOG$_{PC}$ 的 RMSE 结果优于 CFOG$_{PC}$,在所有方法中表现出了最高的匹配精度。

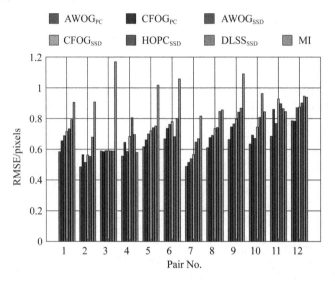

图 3-35　模板窗口为 91×91 像素时所有方法的 RMSE 结果

彩图 3-35

表 3-5　模板窗口为 91×91 像素时所有方法的 RMSE 结果统计表

影像对	指标	AWOG$_{PC}$	CFOG$_{PC}$	AWOG$_{SSD}$	CFOG$_{SSD}$	HOPC$_{SSD}$	DLSS$_{SSD}$	MI
1	RMSE (pixels)	0.584	0.655	0.688	0.715	0.733	0.793	0.905
2	RMSE (pixels)	0.485	0.565	0.515	0.563	0.554	0.679	0.907
3	RMSE (pixels)	0.589	0.585	0.591	0.590	0.589	0.588	1.169
4	RMSE (pixels)	0.556	0.645	0.586	0.684	0.805	0.696	0.579
5	RMSE (pixels)	0.617	0.661	0.700	0.720	0.740	0.751	1.018
6	RMSE (pixels)	0.668	0.736	0.762	0.780	0.682	0.799	1.058
7	RMSE (pixels)	0.488	0.515	0.539	0.566	0.647	0.669	0.816
8	RMSE (pixels)	0.610	0.676	0.690	0.734	0.741	0.846	0.856
9	RMSE (pixels)	0.663	0.745	0.765	0.795	0.841	0.867	1.091
10	RMSE (pixels)	0.634	0.692	0.671	0.744	0.807	0.963	0.844
11	RMSE (pixels)	0.685	0.860	0.768	0.927	0.896	0.864	0.845
12	RMSE (pixels)	0.785	0.783	0.870	0.874	0.901	0.946	0.938

图 3-36 展示了所有方法在不同大小模板窗口尺寸下所有数据上的平均运行时间,对应的详细统计结果见表 3-6。对于使用 SSD 的方法,HOPC$_{SSD}$ 和 CFOG$_{SSD}$ 的计算效率处于同一水平。同时,DLSS$_{SSD}$ 的计算效率最高,AWOG$_{SSD}$ 的计算效率最低,因为 AWOG 为目标影像区域构建模板特征的过程具有更高的计算复杂度。一般而言,在相同的模板窗口尺寸下,使用 PC

的方法比相应的使用 SSD 的方法要快。具体地，CFOG$_{PC}$ 和 AWOG$_{PC}$ 分别比 CFOG$_{SSD}$ 和 AWOG$_{SSD}$ 快。而且随着模板窗口尺寸的增加，CFOG$_{PC}$ 和 AWOG$_{PC}$ 的运行时间增加的速度比 CFOG$_{SSD}$ 和 AWOG$_{SSD}$ 慢得多。当模板窗口尺寸为 25×25 像素时，CFOG$_{PC}$、AWOG$_{PC}$、CFOG$_{SSD}$、AWOG$_{SSD}$ 的平均运行时间分别是 0.424 s、0.89 s、1.088 s、2.133 s；而当模板窗口尺寸为 91×91 像素时，它们对应的平均运行时间为 0.767 s、1.166 s、7.048 s、10.617 s。可以看出，AWOG$_{PC}$ 仅比 CFOG$_{PC}$ 稍慢，但比 CFOG$_{SSD}$ 和 AWOG$_{SSD}$ 快很多，在实际应用中将会更具优势。

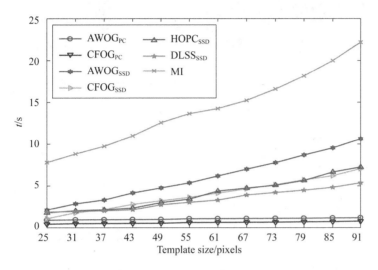

彩图 3-36

图 3-36　不同模板窗口尺寸时各方法在所有数据上的平均运行时间

表 3-6　模板窗口为 91×91 像素时所有方法的 RMSE 结果统计

模板尺寸	指标	AWOG$_{PC}$	CFOG$_{PC}$	AWOG$_{SSD}$	CFOG$_{SSD}$	HOPC$_{SSD}$	DLSS$_{SSD}$	MI
25×25	t	0.890	0.424	2.133	1.088	1.776	1.868	7.796
31×31	t	0.943	0.489	2.871	1.779	2.032	1.936	8.824
37×37	t	0.957	0.497	3.326	2.185	2.141	2.028	9.744
43×43	t	0.966	0.508	4.164	2.800	2.358	2.147	10.973
49×49	t	0.981	0.530	4.763	3.226	3.009	2.754	12.570
55×55	t	1.061	0.614	5.362	3.628	3.427	3.039	13.636
61×61	t	1.071	0.625	6.184	4.138	4.384	3.303	14.250
67×67	t	1.090	0.640	6.998	4.658	4.737	3.915	15.224
73×73	t	1.103	0.652	7.770	5.130	5.076	4.208	16.580
79×79	t	1.118	0.692	8.691	5.717	5.641	4.487	18.151
85×85	t	1.147	0.711	9.538	6.207	6.648	4.821	19.981
91×91	t	1.166	0.767	10.617	7.048	7.238	5.358	22.175

　　总体而言，AWOG$_{PC}$ 在精度和效率之间达到了良好的平衡，在所有与之对比的方法中实现了最高的匹配正确率和精度，以及仅次于 CFOG$_{PC}$ 的计算效率。因此，AWOG$_{PC}$ 可以很好地应用于多模态影像匹配任务。图 3-37 给出了 AWOG$_{PC}$ 在所有试验影像对上的同名点连线图，

图 3-38给出了对应的影像配准棋盘格图,两种可视化结果再次证明了所提出方法的有效性。

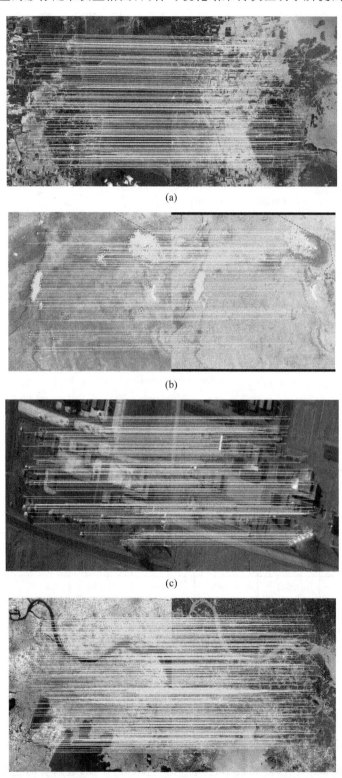

(a)

(b)

(c)

(d)

图 3-37　AWOG$_{PC}$在所有试验影像对上的同名点连线图。(a)～(l)对应表 3-2 中的影像对 1～12。

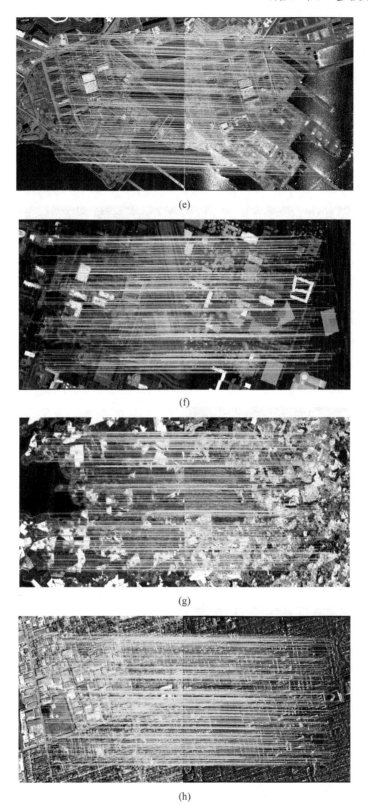

(e)

(f)

(g)

(h)

图 3-37　AWOG$_{PC}$在所有试验影像对上的同名点连线图。(a)～(l)对应表 3-2 中的影像对 1～12。(续图)

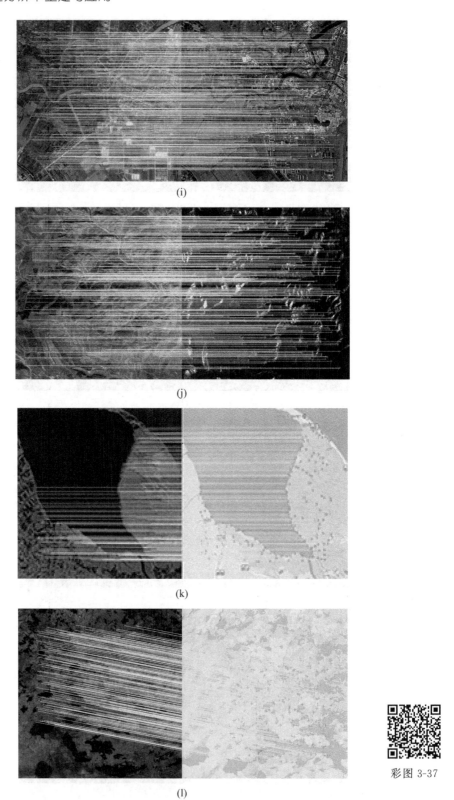

彩图 3-37

图 3-37 AWOG$_{PC}$在所有试验影像对上的同名点连线图。(a)~(l)对应表 3-2 中的影像对 1~12。(续图)

图 3-38　使用 AWOG_{PC} 匹配结果制作的配准棋盘格图。其中,第 1 列为配准棋盘格图;第 2～4 列
分别为棋盘格影像中的红、黄、绿色方框的放大图;(a)～(l)对应表 3-2 中的影像对 1～12。

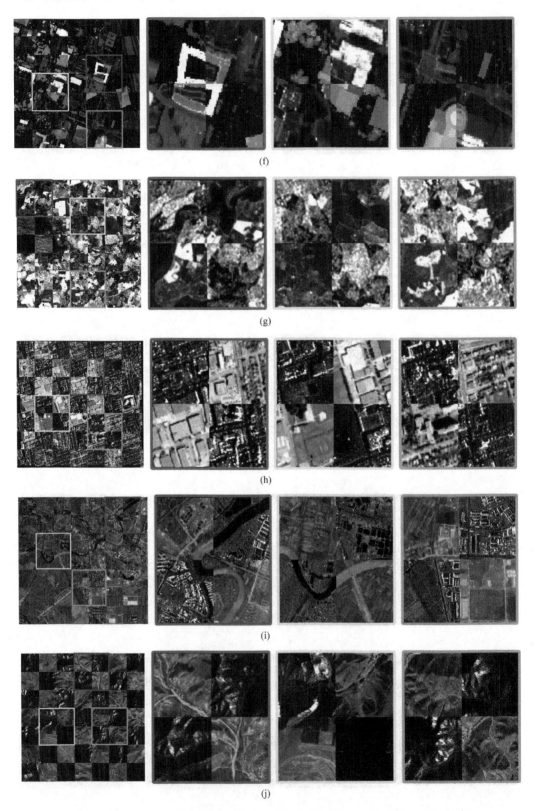

图 3-38　使用 AWOG_{PC} 匹配结果制作的配准棋盘格图。其中，第 1 列为配准棋盘格图；第 2～4 列分别为棋盘格影像中的红、黄、绿色方框的放大图；(a)～(l)对应表 3-2 中的影像对 1～12。（续图）

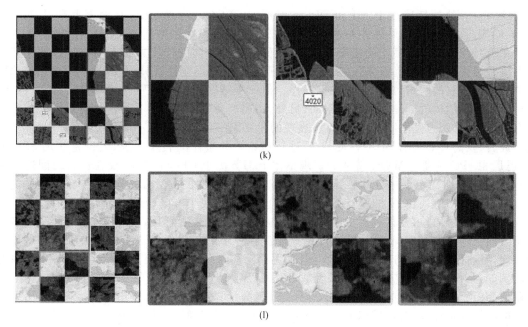

(k)

(l)

图 3-38 使用 AWOG$_{PC}$ 匹配结果制作的配准棋盘格图。其中,第 1 列
为配准棋盘格图;第 2～4 列分别为棋盘格影像中的红、黄、绿色方框
的放大图;(a)～(l)对应表 3-2 中的影像对 1～12。(续图)

彩图 3-38

5. 分析与讨论

从 3.3.3 节"4.匹配性能测试"展示的实验结果来看,MI 算法的匹配性能最差,在对比当中,它的 3 项指标的统计结果均是最差的,这说明 MI 算法用于多模态影像匹配虽然可行,但是效果有限。但 MI 算法也并非一无是处,它在第 4 对(optical-infrared)影像和第 11 对(optical-map)影像上的 CMR 和 RMSE 就优于大部分算法,尤其是当模板尺寸较小时。MI 算法本质上是依赖于影像灰度的统计信息进行匹配的,理论上讲它的匹配效果与影像间灰度变化的方式相关性很弱,但是,MI 算法在计算时没有考虑局部邻域对目标像素的影响,使得计算结果容易陷入局部最优而出现误匹配,这是限制 MI 算法匹配性能的主要原因。

DLSS 算法的整体匹配效果优于 MI,但不如 HOPC、CFOG 和 AWOG。从 3.2.3 节"2.DLSS 算法"对 DLSS 算法的介绍中可知,DLSS 描述子是 LSS 描述子的内容与 HOG 描述子结构的结合,即具有 block-cell 结构的 LSS 描述子,若要分析其为何具有 3.3.3 节"4.匹配性能测试"中展示的性能表现,应当来看 LSS 描述子的本质。LSS 描述子表达了局部影像的中心影像块与周围影像块之间的统计特征,生成描述子之前,需要先计算出影像的相关表面,对相关表面进行统计便可得到 LSS 特征。根据以上描述,我们可知 DLSS 与 MI 是有些相似的,它们都利用了影像的统计信息,但是 MI 关注的是影像灰度且没有考虑局部邻域的影响,而 LSS 关注的是计算的相关表面且考虑了领域像素的影响,因此,从理论上来讲,DLSS 算法的性能理应优于 MI 算法,事实也的确如此。但是,DLSS 只是将 HOG 描述子的结构套用在 LSS 描述子之上,而没有针对相关表面这一关键问题提出进一步的改进措施。从 3.2.3 节"2.DLSS 算法"中相关表面的计算式可以得知,此相关表面只是中心影像块与周围影像块灰度差值的平方和,若以此为基础进行影像匹配,则需要满足给定影像间具有相同的灰度变化模式,以及影像内部不存在明显的光照与对比度差异的前提。显然,多模态影像间存在显著的非线性辐射差异,不一定满足这两个前提假设,这也是 DLSS 描述子的性能表现受限的主要原因,若能针对相关表面提出新的计算策略,相信 DLSS 算法将会有更好的匹配性能。

HOPC 算法的性能优于 MI 和 DLSS,但不如 CFOG 和 AWOG。从原理上来讲,HOPC 与 HOG 几乎别无二致,只是将 HOG 的方向梯度特征替换为了方向相位一致性特征,其主要贡献在于对相位一致性模型的拓展,给出了相位一致性方向的计算方式。相位一致性模型用于多模态影像的匹配的确有其优势,其具有光照和对比度不变性,削弱了因光照和对比度差异造成的特征提取的困难,提高了算法鲁棒性。但归根结底,HOPC 仍是一种稀疏的模板特征,其对影像细节结构的刻画能力是有限的,另外,拓展模型中相位一致性方向的计算方式的准确性有待商榷,这两点是限制 HOPC 算法表现的主要原因。

最后,我们对 CFOG 和 AWOG 一同进行讨论。从整体的表现来说,无论是使用 SSD 测度,还是 3D-PC 测度,AWOG 特征的表现整体上都要优于 CFOG 特征,仅在运行时间这一指标上稍弱于 CFOG,在反映正确匹配率的 CMR 和匹配精度的 RMSE 这两项指标上明显优于 CFOG。AWOG 是 CFOG 的改进算法,两者的主要区别在于方向梯度的计算方式上。CFOG 的构造过程相对简单,在得到影像水平和竖直方向的梯度之后直接以插值的方式计算出多个固定方向上的方向梯度,随后进行一步高斯滤波和一步归一化便完成了模板特征的构造。这种方向梯度插值计算的方式虽然高效,但是无疑会引入一定的模糊,会降低特征向量的独特性。例如,某像素的梯度方向是 25°,但是 CFOG 仍要计算出该像素在 140° 或 160° 等方向上的梯度值,并用于特征向量的计算,这显然不是最优的计算方式。本节提出的 AWOG 给出了更合理的特征向量计算方案,即以方向间的角度差为权重,将梯度值分配到两个最相关的固定方向上,避免了计算多个预设方向梯度的问题。另外,本节提出了一些有效的策略,如 FOI 索引表、联合统计窗口、z 轴滤波等,进一步提高了 AWOG 特征的计算效率和鲁棒性。

3.3.3 节"2.评价指标"部分在详细介绍 AWOG 模板特征的构造过程时,提到索引表 FOI 能够加速模板特征的计算,我们以讨论 FOI 在 AWOG 构建过程中的优势来结束本部分。AWOG 是一种稠密模板特征,需要逐像素地计算特征描述向量,该过程计算量很大,非常耗时,为此,我们提出了一个名为 FOI 的索引表用于加速模板特征的计算。图 3-39 展示了在使用 FOI 和不使用 FOI 的情况下,所有影像对生成 AWOG 特征的运行时间,可以看出,使用 FOI 能够提高大约 30% 的计算效率。这主要有两个方面的原因:第一,使用 FOI 可以将权重和加权梯度值的计算方式由逐像素计算转变为矩阵计算;第二,整合邻域信息时,统计窗口中每个像素的加权梯度值可以根据 FOI 直接分配到对应的特征方向上。因此,使用 FOI 能够大幅提高模板特征的计算效率,提升算法的实用性。

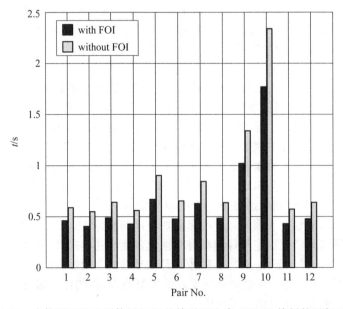

图 3-39 在使用 FOI 和不使用 FOI 的情况下生成 AWOG 特征的运行时间

本章首先介绍了影像梯度和结构特征模板的概念;其次提出了一种多模态遥感影像模板匹配方法,其主要由基于分块的特征点检测策略、角度加权方向梯度模板特征(AWOG)和频域中的三维相位相关算法(3D-PC)三部分组成;最后,使用多种类型的多模态遥感影像数据(optical-optical、optical-infrared、optical-LiDAR、optical-SAR、optical-map)与目前较为先进的几种模板匹配方法 MI、DLSS、HOPC 和 CFOG 进行对比实验,结果表明,本章提出的多模态影像梯度方向加权的快速匹配方法具有最高的正确匹配率、最高的匹配精度和仅次于 CFOG 的计算效率。

虽然 AWOG 模板特征取得了很好的匹配效果,具有较高的匹配精度和计算效率,但是正如 3.2.1 节中模板匹配框架所描述的那样,模板匹配算法的成功运行依赖于先验信息的使用。一方面,在实际工程应用中,遥感影像通常具有相对准确的位置和姿态参数或 PRCs 参数等先验信息,可大致预先消除影像间的旋转和尺度差异,并提供兴趣点的初始对应位置;另一方面,对先验信息的依赖无疑是模板匹配算法的一大痛点,若只提供没有任何先验信息的裸影像,那么模板匹配算法必须构建影像金字塔,并在金字塔顶层影像中以全局搜索的方式寻找初始对应,以传递变换参数的方式逐级优化匹配结果。

本节参考文献

[1] YE Y X, SHAN J, BRUZZONE L, et al. Robust Registration of Multimodal Remote Sensing Images Based on Structural Similarity[J]. IEEE Transactions on Geoscience and Remote Sensing, 2017, 55(6):2941-2958.

[2] YE Y, SHEN L. HOPC: A Novel Similarity Metric Based on Geometric Structural Properties for Multi-modal Remote Sensing Image Matching[J]. ISPRS Annals of the Photogrammetry Remote Sening and Spatial Information Sciences, 2016, Ⅲ-1: 9-16.

[3] YE Y, SHEN L, HAO M, et al. Robust Optical-to-SAR Image Matching Based on Shape Properties[J]. IEEE Geoscience and Remote Sensing Letters, 2017, 14(4):1-5.

[4] YE Y, BRUZZONE L, SHAN J, et al. Fast and Robust Matching for Multimodal Remote Sensing Image Registration[J]. IEEE Transactions on Geoscience and Remote Sensing, 2019, 57(11): 9059-9070.

[5] LOWE D G. Distinctive Image Features from Scale-Invariant Keypoints[J]. International Journal of Computer Vision, 2004, 60(2): 91-110.

[6] SHECHTMAN E, IRANI M. Matching local self-similarities across images and videos [J]. Proceedings of the IEEE Computer Society Conference on Computer Vision and Pattern Recognition, 2007.

[7] DALAL N, TRIGGS B. Histograms of Oriented Gradients for Human Detection[C]// IEEE Computer Society Conference on Computer Vision & Pattern Recognition, 2005.

[8] PERKO R, RAGGAM H, GUTJAHR K, et al. Using worldwide available TerraSAR-X data to calibrate the geo-location accuracy of optical sensors[C]// Geoscience and Remote Sensing Symposium (IGARSS), 2011 IEEE International, 2011.

[9] HARRIS C G, STEPHENS M J. A combined corner and edge detector[C]//Alvey Vision Conference, 1988.

[10] LIU X, AI Y, TIAN B, et al. Robust and fast registration of infrared and visible images for electro-optical pod[J]. IEEE Transactions on Industrial Electronics, 2018, 66(2): 1335-1344.

[11] DELLINGER F, DELON J, GOUSSEAU Y, et al. SAR-SIFT: A SIFT-Like Algorithm for SAR Images[J]. IEEE Transactions on Geoscience and Remote Sensing, 2015, 53(1): 453-466.

[12] YI Z, ZHIGUO C, YANG X. Multi-spectral remote image registration based on SIFT[J]. Electronics Letters, 2008, 44(2): 107-108.

[13] LI Q, WANG G, LIU J, et al. Robust scale-invariant feature matching for remote sensing image registration[J]. IEEE Geoscience and Remote Sensing Letters, 2009, 6(2): 287-291.

[14] CHEN J, TIAN J, LEE N, et al. A partial intensity invariant feature descriptor for multimodal retinal image registration [J]. IEEE Transactions on Biomedical Engineering, 2010, 57(7): 1707-1718.

[15] KUGLIN C D. The Phase Correlation Image Alignment Methed[C]//Proc. Int Conference Cybernetics Society, 1975.

[16] XIANG Y, TAO R, WAN L, et al. OS-PC: combining feature representation and 3-D phase correlation for subpixel optical and SAR image registration[J]. IEEE Transactions on Geoscience and Remote Sensing, 2020, 58(9): 6451-6466.

[17] FOROOSH H, ZERUBIA J B, BERTHOD M. Extension of phase correlation to subpixel registration[J]. IEEE Transactions on Image Processing, 2002, 11(3): 188-200.

[18] 姚永祥, 张永军, 万一, 等. 顾及各向异性加权力矩与绝对相位方向的异源影像匹配[J]. 武汉大学学报(信息科学版), 2021.

[19] COLE-RHODES A A, JOHNSON K L, Lemoigne J, et al. Multiresolution registration of remote sensing imagery by optimization of mutual information using a stochastic gradient[J]. IEEE Transactions on Image Processing, 2003, 12(12): 1495-1511.

3.4 多尺度特征描述的多模态影像两步匹配方法

针对多模态遥感影像特征匹配方法精度较低与特征利用率低的问题,本节提出了一种从粗到精的多尺度特征两步匹配法 3MRS(coarse-to-fine Matching Method for Multimodal Remote Sensing imagery),该方法的核心在于二维相位一致性模型 PC_2(Two-dimensional Phase Congruency)的特征检测和特征描述。首先,本节提出了一种鲁棒性特征点检测方法 DGPC-FAST(Difference Graph of Phase Congruency moment-FAST),保证特征点的重复率、数量和分布均匀性;其次,利用 log-Gabor 卷积结果构建层级特征图 LGPC(Layer Graph of Phase Congruency),并使用统计直方图技术进行特征描述,完成特征粗匹配;再次,利用 log-Gabor 卷积结果构建一种稠密模板特征 CMPC(Convolution Maps of Phase Congruency),使用三维相位相关 3D-PC 作为相似性测度,完成模板精匹配;最后,在 CoFSM 数据集上进行匹配实验,并与 LGHD、HAPCG 和 RIFT 等 3 种先进方法进行对比。实验结果表明,本节提出的 3MRS 能够有效抵抗多模态遥感影像间的非线性辐射差异,并且在正确匹配数 NCM 和正确匹配的均方根误差 RMSE 两项指标上均显著优于其他方法,证明了 3MRS 方法的匹配性能和优越性。另外,相比于其他方法,3MRS 获取单个正确匹配对的耗时 T_{match} 最短。

3.4.1 相位一致性模型

本节提出的多模态影像两步匹配法 3MRS,其特征检测、特征粗匹配和模板精匹配 3 个主要步骤均是基于相位一致性模型 PC_2 构建的,因此,在介绍算法结构之前,对相位一致性模型进行全面的叙述是非常有必要的。本小节首先介绍了最初基于局部能量函数的相位一致性模型 PC_1,随后介绍了基于小波的相位一致性模型 PC_2。

1. 相位一致性模型 PC_1

Morron 等[1]基于对马赫带现象的研究提出了基于局部能量函数的相位一致性模型 PC_1,他们发现马赫带与频谱相位表现出了显著的相关性,他们的研究促进了基于频谱的相位一致性度量的发展。图 3-40 给出了一维信号的相位一致性示例。

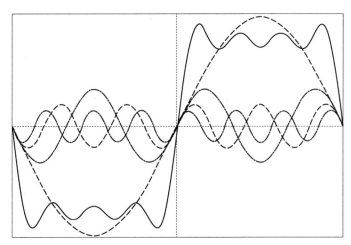

图 3-40 一维信号的相位一致性示例(图片源自文献[2]。其中,实线表示方波,
虚线表示经傅里叶级数分解得到的一系列正弦波)

从图 3-40 中可以看出,方波的谐波分量在阶跃点位置(通常反映边缘特征)的相位表现出了很高的一致性,而在非阶跃点位置的相位则没有类似的表现。进一步研究发现,相位一致性与信号的波形无关,无论是方波还是三角波,均存在相位一致性特性,因此,将相位一致性用于特征检测是一种较为稳定可靠的方式。

设一维信号为 $s(x)$,对其进行傅里叶级数分解,对应结果由式(3-26)表示。

$$s(x) = \sum_n A_n(x)\cos(\phi(x)) \tag{3-26}$$

式中,$A_n(x)$ 和 $\phi_n(x)$ 分别表示第 n 分量的幅值和相位。

那么,可得相位一致性模型 PC_1 的数学表达:

$$\text{PC}_1(x) = \frac{E(x)}{\sum_n A_n(x)} \tag{3-27a}$$

$$|E(x)| = \sum_n A_n(x)\cos(\phi(x) - \bar{\phi}(x)) \tag{3-27b}$$

式中：$|E(x)|$ 表示局部能量函数；$\bar{\phi}(x)$ 表达了所有相位分量的加权平均值。

图 3-41 从几何上展示了信号中某一点的相位一致性度量。由图可知，信号中 x 位置处的局部复数值傅里叶分量具有各自的幅度 $A_n(x)$ 和相位角 $\phi_n(x)$，将这些局部傅里叶分量绘制为头尾相连的复向量，那么从原点到终点矢量的模便是局部能量 $|E(x)|$。图中的噪声圆表达了噪声能量的期望。

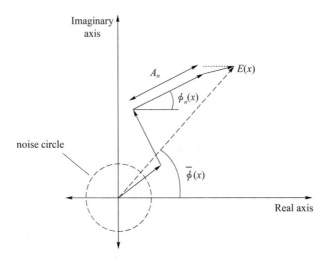

图 3-41　相位一致性与局部能量的几何表示(图片源自文献[2])

在 PC_1 模型的定义下，相位一致性是局部能量 $|E(x)|$ 与局部傅里叶分量到达终点所使用的总路径长度 $\sum_n A_n(x)$ 的比率。如果所有傅里叶分量具有相同的相位角，那么所有复向量都将对齐，并且 $|E(x)|$ 与 $\sum_n A_n(x)$ 的比率为 1。如果傅里叶分量的相位之间没有相干性，则该比值下降为最小值 0。PC_1 提供了一种与信号幅度无关的量度，若推广到二维的影像信号中，则表达了对影像光照和对比度变化的不变性，因此能够用于反映各种不同类型影像中的特征显著性。然而，PC_1 模型表达的相位一致性度量不能提供良好的特征定位，并且对噪声很敏感。

2. 相位一致性模型 PC_2

针对 PC_1 模型所存在的问题，Kovesi[3]基于多尺度多方向的 log-Gabor 滤波器[4]提出了一种定位精度更高、抗噪性能更好的相位一致性模型 PC_2。二维 log-Gabor 滤波器可通过对一维滤波器沿垂直方向进行高斯传播得到，即切向分量遵循原始构造方式，径向分量则使用高斯传递函数构造，二维 log-Gabor 滤波器的数学表达如式(3-28)所示：

$$L(\rho,\theta,s,o) = \exp\left(\frac{-(\rho-\rho_s)^2}{2\sigma_\rho^2}\right)\exp\left(\frac{-(\theta-\theta_{so})^2}{2\sigma_\theta^2}\right) \tag{3-28}$$

式中：(ρ,θ) 表示极坐标；s 和 o 分别是滤波器的尺度和方向；(ρ_s,θ_{so}) 是滤波器的中心频率；σ_ρ 和 σ_θ 分别是对应于 ρ 和 θ 的带宽。

log-Gabor 滤波器是一种频率域滤波器,其对应的空间域滤波器可通过逆傅里叶变换得到,在空间域中的二维 log-Gabor 滤波器可表达为

$$L(x,y,s,o)=L^{\text{even}}(x,y,s,o)+\text{i}L^{\text{odd}}(x,y,s,o) \tag{3-29}$$

式中:$L^{\text{even}}(x,y,s,o)$ 表示偶对称 log-Gabor 小波;$L^{\text{odd}}(x,y,s,o)$ 表示奇对称 log-Gabor 小波。它们对应的几何形式如图 3-42 所示。

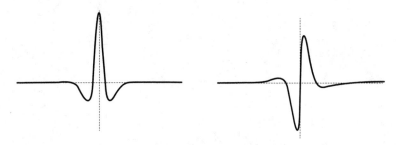

图 3-42　偶对称和奇对称的 log-Gabor 小波(图片源自文献[4])

给定 $I(x,y)$ 为二维影像信号,分别使用奇对称和偶对称 log-Gabor 小波对 $I(x,y)$ 进行卷积,得到对应的响应分量 $e_{so}(x,y)$ 和 $o_{so}(x,y)$,该过程可表达如下:

$$e_{so}(x,y)=I(x,y) * L^{\text{even}}(x,y,s,o) \tag{3-30a}$$

$$o_{so}(x,y)=I(x,y) * L^{\text{even}}(x,y,s,o) \tag{3-30b}$$

随后,可得 $I(x,y)$ 在尺度 s 和方向 o 上的幅值 $A_{so}(x,y)$ 和相位 $\phi_{so}(x,y)$:

$$A_{so}(x,y)=\sqrt{e_{so}(x,y)^2+o_{so}(x,y)^2} \tag{3-31a}$$

$$\phi_{so}(x,y)=\tan^{-1}\left(\frac{e_{so}(x,y)}{o_{so}(x,y)^2}\right) \tag{3-31b}$$

综合考虑各尺度和各方向的分析结果,并引入一个误差分量 T,基于 log-Gabor 小波的二维相位一致性模型 PC_2 可表达如下:

$$\text{PC}_2(x,y)=\frac{\sum_s\sum_o w_0(x,y)\lfloor A_{so}(x,y)\Delta\phi_{so}(x,y)-T\rfloor}{\sum_s\sum_o A_{so}(x,y)+\varepsilon} \tag{3-32}$$

式中:$w_o(x,y)$ 是一个二维频率加权函数;ε 是一个避免分母为 0 的小数;符号 $\lfloor\cdot\rfloor$ 表示当其中的值为正数时取自身,当其中的值为负数时则取 0;$\phi_{so}(x,y)$ 是一个二维相位偏差函数,其数学表达如下:

$$A_{so}(x,y)\Delta\phi_{so}(x,y)=(e_{so}(x,y)\bar\phi_e(x,y)+o_{so}(x,y)\bar\phi_0(x,y))-$$
$$|e_{so}(x,y)\bar\phi_e(x,y)-o_{so}(x,y)\bar\phi_0(x,y)| \tag{3-33}$$

其中:

$$\bar\phi_e(x,y)=\sum_s\sum_o\frac{e_{so}(x,y)}{E(x,y)}$$

$$\bar\phi_o(x,y)=\sum_s\sum_o\frac{o_{so}(x,y)}{E(x,y)}$$

$$E(x,y)=\sqrt{\left(\sum_s\sum_o e_{so}(x,y)\right)^2+\left(\sum_s\sum_o o_{so}(x,y)\right)^2}$$

式中,$E(x,y)$ 表示二维局部能量函数。

与影像梯度相比,相位一致性图(PC 图)具有光照和对比度不变性以及更好的抗噪声性能。图 3-43 展示了在有噪声和无噪声条件下的光学航空影像的梯度图和 PC 图。能够看出,在影像中存在大量噪声的情况下,梯度特征受影响严重,梯度图内容杂乱,难以反映有用信息;而 PC 图受噪声的影响则小得多,能够很好地反映影像结构信息。

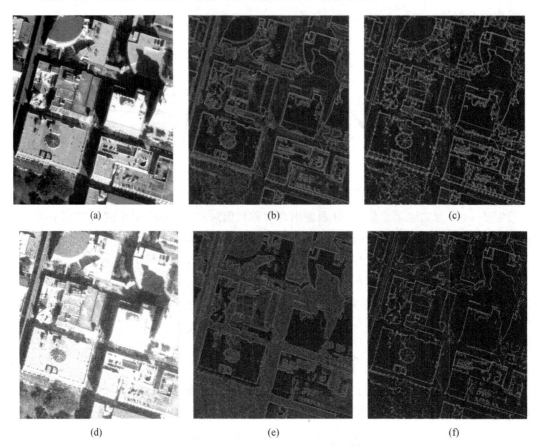

图 3-43 在有/无噪声影响下的影像梯度图和 PC 图。(a)和(d)分别是无噪声和有噪声影响的光学航空影像;(b)和(e)分别是对应(a)和(d)的影像梯度图;(c)和(f)分别是对应(a)和(d)的 PC 图。

3.4.2 从粗到精的多尺度特征两步匹配方法

最初,Kovesi[3] 提出二维相位一致性模型 PC_2 的目的是将其用于边缘检测,这是因为 PC_2 模型具有光照和对比度不变性以及良好的抗噪声性能,且 PC 图的边缘检测结果具有单边性质。另外,PC_2 模型是一种与影像灰度无关的度量,因此适用于各种类型的影像数据。但是,PC_2 模型只用于反映影像边缘特征,若想将其用于多模态影像的匹配,还需进行进一步的处理,提取并构造出能够用于影像匹配的特征信息。本小节提出了一种基于 PC_2 模型的从粗到精的多尺度特征两步匹配方法 3MRS,其包括 3 个主要部分:①相位一致性描述的鲁棒性特征点检测;②log-Gabor 层级特征图描述的影像粗匹配;③log-Gabor 卷积值模板特征描述的影像精匹配。3MRS 方法的整体流程如图 3-44 所示。

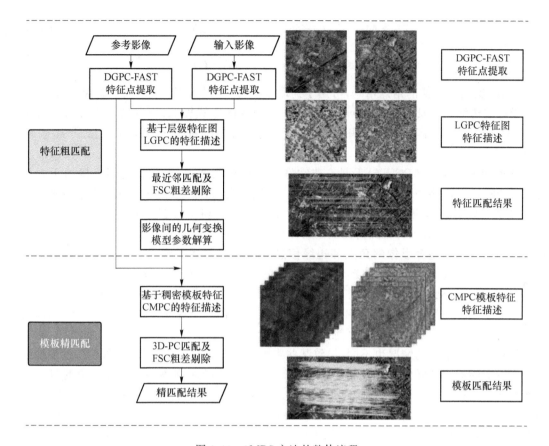

图 3-44 3MRS 方法的整体流程

1. 相位一致性描述的鲁棒性特征点检测

如上所述,PC_2 模型[3] 被提出时仅用于边缘检测,为了使 PC_2 模型在特征点检测方面发挥更大的作用,Kovesi[2] 进一步将经典矩分析理论[5] 与 PC_2 模型相结合,给出了基于 PC_2 模型的影像角点和边缘点检测方法。

式(3-32)描述的相位一致性度量 PC_2,能够产生一个性质良好的影像边缘图,但是该模型忽略了影像中每个点的相位一致性随方向变化的方式的信息。Kovesi 提出可以使用式(3-32)独立计算每个方向的相位一致性,计算相位一致性的矩并查看矩随方向变化的情况。根据经典矩分析理论,主轴是对应于力矩最小化的轴,它提供特征方向的指示。与主轴垂直的轴对应于力矩最大化的轴,最大力矩的模提供特征显著性的指示。根据矩分析方程,在计算最大矩 M_Φ 和最小矩 m_Φ 之前,需要先计算 3 个中间量:

$$A = \sum_o (PC(\theta_0)\cos(\theta_0))^2 \tag{3-34a}$$

$$B = 2\sum_o (PC(\theta_0)\cos(\theta_0))(PC(\theta_0)\sin(\theta_0)) \tag{3-34b}$$

$$C = \sum_o (PC(\theta_0)\sin(\theta_0))^2 \tag{3-34c}$$

式中,$PC(\theta_0)$ 表示 θ_0 方向上的 PC 图。那么主轴 Φ 的方向可按下式计算得到:

$$\Phi = \frac{1}{2}\arctan\left(\frac{B}{A-C}\right) \tag{3-35}$$

进而可以给出最大矩 M_Φ 和最小矩 m_Φ 的表达式:

$$M_{\Phi} = \frac{1}{2}\left(C + A + \sqrt{B^2 + (A-C)^2}\right) \tag{3-36a}$$

$$m_{\Phi} = \frac{1}{2}\left(C + A - \sqrt{B^2 + (A-C)^2}\right) \tag{3-36b}$$

最小矩 m_{Φ} 反映了影像的角点信息,可用于提取角点特征;最大矩 M_{Φ} 反映了影像的边缘信息,可用于提取边缘点特征。一般对 m_{Φ} 按照极大值抑制的方式提取角点特征,该方法通常被称为 PC-Harris[6]。对于 M_{Φ} 则采用 FAST 算法直接进行特征检测,该方法通常被称为 PC-FAST[7]。

虽然 PC-Harris 和 PC-FAST 具有非常好的特征检测能力,但是将它们直接用于多模态影像间的特征点检测并不能发挥出最佳效果。一般而言,最小矩 m_{Φ} 和最大矩 M_{Φ} 分别反映角点和边缘信息,它们是角点和边缘点的特征度量,然而 m_{Φ} 和 M_{Φ} 之间的关系并非是割裂的,反而是非常密切的。Kovesi[2] 提出:相位一致性角点图是相位一致性边缘图的真子集,这提供了一种简化的方式来整合影像的角点和边缘信息。以上两句话反映出了两方面的内容:①M_{Φ} 不只反映边缘信息,它同样反映影像中的角点信息;②分别对 m_{Φ} 和 M_{Φ} 进行 PC-Harris 和 PC-FAST 特征检测并整合产生的特征冗余,因为 PC-FAST 同样会提取影像中的角点特征。

对于多模影像特征匹配而言,不应该提高角点特征在整个特征集合中所占的比例,而是应该以某种方式降低角点特征的显著性。这是因为不同模态影像反映的内容层面不同,影像自身性质和受噪声干扰的情况也不同,导致某些类型的影像中会产生大量"假角点",过多地强调对角点特征的提取会降低算法性能。相比之下,影像中的线状物体必须保证一定的自身存在的连续性才能被检测为边缘特征,它受影像性质差异和噪声干扰的影响会更小,"假边缘"出现的可能性也更小,使得边缘点特征能更稳定地存在于不同模态的影像中。例如,SAR 影像经常会受到斑点噪声的干扰,斑点噪声会以噪声点的形式随机出现在影像中,若强调影像中的角点特征,那么则会有大量噪声点被检测为角点,影响匹配效果。而斑点噪声并不会以连续的线状形式出现,因此检测到的边缘特征更加可信。具有类似表现的影像类型还有 LiDAR 深度图、夜景灯光影像等。

因此,在多模态影像匹配任务中,应该更多地保留边缘点特征而非角点特征,应当对角点的反映值进行适当的抑制,以提高边缘点特征在特征集合中的占比。本小节提出将相位一致性矩差值图(Difference Graph of Phase Congruency moment,DGPC)作为反映影像边缘信息的特征度量,并以 FAST 检测子在 DGPC 特征图上实现鲁棒性特征点检测,将这种特征点检测方法命名为 DGPC-FAST。DGPC 特征图的计算方式由式(3-37)表达。

$$\mathrm{DGPC} = \tau * M_{\Phi} + (\tau - 1) * m_{\Phi} \tag{3-37}$$

式中,τ 表示权重系数,取值在 $0\sim1$ 之间。随后对 DGPC 进行归一化:

$$\mathrm{DGPC}(x,y) = \frac{\mathrm{DGPC}(x,y) - \min(\mathrm{DGPC})}{\max(\mathrm{DGPC}) - \min(\mathrm{DGPC})} \tag{3-38}$$

式中:(x,y) 表示像素坐标;$\min(\cdot)$ 和 $\max(\cdot)$ 分别是最小值函数和最大值函数。

2. log-Gabor 层级图描述的特征粗匹配

在获得影像特征点之后,需要为每个特征点计算一个描述向量,以提高特征之间的区分度以及对影像间非线性辐射的差异和局部几何差异的鲁棒性,进而完成特征匹配。

本部分根据式(3-30)表达的 log-Gabor 卷积,以多尺度多方向的卷积结果为基础,构造相位一致性层级特征图(Layer Graph of Phase Congruency,LGPC),并基于 LGPC 特征图进行特征描述。在前文描述的特征点检测过程中,需要计算每个方向的 PC 图,因此对影像的 log-Gabor 卷积[式(3-30)表达]在特征检测过程就已经被完成,只需要将卷积结果保留,特征描述部分不再需要更多额外的计算,所以 LGPC 特征图的生成过程计算量很小。具体地,将式(3-31)计算的 n 个尺度 k 个方向的影像幅值分量 $A_{so}(x,y)$ 沿尺度维求和,得到 k 个方向的幅值 $A_o(x,y)$。此过程可由式(3-39)表达:

$$A_o(x,y) = \sum_{s=1}^{n} A_{so}(x,y) \tag{3-39}$$

首先,将 k 个方向的 $A_o(x,y)$ 按照方向大小顺序排列为一个影像立方体 $A(x,y,o)$,那么每个方向的影像幅值都被放置在立方体中确定的层级中,并对应着唯一一层号。随后,便可以通过获取目标像素位置上最大值所在的层号来生成 LGPC 特征图,该过程可由式(3-40)表达:

$$LGPC(x,y) = LN(\max(A(x,y,o))) \tag{3-40}$$

式中:$\max(\cdot)$ 是用于定位目标像素最大值的函数;$LN(\cdot)$ 是用于确定最大值所对应层号的函数。图 3-45 展示了一幅光学航空影像的 LGPC 特征图的构建过程。

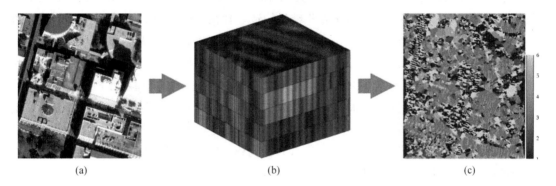

图 3-45　LGPC 特征图的构建过程,图中 $k=6$。(a)原始影像;(b)影像立方体 $A(x,y,o)$;(c)LGPC 特征图。

特征描述采用与 SIFT、SURF 算法类似的统计直方图技术,具体可表述为如下几个步骤:①以目标特征点为中心在 LGPC 特征图上确定一个 $N \times N$ 像素的局部影像区域;②将局部影像区域均匀地划分为 $M \times M$ 个不重叠的子区域;③在每个子区域中进行 LGPC 特征值的统计,生成一个 k 维特征向量;④将所有子区域的特征向量按顺序连接,最终生成一个 $k \times M \times M$ 维的特征向量,作为目标特征点的描述向量。

在完成特征描述之后,便可以进行特征匹配,采用最近邻匹配策略来获得参考影像和输入影像的初始匹配点对集合。初始匹配点对集合中含有大量粗差点,选择使用快速抽样一致算法(FSC)[6]进行粗差剔除,得到纯净的匹配点对集合。基于所获取的正确匹配,解算出影像间的几何变换模型(仿射变换或投影变换模型)参数,并将其传递给随后的精匹配步骤,为精匹配提供较准确的初始对应位置。

3. log-Gabor 卷积值描述的模板精匹配

尽管通过粗匹配能够得到一些正确匹配点对,但是特征匹配结果的精度较低,同时,正确匹配率较低,导致大量特征点没有找到正确点对应而被浪费。为了提高特征点的利用率和匹配精度,本小节提出了使用基于模板匹配的方法对粗匹配结果进行精确化。

如图 3-46 所示,首先,使用粗匹配过程中解算的影像几何变换模型为参考影像中的兴趣点在输入影像中确定一个初始对应位置。其次,为兴趣点和它的初始对应点构建各自的稠密模板特征。最后,使用三维相位相关 3D-PC 完成同名点识别,并使用 FSC 算法进行粗差剔除。经过精匹配步骤,最终输出的正确匹配数和匹配精度均得到明显提升。

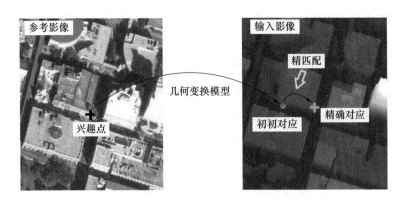

图 3-46　精匹配过程

本小节所提出的方法与模板匹配算法类似,需要为兴趣点和它的初始对应点构建各自的模板特征,本小节提出使用 log-Gabor 卷积结果构造一种稠密模板特征,即相位一致性卷积图(Convolution Maps of Phase Congruency,CMPC)。首先,以目标点为中心,确定一个 $L \times L$ 像素的影像窗口。随后,使用 log-Gabor 卷积结果值来构造模板特征,具体使用的是式(3-39)表达的尺度维求和后的 k 个方向的影像幅值 $A_o(x,y)$,并将它们按方向顺序沿垂直于像平面的 z 轴方向堆叠为一个影像立方体 $A(x,y,o)$,如图 3-47(b)所示。不同于仅使用了层号信息的 LGPC 特征图,原始的幅值结果包含了更丰富的影像细节结构特征,适合被作为构建稠密模板特征的基础。另外,影像立方体 $A(x,y,o)$ 在构建 LGPC 特征图时就已经得到,因此,模板特征的构建过程计算量同样很小。

然后,使用一个三维类高斯核对 $A(x,y,o)$ 进行卷积,实现邻域范围内特征值的加权计算,以削弱局部几何和辐射变化导致的畸变所造成的影响。具体地,所使用的三维类高斯核由 xy 平面上的二维高斯核 g^σ_{xy} 和 z 轴方向上的一维核 $\boldsymbol{d}_z$ 两部分组成。其中,二维高斯核 g^σ_{xy} 的直径为 d,标准差为 σ,以及直接给出一维核的值 $\boldsymbol{d}_z = [1,3,1]^{\mathrm{T}}$。该卷积过程可由式(3-41)表示:

$$A^\sigma(x,y,o) = g^\sigma_{xy} * A(x,y,o) \tag{3-41a}$$

$$\mathrm{CMPC_P}(x,y,o) = \boldsymbol{d}_z * A^\sigma(x,y,o) \tag{3-41b}$$

式中,$\mathrm{CMPC_p}(x,y,o)$ 表示初始的模板特征结果。

最后,对初始模板特征 $\mathrm{CMPC_P}$ 沿 z 轴进行归一化,以提高特征向量的鲁棒性,并得到最终的 CMPC 模板特征,具体地,使用 L2 范数进行归一化,该过程可由式(3-42)表达:

$$\mathrm{CMPC_P}(x,y,o) = \frac{\mathrm{CMPC_P}(x,y,o)}{\sqrt{\sum_{o=1}^{k} |\mathrm{CMPC_P}(x,y,o)|^2 + \varepsilon}} \tag{3-42}$$

式中,ε 是一个避免分母为零的小数。

影像窗口中所有像素的特征向量构成了目标点的模板特征,其形式是一个 3D 特征立方体。图 3-47 展示了 CMPC 模板特征的构建过程。

在完成模板特征构建之后,便可以进行模板匹配。采用 3.3.2 节中描述的三维相位相关测度 3D-PC 来完成模板匹配过程。初始匹配点对集合中仍会含有一定的粗差点,再次使用快速抽样一致算法 FSC 进行粗差剔除,得到高精度的同名点对集合。

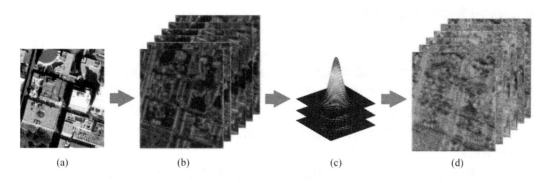

图 3-47　LGPC 特征图的生成过程,图中 $k=6$。(a)原始影像;
(b)初始模板特征 $CMPC_P$;(c)三维类高斯核;(d)CMPC 模板特征。

3.4.3　实验结果

为了验证本节提出的两步匹配法 3MRS 的优越性,实验对比了 3 种较为先进的多模态特征匹配方法:LGHD、HAPCG、RIFT。为了对比的公平性,实验中使用的是各算法原作者所提供的代码,且均使用了原作者推荐的算法参数对比算法的参数,具体参数设置及源码地址见表 3-7。本小节介绍了实验使用的数据集以及实验中评价算法性能的指标,进行了本章算法的参数学习实验并给出了推荐参数、不同算法的性能测试结果以及对实验结果的分析与讨论。

表 3-7　对比算法的具体参数设置

方法	参数设置	源码地址
LGHD	$N_s=4$、$N_o=6$、$S=100$、$n=4$	https://github.com/ngunsu/LGHD
HAPCG	K_weight=3、Max=3、threshold=0.4、scale_value=1.6、Patch_Block=42	https://github.com/yyxgiser/HAPCG-Multimodal-matching
RIFT	$N_s=4$、$N_o=6$、$J=72$、$n=4$	http://www.escience.cn/people/lijiayuan/index.html

注:参数项具体含义见原文及源码注释。

1. 实验数据集

实验中使用的是 CoFSM 数据集[9],其中包括 5 种类型的多模态影像对,分别是 optical-optical、optical-depth、optical-map、optical-SAR、day-night。由于时相不同、光照条件不同、传感器类型不同,这些多模态影像对之间存在着显著的非线性辐射差异以及一定的局部几何差异。这 6 种类型的多模态影像数据,每种都包括 10 对影像,并且数据集的制作者为每对影像都提供了由人工选择的至少 30 对高精度同名点,这些同名点对可被用于解算影像间的几何变换模型 H,H 被作为真值用于后文的评价体系当中。

2. 评价指标

为了对所提出的匹配方法进行全面、综合的测试,采用成功率(Success Ratio,SR)、正确匹配数(Number of Correct Matches,NCM)、均方根误差(Root Mean Square Error,RMSE)和运行时间等 4 个评价指标来反映算法的匹配性能。

① 成功率是指某种类型的多模态影像对数据中,成功匹配的影像对数 $N_{success}$ 与该类型的影像对总数 N_{total} 的比值。该指标反映了匹配方法对某种特定类型的多模态影像对数据的鲁

棒性,SR 的计算由式(3-43)表达。

$$SR = \frac{N_{success}}{N_{total}} \tag{3-43}$$

② 为了记录正确匹配的数量,首先使用粗差剔除后的匹配点对集合解算影像间的几何变换模型,然后设定一个残差阈值,将定位残差小于阈值的匹配点对视为正确匹配,正确匹配的数量就是 NCM。考虑多模态影像之间存在显著的非线性辐射差异,将残差阈值设置为3个像素。同时,使用仿射变换模型表达影像间的几何变换关系,因此,正确匹配数小于 3 个将被认定为匹配失败。

③ 均方根误差描述匹配的精度,RMSE 由所有正确匹配的定位误差计算得到。若正确匹配的兴趣点坐标为(x_1, y_1),它在输入影像上的匹配点坐标为(x_2, y_2),使用数据集附带的影像间几何变换模型真值 H 为(x_1, y_1)计算出一个匹配点坐标真值(x_1', y_1')。以所有正确匹配点坐标与其真值坐标误差的 RMSE 作为反映匹配精度的指标,RMSE 越小,匹配精度越高,RMSE 的计算公式如式(3-44)所示。同时,RSME 值大于 4 个像素的匹配结果将被认定为匹配失败。

$$RMSE = \sqrt{\frac{1}{NCM}\sum_{i=1}^{NCM}\left[(x_1^{i'} - x_2^i)^2 + (y_1^{i'} - y_2^i)^2\right]} \tag{3-44a}$$

$$[x_1^{i'}, y_1^{i'}, 1]^T = H \cdot [x_1^{i'}, y_1^{i'}, 1]^T \tag{3-44b}$$

④ 为了反映计算效率,同时考虑不同算法获得正确匹配点能力的差异,不仅使用了单个像对的平均运行时间 T_{pair}(由整个数据集上的运行总时间 T_{total} 和数据集中的像对数 N_{pair} 计算得到),还使用了获取单个正确匹配的运行时间 T_{match},它们的计算由式(3-45)表达。

$$T_{pair} = \frac{T_{total}}{N_{pair}} \tag{3-45a}$$

$$T_{match} = \frac{T_{total}}{\sum_i^{N_{pair}} NCM_i} \tag{3-45b}$$

3. 参数学习

本节提出的 3MRS 算法主要包括以下 7 个参数:log-Gabor 滤波器的尺度数 n 和方向数 k、DGPC-FAST 特征检测器的权重系数 τ、在 LGPC 特征图上进行直方图统计的局部影像区域边长像素数 N 和划分的子区域数 M、构建 CMPC 模板特征时二维高斯核的直径 d,以及 CPMC 模板窗口边长的像素数 L。对于高斯核,当 $r=3\sigma$ 时,曲线下盖面积约占曲线下总面积的 99.7%,当高斯核半径 d 确定后,可按照 $\sigma=d/6$ 来计算标准差,所以仅研究直径参数 d 的设置即可。

一般而言,k 越大,LGPC 特征图和 CMPC 模板特征中所包含的信息越丰富,但是也意味着计算量增大;τ 值越大,M_Φ 保留的信息越多,反之,m_Φ 保留的信息越多;N 越大,局部区域信息越多,计算量越大,M 越大,区域划分越细致,特征向量维度和计算量增加;d 越大,局部加权程度越高,可能会降低特征向量的区分度;L 越大,模板窗口内的特征信息越多,匹配效果越好,但会增加计算量。

从 CoFSM 数据集的 5 种多模态影像对数据中各取出 1 对影像,在不同的参数设置下计算本小节"2.评价指标"中 4 种指标项的平均值。具体地,使用控制变量法进行参数学习,在实验中固定其他参数,每次只变化一个参数,实验中参数设置的细节见表 3-8。参数学习实验结果见表 3-9~表 3-15。

表 3-8　实验中的参数设置详细信息表

目标参数	变量设置	固定参数
n	$n=[2,3,4,5,6]$	$k=6,\tau=0.5,N=96,M=6,d=5,L=96$
k	$k=[4,5,6,7,8]$	$n=4,\tau=0.5,N=96,M=6,d=5,L=96$
τ	$\tau=[0.1,0.3,0.5,0.7,0.9]$	$n=4,k=6,N=96,M=6,d=5,L=96$
N	$N=[60,72,84,96,108]$	$n=4,k=6,\tau=0.5,M=6,d=5,L=96$
M	$M=[2,4,6,8,10]$	$n=4,k=6,\tau=0.5,N=96,d=5,L=96$
d	$d=[3,5,7,9,11]$	$n=4,k=6,\tau=0.5,N=96,M=6,L=96$
L	$L=[60,72,84,96,108]$	$n=4,k=6,\tau=0.5,N=96,M=6,d=5$

表 3-9　参数 n 的实验结果表

指标	$k=6,\tau=0.5,N=96,M=6,d=5,L=96$				
	$n=2$	$n=3$	$n=4$	$n=5$	$n=6$
SR/%	100	100	100	100	100
NCM	2 521	2 244.17	2 051.17	1 580.5	1 311.5
RMSE/pixels	0.962	1.201	1.171	1.342	1.277
T_{pair}/s	22.171	20.943	19.471	17.730	14.681

表 3-10　参数 k 的实验结果表

指标	$n=4,\tau=0.5,N=96,M=6,d=5,L=96$				
	$k=4$	$k=5$	$k=6$	$k=7$	$k=8$
SR/%	100	100	100	100	100
NCM	2 091.33	2 041.83	2 029.33	2 033.5	1 983.5
RMSE/pixels	1.036	0.987	1.144	1.218	1.073
T_{pair}/s	17.054	18.095	19.625	20.877	22.122

表 3-11　参数 τ 的实验结果表

指标	$n=4,k=6,N=96,M=6,d=5,L=96$				
	$\tau=0.1$	$\tau=0.3$	$\tau=0.5$	$\tau=0.7$	$\tau=0.9$
SR/%	100	100	100	100	100
NCM	426.67	1 663	2 013.67	1 862.83	1 683
RMSE/pixels	1.114	1.248	1.146	1.234	1.167
T_{pair}/s	6.378	16.730	19.861	18.564	16.978

表 3-12　参数 N 的实验结果表

指标	$n=4,k=6,\tau=0.5,M=6,d=5,L=96$				
	$N=60$	$N=72$	$N=84$	$N=96$	$N=108$
SR/%	100	100	100	100	100
NCM	2 053.17	2 000.33	2 027.83	2 051.17	2 029
RMSE/pixels	1.126	1.195	1.256	1.171	1.106
T_{pair}/s	20.224	19.86	19.633	19.471	19.315

表 3-13　参数 M 的实验结果表

指标	$n=4,k=6,\tau=0.5,N=96,d=5,L=96$				
	$M=2$	$M=4$	$M=6$	$M=8$	$M=10$
SR/%	83.3	100	100	100	100
NCM	1 646.2	1 901.83	2 051.17	2 074.83	2 079.83
RMSE/pixels	1.240	1.147	1.171	0.999	1.057 83
T_{pair}/s	17.239	17.408	19.471	22.592	26.383

表 3-14　参数 d 的实验结果表

指标	$n=4,k=6,\tau=0.5,N=96,M=6,L=96$				
	$d=3$	$d=5$	$d=7$	$d=9$	$d=11$
SR/%	100	100	100	100	100
NCM	2 315.2	2 051.17	2 014	1 838.83	1 933.33
RMSE/pixels	1.021 6	1.171	1.12	1.593	1.324
T_{pair}/s	21.172	19.471	19.547	19.578	19.611

表 3-15　参数 L 的实验结果表

指标	$n=4,k=6,\tau=0.5,N=96,M=6,d=5$				
	$L=60$	$L=72$	$L=84$	$L=96$	$L=108$
SR/%	100	100	100	100	100
NCM	2 123.4	2 057.67	2 079.83	2 051.17	2 064.67
RMSE/pixels	1.25	1.269	1.337	1.171	1.084
T_{pair}/s	18.326	18.213	16.825	19.471	21.016

　　根据表 3-9～表 3-15 所展示的实验结果,可以得到以下几点关于参数设置的分析。①从表 3-9 中可以看出,随着 log-Gabor 滤波器尺度数 n 的增加,SR 始终保持为 100%,时间项在逐渐优化,RMSE 项较为稳定,但是 NCM 均在逐渐变差,为了保证点数和精度结果,同时考虑参数 n 对特征点检测有较大影响,推荐将 n 值设置为 4。②理论上来说,随着 log-Gabor 滤波器方向数 k 的增大,所提取到的影像信息增多,匹配效果应当越来越好。但是根据表 3-10 的结果,随着 k 值的增大,NCM 和 RMSE 值基本上趋于稳定,在这两项指标上没有展示出明显的性能提升,反而是随着 k 值的增大,运行时间在不断增加,所以在保证 NCM 和 RMSE 较优的情况下,则需要考虑计算效率的问题,因此,推荐将 k 值设置为 5。③参数 τ 的设置影响着特征检测时,M_{ϕ} 和 m_{ϕ} 表现的强烈程度,从表 3-11 的结果可以看出,当参数 τ 设置为 0.5 时,NCM 和 RMSE 的综合表现最好,而 τ 值太大或太小都会降低这两项指标的表现,考虑不同 τ 值得到的点数不同,运行时间项有一定差异是可以接受的,因此,推荐将 τ 值设置为 0.5。④根据表 3-12 的结果可以看出,N 值设置不同对 NCM、RMSE 和运行时间的影响很小,没有展现出明显的区别,但是为了保证粗匹配结果的稳定性,应当保持一个不太小的 N 值,因此,推荐将 N 值设置为 96。⑤参数 M 的设置影响着粗匹配过程特征向量的维度,根据表 3-13 的结果,当 M 值为 2 时的表现最差,甚至有一对影像出现了粗匹配失败,使 SR 没有达到 100%,导致了精匹配也失败,但是当 M 值设置为 4 及以上时,NCM 在缓慢增加,RMSE 趋于稳定,运行时间在不断增加,因此,综合考虑 3 项指标的表现,推荐将 M 值设置为 8。⑥根据表 3-14 的

结果可以看出,随着高斯核直径 d 的增大,NCM 和 RMSE 指标项均在变差,这是因为 d 越大,结合的局部信息就越多,降低了每个像素特征向量之间的区分度,因此,推荐将 d 设置为 3。

⑦从表 3-15 可以看出,与同类型的参数 N 的表现类似,参数 L 的增大同样没有对 NCM、RMSE 和运行时间产生太大的影响,NCM 整体上趋于稳定,RMSE 有一定的表现提升,运行时间也没有表现出明显的提升,因此,同样为了保持模板匹配的稳定性,应当为 L 设置一个不太小的值,推荐将参数 L 设置为 96。

综合上述结果与分析,给出 3MRS 算法的推荐参数设置:$n=2,k=5,\tau=0.5,N=96,M=8,d=3,L=96$。在随后的匹配性能测试中,将使用以上推荐参数设置进行实验。

4. 匹配性能测试

本小节从定性和定量两个方面对各方法的性能进行展示。首先,展示各方法的定性结果,从 CoFSM 数据集的 6 种多模态影像对数据中各取出 1 对影像进行实验结果的可视化展示。由于时相或成像机制的差异,这些影像对之间存在显著的非线性辐射差异,因此,实现这些多模态影像数据的自动匹配十分具有挑战性。图 3-48 展示了 LGHD、HAPCG、RIFT 和 3MRS 的可视化匹配结果。

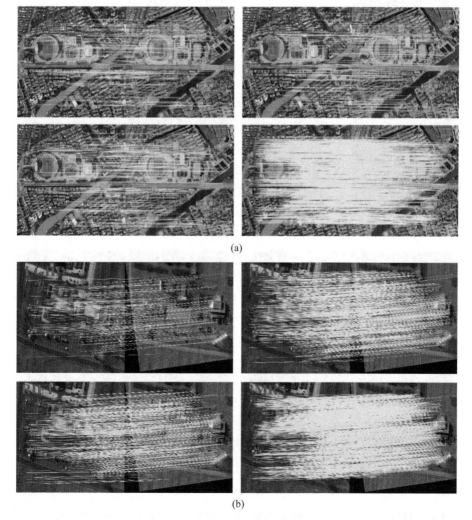

(a)

(b)

图 3-48　LGHD、HAPCG、RIFT 和 3MRS 的可视化匹配结果。(a)optical-optical 像对;(b)optical-infrared 像对;(c)optical-depth 像对;(d)optical-map 像对;(e)optical-SAR 像对;(f)day-night 像对。

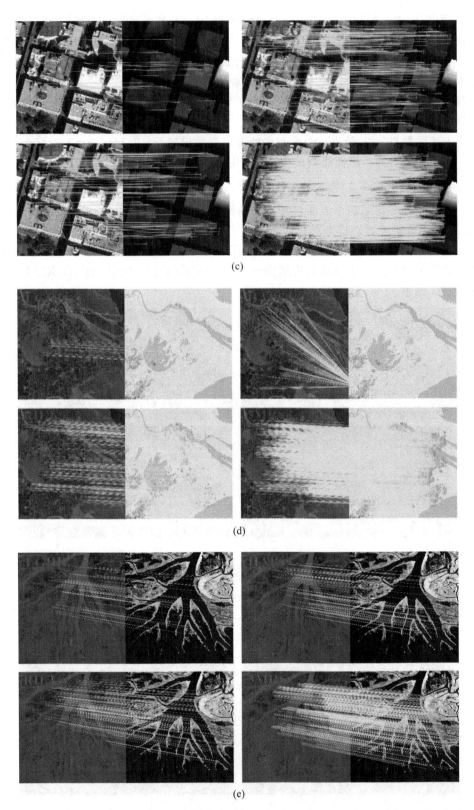

图 3-48　LGHD、HAPCG、RIFT 和 3MRS 的可视化匹配结果。(a)optical-optical 像对;(b)optical-infrared 像对;(c)optical-depth 像对;(d)optical-map 像对;(e)optical-SAR 像对;(f)day-night 像对。(续图)

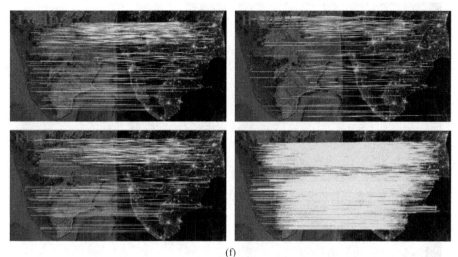

(f)

图 3-48 LGHD、HAPCG、RIFT 和 3MRS 的可视化匹配结果。
(a)optical-optical 像对；(b)optical-infrared 像对；(c)optical-depth 像对；
(d)optical-map 像对；(e)optical-SAR 像对；(f)day-night 像对。（续图）

彩图 3-48

从图 3-48 展示的结果中可以看出，从同名点对的数量和分布来说，LGHD 的匹配结果是最差的，尤其是在 optical-depth、optical-map 和 optical-SAR 3 对影像上，得到的同名点对应非常稀疏。其主要原因在于 LGHD 采用的特征点检测方法，即在原始影像上使用 FAST 检测子，对多模态影像间的非线性辐射差异的鲁棒性较差，导致特征点的重复率较低，定位精度也不高。

RIFT 和 HAPCG 在同名点对数量上的差异不明显，都得到了数量较为可观的同名点对。但从点位分布上来说，HAPCG 不如 RIFT，HAPCG 在 optical-map 影像对上出现了严重的误匹配现象，并最终给出了错误的匹配结果，HAPCG 在该影像对上匹配失败，反映出 HAPCG 在特征检测和特征描述方面稳定性较差。而 RIFT 在同名点对数上偶尔不如 HAPCG 多，比如图 3-48 中的 optical-infrared 和 optical-depth 影像对，但是 RIFT 表现出了更好的稳定性，在每种类型的影像对上都实现了成功匹配，保证了较高的匹配成功率。

从图 3-48 所展示的定性对比中可以看出，本节提出的 3MRS 方法无疑得到了最好的匹配结果，在所有 6 种类型的多模态影像对上都实现了最多的同名点对应和最均匀的点位分布。基于粗匹配得到的可信的同名点对，3MRS 计算出影像间的几何变换模型，并进一步使用模板匹配策略，将粗匹配过程中没有匹配到正确对应的兴趣点重新进行匹配，大大地提高了兴趣点的利用率，获取了比其他方法更多的正确匹配结果以及最好的点位分布均匀性。这反映出 3MRS 方法能够有效抵抗多模态影像间的非线性辐射差异，证明了本节提出的特征检测方法和从粗到精匹配策略的有效性。

在以上影像匹配结果展示的基础上，图 3-49 进一步展示出利用 3MRS 方法得到的同名点对实现影像配准和融合的效果图。图 3-49 所展示的每对影像之间，在几何上有的存在平移差异，有的存在尺度差异，有的存在旋转差异，并且它们之间均存在显著的非线性辐射差异。但是从展示的结果中可以看出，每一对影像都实现了良好的配准，并且融合效果非常清晰，没有出现任何重影现象，再次证明了 3MRS 方法能够实现高质量的影像匹配。

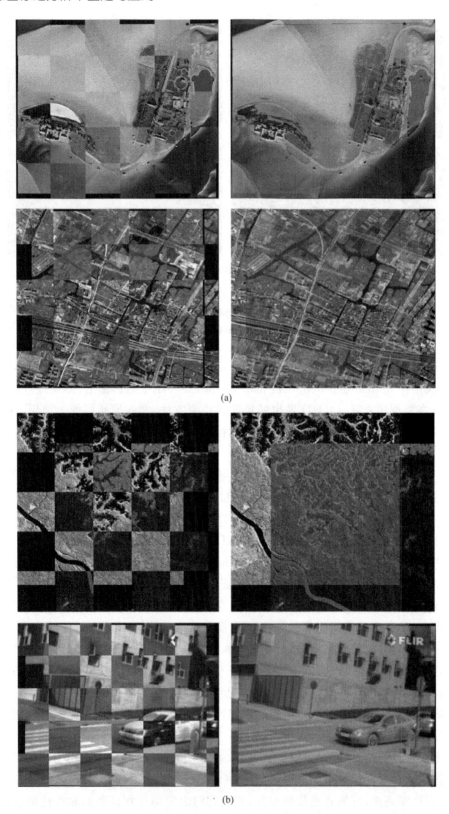

图 3-49 3MRS 的配准(第一列)和融合(第二列)结果。(a)optical-optical 像对;(b)optical-infrared
像对;(c)optical-depth 像对;(d)optical-map 像对;(e)optical-SAR 像对;(f)day-night 像对。

(c)

(d)

图 3-49　3MRS 的配准（第一列）和融合（第二列）结果。（a）optical-optical 像对；（b）optical-infrared 像对；（c）optical-depth 像对；（d）optical-map 像对；（e）optical-SAR 像对；（f）day-night 像对。（续图）

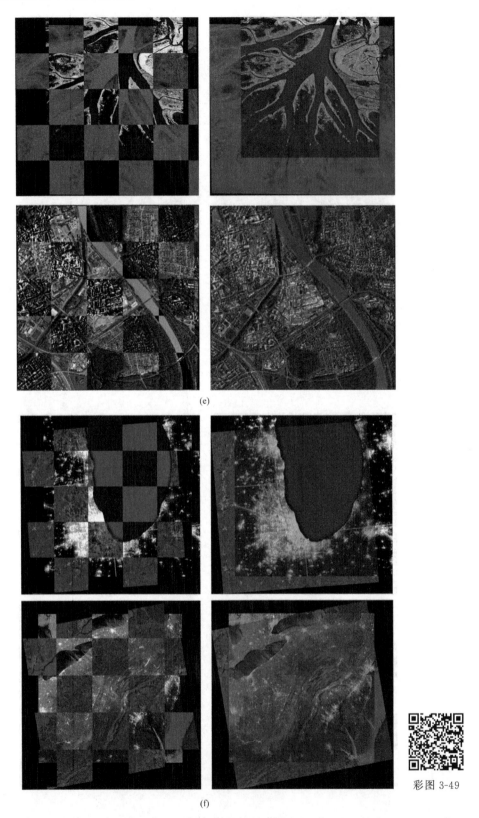

(e)

(f)

彩图 3-49

图 3-49　3MRS 的配准（第一列）和融合（第二列）结果。（a）optical-optical 像对；（b）optical-infrared 像对；（c）optical-depth 像对；（d）optical-map 像对；（e）optical-SAR 像对；（f）day-night 像对。（续图）

随后展示各方法在整个 CoFSM 数据集共 60 对影像上的定量对比结果，对各个指标项的结果依次进行展示。

表 3-16 展示了所有方法在成功率指标项上的实验结果，需要指出的是，正确匹配数 NCM 小于 3 个或者 RMSE 大于 4 像素都将被认定为匹配失败。从表 3-16 中能够看出，HAPCG 的表现最差，仅在 optical-infrared 数据集上成功匹配了所有像对，在 optical-SAR 数据集上仅成功匹配了一半的影像对，而在 optical-map 和 day-night 数据集上的表现也较差，成功率均为 70％。LGHD 的表现略优于 HAPCG，整体上多了 3 对成功匹配影像，LGHD 在 optical-optical 和 optical-depth 两种数据集上均实现了 100％ 的成功率，在 optical-map 数据集上的成功率最低，仅为 60％。但考虑 LGHD 方法的特征检测部分较为低效，能够实现表 3-16 中展示的结果也证明了 LGHD 描述子具有不错的性能。RIFT 在所有类型的数据集上的表现都明显更优，除了 optical-SAR 数据集上的成功率为 90％ 之外，在其余 5 种类型的数据集上都得到了 100％ 的成功率，反映出 RIFT 方法较为鲁棒。与其他方法相比，3MRS 的表现最好，成功匹配了数据集中的所有影像对，在多模态遥感影像匹配方面展示出了相对最好的鲁棒性。

表 3-16 成功率的实验结果表

方法	SR/％					
	optical-optical	optical-infrared	optical-depth	optical-map	optical-SAR	day-night
LGHD	100	90	100	60	70	70
HAPCG	90	100	80	70	50	70
RIFT	100	100	100	100	90	100
3MRS	100	100	100	100	100	100

图 3-50 展示了 4 种方法在正确匹配数指标上的实验结果，其中，结果被认定为匹配失败的 NCM 均被设置为 0。可以看出，整体上 LGHD、HAPCG 和 RIFT 三者的 NCM 结果曲线是比较接近的，HAPCG 的匹配失败情况是出现最多的，但是其在 optical-infrared 数据集上的表现要优于 LGHD 和 RIFT；LGHD 在 optical-depth、optical-map、optical-SAR 和 day-night 数据集上的表现明显比在其他两种数据集上的表现要差，其原因可能是这 4 种数据中影像对之间的非线性辐射差异更加显著；相比于 LGHD 和 HAPCG，RIFT 的匹配稳定性更好，在每种类型的数据集上都能稳定地获取一定数量的匹配点对。相比于上述 3 种方法，3MRS 的 NCM 表现有着非常明显的提升，具体地，3MRS 在所有成功匹配影像对上 NCM 的平均值为 1 647，该值分别是 LGHD、HAPCG 和 RIFT 方法的 6.59 倍、4.67 倍和 5.26 倍，充分证明了 3MRS 方法在获取正确匹配点对方面的有效性和性能优越性。

图 3-51 展示了 4 种方法在 RMSE 指标上的实验结果，其中，RMSE 阈值为 4 像素，结果被认定为匹配失败的像对被放置在失败线（failed line）上。3MRS、RIFT、HAPCG 和 LGHD 等方法在各自所有成功匹配像对上的 RMSE 平均值分别是 1.36 像素、2.45 像素、2.72 像素和 2.52 像素，可以看出后三者的精度水平在一个量级，而本节提出的 3MRS 方法的精度比三者中最好的 RIFT 方法优 1.09 像素，反映出 3MRS 方法在实现高精度匹配方面的优势。从图 3-51 展示的 RMSE 具体值和以上给出的 RMSE 平均值中，不难看出 HAPCG 方法的精度最低，但是其成功匹配影像对的 RMSE 值相对稳定，在这一点上，显然 LGHD 和 RIFT 方法表

现得更加稳定。从图 3-51 的结果中可以看出,3MRS 方法在每一对影像上的 RMSE 值总是最小的,大多处于 0.5~2 像素之间。尽管大多数影像的 RMSE 值都很小,但是仍有一些像对上的 RMSE 值较大,比如 optical-infrared 数据的第 10 对影像为 3.18 像素,optical-SAR 数据的第 1 和第 3 对影像分别为 2.99 像素和 2.5 像素,day-night 数据的第 1、第 2 和第 7 对影像分别为 2.4 像素、2.33 像素和 2.45 像素。对这些影像对进行检查之后发现,这些影像大都覆盖了弱纹理或缺少显著结构信息的区域,有些影像覆盖了大片的水域,也有一些影像覆盖了大片的林地,显著地提高了影像匹配的难度。

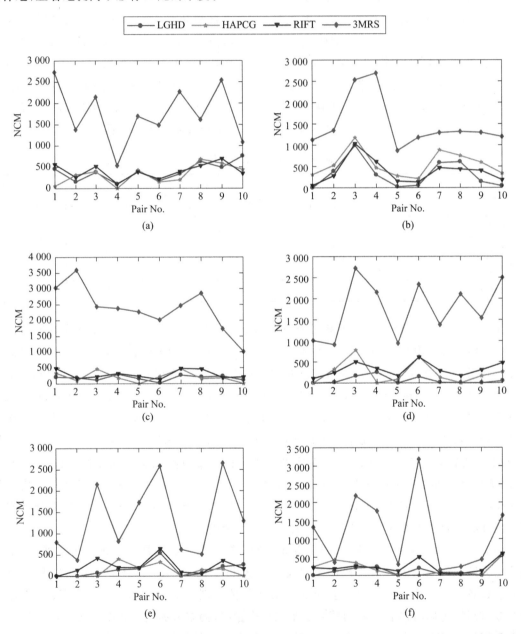

图 3-50　所有方法的正确匹配数实验结果。(a)optical-optical;(b)optical-infrared;
(c)optical-depth;(d)optical-map;(e)optical-SAR;(f)day-night。

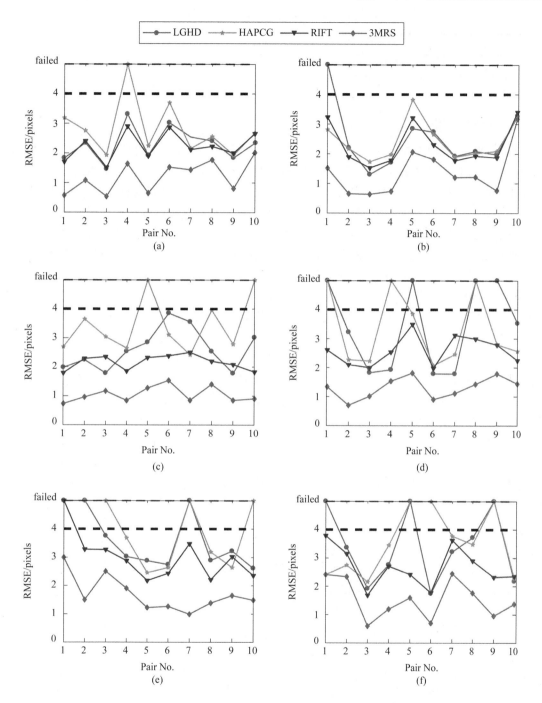

图 3-51　所有方法的 RMSE 实验结果，其中 4 像素为阈值，另设一失败线（failed line）用于放置匹配失败的像对。（a）optical-optical；（b）optical-infrared；（c）optical-depth；（d）optical-map；（e）optical-SAR；（f）day-night。

　　表 3-17 给出了所有方法在运行时间 T_{pair} 和 T_{match} 指标项上的实验结果。能够看出，无论是单个像对的 T_{pair} 还是单个正确匹配的 T_{match}，LGHD 的计算效率是最低的；RIFT 在匹配单个像对时的计算效率最高，但是其获取单个正确匹配的效率低于 3MRS；3MRS 的 T_{pair} 仅优于 LGHD 方法，但是它的 T_{match} 是最短的，仅为 11.81 ms，RIFT、HAPCG 和 LGHD 分别是其 1.63 倍、2.46 倍和 12.35 倍。

表3-17　运行时间的实验结果表

方法	LGHD	HAPCG	RIFT	3MRS
T_{pair}/s	36.59	10.29	6.02	19.46
T_{match}/ms	145.89	29.09	19.25	11.81

5. 分析与讨论

首先,根据前文中展示的定性和定量结果对各个方法的表现和可能导致其产生这种表现的原因进行分析。整体而言,LGHD、HAPCG、RIFT和提出的3MRS方法都能有效地处理多模态影像匹配问题,只不过不同方法在不同类型数据集上表现出的稳定性有所差异,得到的匹配成功率、同名点数、匹配精度和运行时间也各有不同。HAPCG的表现相比于其他3种方法要差一些,稳定性也相对较差。尽管LGHD展现出了更好的成功率,但是受限于其特征检测算法的性能,其获取正确匹配点的能力较差,这同样也限制了其匹配精度。RIFT在各项指标上的表现都优于HAPCG和LGHD,但是受限于内点率的问题,其特征点的利用率较低,另外,其匹配精度仍相对较低。相比之下,3MRS方法对各种不同类型的多模态影像数据之间的非线性辐射差异表现出了很强的鲁棒性,得到了最多的正确匹配数量以及最高的匹配精度。

HAPCG与SIFT算法的思想非常类似,但是与SIFT不同的是,HAPCG使用了相位一致性特征进行影像匹配。在特征检测阶段,是在Harris检测子构造的非线性扩散加权矩值图上完成的。在特征描述阶段,基于相位一致性模型构造特征描述向量。尽管HAPCG能够有效匹配大多数多模态影像对,但是在面对不同类型影像对之间的非线性辐射差异时,其鲁棒性和匹配精度都相对较低。另外,为了提高方法对影像旋转的可抗性,HAPCG给出了描述子主方向的计算方法,但是在很多情况下难以保证主方向计算结果的准确性,反而降低了其匹配表现。LGHD使用log-Gabor的卷积结果构造特征描述子,其特点在于对不同尺度的卷积同时构造特征描述,并将它们进行连接以生成最后的特征描述向量。LGHD算法的限制在于没有给出鲁棒性的多模态影像特征检测方法,选择直接在原始影像上进行FAST特征检测,这在具有强烈的非线性辐射差异的多模态影像数据集(optical-map、optical-SAR和day-night)上表现出了很大的劣势,显著降低了算法的效果。RIFT使用两种特征检测子PC-Harris和PC-FAST,其中,PC-FAST特征检测子对非线性辐射差异的抗性较好,为RIFT实现较好的影像匹配奠定了基础。在特征描述方面,RIFT基于相位一致性模型构造了MIM特征图,并通过分析影像间不同旋转角对MIM的影响,在不使用主方向策略的情况下实现了较好的旋转抗性。尽管RIFT得到了很高的匹配成功率,但是其匹配精度与LGHD和HAPCG位于相同的水平。与上述方法不同,3MRS使用从粗到精的匹配策略,粗匹配和精匹配两个阶段都对影像间的非线性辐射差异有很好的抗性。粗匹配阶段采用的是特征匹配的策略,主要包括特征检测和特征描述两方面。在特征检测方面,基于对多模态影像的分析,提出了比影像边缘点特征检测性能更优的DGPC-FAST检测器;在特征描述方面,提出了基于log-Gbaor卷积结果的LGPC特征图,并结合统计直方图构造了特征描述子。粗匹配的结果用于计算一个大致的几何变换模型,为精匹配阶段提供兴趣点的初始定位。在精匹配阶段,再次基于log-Gabor卷积结果构造了CMPC稠密模板特征,相比于仅含有层号信息的LGPC特征图,CMPC特征含有更多的细节结构特征,大大地提高了特征描述的能力。在这个框架之下,大量在粗匹配阶段没有找到正确匹配的特征点被重新匹配,并找到了正确对应,大大地提高了特征点的利用率和正确匹配数。最后,在高区分度的特征点、良好构建的模板特征和三维相位相关测度的共同作用下,3MRS 方法最终能够输出高精度的同名点对集合。

随后,只针对 3MRS 方法的各个部分进行讨论。首先,讨论 DGPC-FAST 特征点检测的性能优势。本节对 DGPC-FAST 特征点进行介绍时,将 DGPC-FAST 描述为对多模态影像间的边缘特征点更好的检测方法,可通过一个简单的实验来验证这一点,将 3MRS 中的 DGPC-FAST 检测器替换为 PC-FAST 检测器,并对比在每种类型数据集上的平均 NCM。表 3-18 给出了实验结果,能够看出,在只变换特征检测器的情况下,最终得到的平均 NCM 有不小的差异,DGPC-FAST 的结果明显优于 PC-FAST,并且在 optical-optical、optical-depth 和 optical-map 等 3 种数据集上尤为明显。通过对计算相位一致性最大矩和最小矩进行加权求差,得到 DGPC 特征图,在一定程度上抑制了"假角点"的出现,保留了更多的边缘特征,提高了边缘特征点在特征集合中的占比,实验结果也验证了 DGPC-FAST 性能的优越性,因此,DGPC-FATS 能够更好地保证多模态影像匹配算法的稳定性。

表 3-18 PC-FAST 和 DGPC-FAST 获取的平均 NCM 实验结果表

检测器	平均 NCM					
	optical-optical	optical-infrared	optical-depth	optical-map	optical-SAR	day-night
PC-FAST	1 352.6	1 273.8	1 950.5	1 446.2	1 176.6	991.1
DGPC-FAST	1 747.2	1 485.3	2 379.5	1 759.9	1 353.6	1 156.5

接下来,讨论粗匹配对最终结果的影响。如前文所述,精匹配过程是在粗匹配结果的基础上进行的,一般而言,模板匹配需要提供一个相对准确的初始对应点定位,使用粗匹配结果计算出的几何变换模型可以为精匹配阶段提供初始对应关系。理论上,3 对匹配点就可以计算出一对影像间的仿射变换模型,但如果粗匹配得到的同名点对小于 3 对,或者点数足够但同名点对集合中含有一些误匹配,将会导致几何变换模型无法解算或者解算出的变换模型精度很低。因此,粗匹配结果的准确性对精匹配阶段是非常重要的,需要对粗匹配阶段的结果进行评价,以判断所使用的粗匹配方法是否足够稳定。图 3-52(a)和图 3-52(b)分别给出了粗匹配阶段在所有 6 种类型数据集上的 NCM 和 RMSE 结果。能够看出,粗匹配结果是相当稳定的,NCM 最少能得到 100 对左右,最多的一对影像上得到了 1 200 对,在点数方面足以解算出影像间的几何变换模型;再看粗匹配的 RMSE 结果,能够发现粗匹配结果的 RMSE 值大都集中在 1.5~3 像素之间,只有少数几对影像的 RMSE 值大于 3 像素,这个精度的结果足以为精匹配阶段提供一个较为准确的初始定位。同时根据本节中参数学习实验的结果可知,在精匹配阶段推荐使用较大尺寸的模板窗口,使得窗口的覆盖区域足以包含正确匹配点所在位置。因此,根据上述结果和分析,所使用的粗匹配方法足够稳定,在结合其他策略以及参数设置合适的情况下,能够保证精匹配阶段的顺利运行。

由于影像覆盖地表范围可能涉及水域、林地等弱纹理困难匹配区域,匹配算法的性能难免会有所下降,例如 optical-SAR 数据集中的第 1 对影像,该像对覆盖了一个海岛及其周边海域,约 60% 的影像范围均是海水,匹配难度极大。根据图 3-52(b)可知,粗匹配阶段在该影像对上的 RMSE 大于 5 像素,实际上在本节评价指标的条件下,该结果将被认定为匹配失败。但是幸运的是,根据图 3-51(e)可知,精匹配阶段将该影像对上的 RMSE 提升到了 3 像素以内,较明显地提高了匹配精度。图 3-53(a)和图 3-53(b)分别展示了根据该像对的粗匹配和精匹配结果得到的影像配准图,能够看出粗匹配结果的配准图存在一定的偏差,而精匹配结果的配准图则是完好对齐的,反映了在粗匹配效果不佳的情况下,精匹配阶段仍能给出较好的结果。

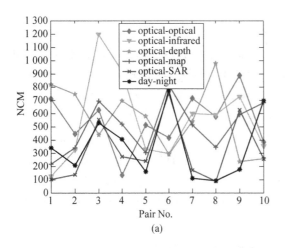 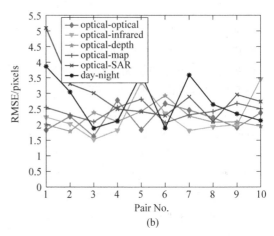

图 3-52　粗匹配阶段的 NCM 和 RMSE 结果。(a)NCM;(b)RMSE。

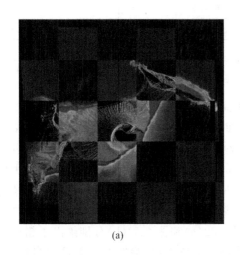 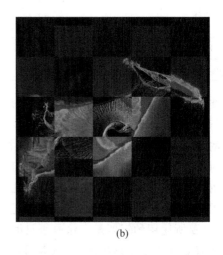

图 3-53　粗匹配和精匹配在一对 optical-SAR 影像上的配准结果。(a)粗匹配;(b)精匹配。

　　最后,讨论 3MRS 方法对影像旋转和尺度差异的抵抗能力。需要说明的是,设计 3MRS 方法的主要目的是解决多模态影像间的非线性辐射差异,并通过从粗到精的匹配策略摆脱对先验信息的依赖,但是没有专门针对影像间的旋转和尺度差异设计应对方案,这要求待处理的影像对不能存在明显的旋转和尺度差异。但是在实验中发现,3MRS 方法对影像间的旋转差异具有一定的抵抗能力,大量的实验结果表明,当影像间的旋转角小于 20°时,3MRS 方法的性能不会明显地下降。图 3-54 给出了一对 optical-infrared 影像之间存在 10°和 17°旋转角时的匹配和配准结果,能够看出,当影像间的旋转角增大时,影像间的匹配点数下降,但是所获取的点数量仍然是非常可观的,同时,在旋转角不同的情况下,仍能给出非常好的配准结果。同样,在实验中发现,3MRS 方法对影像间的尺度差异也具有一定的抵抗能力,大量的实验结果表明,当影像间的尺度比不超过1:1.4 时,3MRS 方法的性能同样不会明显地下降。图 3-55 给出了一对 optical-infrared 影像之间存在 1:1.2 和 1:1.4 尺度比时的匹配和配准结果,能够看出,当影像间的尺度差异增大时,影像间的匹配点数下降,但是所获取的点数量仍能满足几何变换模型的解算,同时,在尺度比不同的情况下,仍能给出较好的配准结果。

彩图 3-53

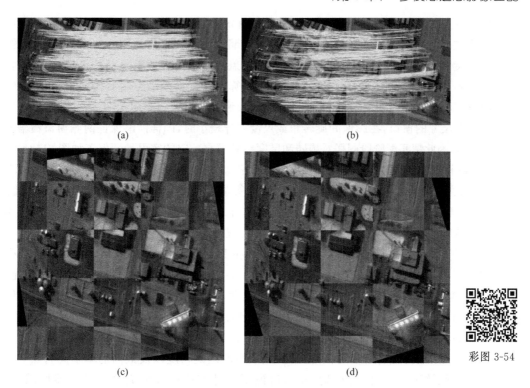

彩图 3-54

图 3-54　一对 optical-infrared 影像之间存在 10°和 17°旋转角时的匹配和配准结果。(a)10°旋转角时的匹配结果;(b)17°旋转角时的匹配结果;(c)10°旋转角时的配准结果;(c)17°旋转角时的配准结果。

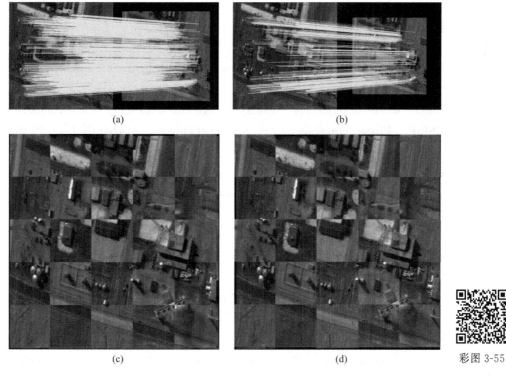

彩图 3-55

图 3-55　一对 optical-infrared 影像之间存在 1:1.2 和 1:1.4 尺度比时的匹配和配准结果。(a)1:1.2 尺度比时的匹配结果;(b)1:1.4 尺度比时的匹配结果;(c)1:1.2 尺度比时的配准结果;(d)1:1.4 尺度比时的配准结果。

3MRS 方法对影像间的旋转和尺度差异具有抗性,可能有以下两点原因:①在粗匹配过程中特征描述时使用了统计直方图技术,以一个局部区域的统计信息作为特征向量构建的基础,在影像间旋转角或尺度差异较小时,局部区域覆盖的区域内容所重叠部分仍然较多,使得粗匹配阶段能够提供一定数量的正确匹配点对,并解算几何变换模型并将其传递给精匹配;②在精匹配阶段使用了模板匹配策略,同样需要在两侧影像上各设置一个影像窗口,并且 3MRS 方法推荐设置较大尺寸的窗口,在影像间旋转角或尺度差异较小时,同样能够保证两侧窗口覆盖到较多的相同内容,因此精匹配阶段同样对旋转和尺度差异具有一定的容忍性。但正如图 3-54 和图 3-55 所展示的那样,在旋转角不超过 $10°$ 和尺度差异不超过 $1:1.2$ 时能够得到最好的影像匹配结果。

另外,在摄影测量与遥感的实际应用中,一般都会随影像带有定位定姿参数或影像 RPC 参数,因此可以大致消除影像间的旋转和尺度差异,使影像间的旋转角和尺度差异一般不会太大,所以 3MRS 方法可以很好地被应用于实际工程当中。

本节首先着重介绍了相位一致性模型 PC_1 和 PC_2;其次提出了一种从粗到精的多模态遥感影像匹配方法 3MRS,其主要由 DGPC-FAST 特征检测器、基于 LGPC 的特征粗匹配、基于 CMPC 的模板精匹配 3 部分组成;再次使用包含 6 种类型(optical-optical、optical-infrared、optical-depth、optical-map、optical-SAR、day-night)多模态影像对的 CoFSM 数据集与几种先进的多模态匹配方法 LGHD、HAPCG 和 RIFT 进行对比实验,结果表明,本节提出的 3MRS 方法具有最高的成功率、最多的正确匹配数、最高的匹配精度以及最高的单个同名点对获取效率;最后进行了综合的分析与讨论,先后讨论了各种方法的性能表现及其可能原因、GDPC-FAST 特征检测器的性能优越性、粗匹配阶段的表现和稳定性及其对最终结果的影响、3MRS 对旋转和尺度差异的抗性和可能的原因。

本节参考文献

[1] MORRONE M C, ROSS J, BURR D C, et al. Mach bands are phase dependent[J]. Nature, 1986, 324(6094): 250-253.

[2] KOVESI P. Phase Congruency Detects Corners and Edges[C]//Dicta, 2003.

[3] KOVESI P. Phase congruency: a low-level image invariant [J]. Psychological Research, 2000, 64(2): 136-148.

[4] FIELD D J. Relations between the statistics of natural images and the response properties of cortical cells[J]. Journal of the Optical Society of America, 1987, 4(12): 2379-2394.

[5] YACHIDA M. Robot vision[J]. Journal of the Robotics Society of Japan, 1992, 10(2): 140-145.

[6] LIU X, AI Y, TIAN B, et al. Robust and fast registration of infrared and visible images for electro-optical pod[J]. IEEE Transactions on Industrial Electronics, 2018, 66(2): 1335-1344.

[7] ZHANG X, HU Q, AI M, et al. A multitemporal UAV images registration approach using phase congruency[C]//2018 26th International Conference on Geoinformatics. Kunming: IEEE, 2018: 1-6.

[8] WU Y, MA W, GONG M, et al. A novel point-matching algorithm based on fast

sample consensus for image registration[J]. IEEE Geoscience and Remote Sensing Letters，2014，12(1)：43-47.

[9]　姚永祥，张永军，万一，等. 顾及各向异性加权力矩与绝对相位方向的异源影像匹配[J]. 武汉大学学报(信息科学版)，2021，46(11)：1727-1736.

3.5　以 SAR 影像为参考的光学卫星影像精准定向框架

在多模态遥感影像匹配算法研究的基础上，本节进行一项相关应用研究，使用 SAR 卫星影像作为参考数据与光学卫星影像进行控制点匹配，目的是充分利用 SAR 卫星影像和光学卫星影像在几何定位方面的互补能力，实现光学影像的高精度几何定向。

地形图测绘作为摄影测量与遥感领域中一项非常重要的工作，其主要是以光学卫星影像作为数据源完成的。然而，传统的光学卫星影像几何定向方法需要以地面控制点为基础，而在如我国西部地区或境外地区等地，地面控制点的测量难以实施。综合利用多类型传感器数据在几何定位精度方面的互补性，是一种实现光学卫星影像高精度几何定向非常具有潜力的解决方案[1]，对于促进快速准确的全球地形图测绘工作大有裨益。

严密传感器模型（Rigorous Sensor Model，RSM）和有理函数模型（Rational Function Model，RFM）是用于建立光学影像像方坐标系与地面的物方坐标系之间几何对应关系的两种常用模型[2]。RFM 使用的有理多项式系数（Rational Polynomial Coefficients，RPCs）是由 RSM 生成的，因此 RFM 的几何定位精度通常与 RSM 相同或略低于 RSM[3]。然而，相比于包含大量传感器内外参数的 RSM，RFM 具有更好的通用性，能更容易地应用于不同的光学卫星。由于对卫星在空间中的位置和姿态的不精确测量，光学卫星影像很难直接得到较高的几何定位精度。对卫星在空间中的位置测定通常是使用 GNSS（Global Navigation Satellite System）来完成的，对卫星姿态的测定通常是使用星敏感器和陀螺仪来完成的。对空间位置的测量精度显著高于对卫星姿态的测量精度，因此，卫星姿态角的测量误差是导致光学卫星数据可能出现几何定位方面不准确的主要原因[4]。通常来说，对卫星进行定期的在轨几何检校[5]和使用外部控制信息[6]是提高光学卫星影像几何定位精度的两种典型方法。在实际应用中，外部控制信息可由传统的实测地面控制点提供[7-9]，也可由已有的地形图或者正射影像图来提供[10-11]。实测地面控制点的方式需要花费大量人力并且限制较多，在比如西部无人区、境外地区等区域难以实施或无法实施。相比之下，使用参考影像的方法则会更加简单高效[12]，然而在大部分情况下，目标区域的参考影像的获取同样非常困难，限制了该方式的应用。

SAR 卫星作为一种主动式的遥感卫星，它的成像原理和数据获取方式都与光学卫星非常不同。SAR 卫星主动向地面发射电磁波，并以侧视的方式（一般与垂向有 $20°\sim60°$ 的夹角）沿飞行路径接收地面物体反射的后向散射信号。在后处理过程中，脉冲压缩技术被用于提高距离向分辨率，合成孔径技术被用于模拟等效大孔径天线以提高方位向分辨率，因此，SAR 卫星影像一般具有很高的空间分辨率[13]。例如：TerraSAR-X 卫星聚束模式的空间分辨率能达到 $1.5\,m\times1.5\,m$，在条带模式下能达到 $3\,m\times3\,m$[14]；GF-3 卫星聚束模式的空间分辨率能达到 $1\,m\times1\,m$，在条带模式下能达到 $3\,m\times3\,m$[15]；TH-2 卫星条带模式的空间分辨率同样能达到 $3\,m\times3\,m$[16]。得益于雷达天线发射的近似球面波和 SAR 卫星的距离测量原理，SAR 卫星的几何定位精度对卫星姿态不敏感，另外，精确的轨道定轨技术和大气校正程序使 SAR 卫星影像具有很高的几何定位精度。SAR 卫星在定位过程中主要依靠的是卫星的速度、位置、多普勒、斜距参数、地表高程和椭球参数等,在这些参数被精确测量的前提下,SAR 影像的定位精度将会极高[17]。Bresnahan 等[18]使用 13 个地面测站评估了 TerraSAR-X 影像的绝对定位精度,结果表明,聚束模式和条带模式的 RMSE 值分别为 1 m 和 2 m。Eineder 等[19]验证了 TerraSAR-X 影像在方位向和距离向的几何定位精度都能达到 1 个像元,甚至特定地面目标的精度能达到厘米级水平。楼良盛等[16]使用分布在中国和澳大利亚的地面检校场研究了 TH-2 卫星的绝对定位精度,结果显示 RMSE 优于 10 m。表 3-19 给出了国际常用 SAR 卫星在业务化成像模式下的平面定位精度信息[17]。

表 3-19 国际常用 SAR 卫星在业务化成像模式下的平面定位精度信息[17]

卫星	发射时间	业务化成像模式	分辨率/m(距离向×方位向)	定位精度/m
Seasat	1978	Stripmap Scanning	25×25	25.0
ERS	1991	Imaging mode	25×5	10.0
Radarsat-1	1995	Standard	25×28	17.0
SRTM	2000	ScanSAR	30×30	13.0
Envisat	2002	Img 和 AP	28×28/29×30	9.0
ALOS-PALSAR	2006	FBD	14～88×14～88	10.0
TerraSAR-X	2007	Stripmap	3×3	2.0
Radarsat-2	2007	Standard	25×28	6.0
COSMO-SkyMed	2007	Stripmap	3×3	4.0
Sentinel-1	2014	Interferometric wide swatch mode	5×20	2.0
GF-3	2016	精细条带Ⅱ	10×10	13.0
TH-2	2019	条带模式	3×3	—

考虑 SAR 数据具有很高且稳定的绝对定位精度,它可以被作为一种可信的数据源为光学卫星影像的几何定向提供控制信息,并且 SAR 卫星数据在全球大部分区域都易于获取。与使用正射影像图提供控制信息的方式相同,需要在待定向的光学卫星影像和 SAR 参考影像之间找到一些连接点,这些连接点被作为虚拟控制点来提高光学卫星影像的定向精度[20-21]。Reinartz 等[22]使用一种自适应互信息方法来匹配光学和 SAR 卫星影像,将得到的匹配点用于优化原始光学影像的 RPC 参数。结果显示,光学卫星影像的几何定位精度被提高到 10 m 以内。然而,他们所使用的方法没有考虑复杂地形,并且不能使用多张 SAR 影像同时作为参考。Merkle 等[23]使用了大量预先配准的 TerraSAR-X 和 PRISM 影像数据集训练了一个孪生神经网络,并将其用于在光学和 SAR 影像之间提取同名点。得到的匹配点被用于优化传感器模型,进而提高几何定位精度。然而,该方法不能处理光学卫星影像和 SAR 影像之间存在大偏移的情况,并且由于 GPU 内存的限制,该方法无法直接处理原始尺寸的卫星影像数据。

光学和 SAR 卫星在成像原理、成像视角和成像波段等方面都有很大的差异,这导致光学和 SAR 影像的自动匹配问题变得非常具有挑战性。具体地,首先,SAR 卫星以侧视的方式获取数据,这会导致影像出现几种典型的几何畸变,如透视收缩、叠掩和阴影,尤其是在地形起伏较大的区域;而光学卫星则以近似垂直或者极小的固定角度进行对地观测,因此,一些具有一定高度的地物在光学和 SAR 卫星影像上会有不同的成像表现。其次,光学和 SAR 传感器工作在不同的电磁波段,雷达信号的波长在厘米级水平,而可见光信息的波长在纳米级,这两种不同波长的电磁波编码了地物属性的不同层面,导致同一地物在光学和 SAR 影像之间表现出了显著的辐射差异。另外,地物表面的粗糙度和反射特性都将对回波信号产生影响,而且 SAR 影像还会受到散斑噪声的显著影响,进一步增大了与光学影像的匹配难度。

在对多模态影像匹配算法进行研究的基础上,本节进一步提出以 SAR 正射影像为参考的光学原始影像精准几何定向框架。具体地,首先收集研究区域中所有可用的 SAR 参考影像,并将待定向的光学影像与之进行重叠检测,判断它们是否满足进行定向的重叠度条件,收集具有较大重叠度的 SAR 影像,形成参考影像集合;随后,为目标光学影像及其参考影像集合中的 SAR 影像生成影像金字塔,并使用 SAR-Harris 特征检测器在参考影像上检测特征点,为保证特征点分布的均匀性和较高的区分性,使用了基于分块的特征检测策略;然后,对特征点进行坐标转换得到对应的地面点坐标,并将地面点投影到光学影像上,光学影像上的点位被作为特征点的初始对应,以此为基础计算局部影像区域的 AWOG 模板特征,并对匹配点位置进行精化;进一步,对得到的匹配点对集合进行粗差剔除,将剩余的匹配点对作为虚拟控制点;最后,将目标光学卫星影像和虚拟控制点作为输入,基于 RFM 进行平差,优化光学影像的 RPC 参数,实现光学影像的基准几何定向。

3.5.1 定向框架

本小节介绍光学卫星影像精准几何定向框架,并详细介绍每一环节所用到的技术,图 3-56 展示了本小节所提出的光学卫星影像精准几何定向框架流程图。

1. 光学卫星影像与 SAR 影像的重叠检测

在定向处理之前,预处理的首要工作是在待定向的目标光学影像与研究区域中所有 SAR 参考影像之间进行重叠检测,即找到与目标光学影像具有一定重叠度条件的 SAR 影像。

对于重叠检测,最直观的做法是获取每幅影像四角的地面坐标,并判断它们之间的关系。对于本小节来说,所使用的 SAR 影像均是正射影像图,在给定某点像素坐标的情况下,可以根据影像自身的元数据计算出该点在对应的投影坐标系下的投影坐标,再进行一次坐标转换,可以得到在对应的地理坐标系下的地理坐标,至此便得到了目标像素点以经纬度表示的地面坐标。

对于光学原始影像,有两种方式可以获取影像四角的大致地面坐标。第一种方式是直接从影像附带的后缀名为 .xml 的文件中读取影像的四角地面坐标(如图 3-57 所示),这种方式非常简单快速,不需要任何计算。第二种方式是利用 RFM 和影像的原始 RPC 参数,从影像中获取四角的像素坐标,从 RPC 文件中读取高程偏移量参数 HEIGHT_OFF 并将其作为区域的平均高程,从而可以利用 RFM 反算出影像四角的经纬度坐标。另外,在具有区域 DEM 的情况下,可进一步以单光线交会的方式迭代优化四角地面坐标。

在得到 SAR 参考影像和光学原始影像对应的地面范围之后,便可判断它们之间是否存在重叠,图 3-58 展示的几种情况都将被判定为影像间存在重叠。考虑不同传感器获取的影像面幅相差较大,即使是同类型的传感器其面幅也是不同的,如 GF-1 和 GF-2、TerraSAR-X 和 GF-3 等。本小节所提出的框架使用的是多底图的策略,应尽可能多地利用参考底图信息,将与光学影像的重叠部分不低于光学影像面幅 20% 的 SAR 影像作为目标光学影像的参考影像数据集。

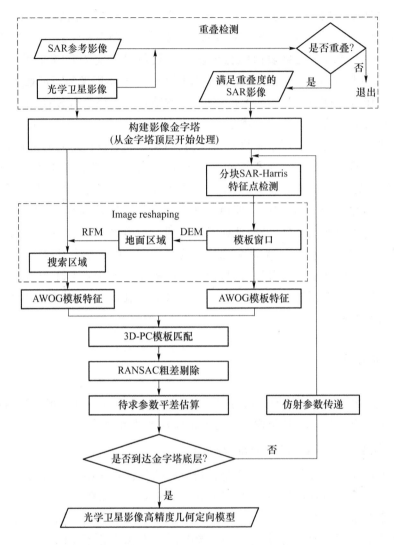

图 3-56　光学卫星影像精准几何定向框架流程图

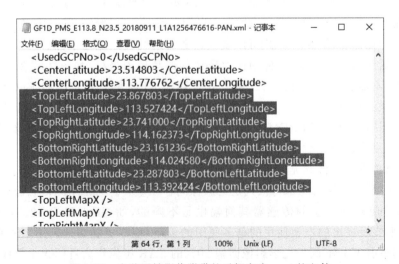

图 3-57　光学原始影像附带的后缀名为.xml 的文件

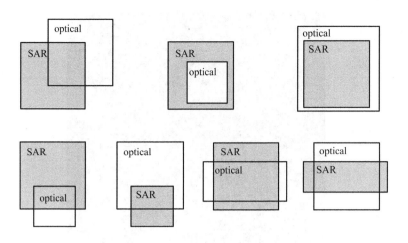

图 3-58　存在重叠的影像位置关系

2. 影像金字塔构建及特征点提取

在完成重叠检测之后,为目标光学影像和其对应的参考影像集合中所有 SAR 影像构建影像金字塔,并以分块 SAR-Harris 算子在参考影像上检测特征点。

为增大影像匹配时的搜索范围,同时提高计算效率,为光学影像和其参考数据集中的所有 SAR 影像构建影像金字塔。若光学影像与 SAR 影像的分辨率差异不超过 2 倍,一般构建 4 层金字塔影像(如图 3-59 所示),层级间缩放比为 2,若分辨率差异大于 2 倍,则根据差异倍数为高分辨率影像增加一定的金字塔影像层数,并建立查找表以保证在分辨率差异较小的层级间进行影像匹配。从金字塔顶层开始执行后续步骤,为顶层影像设置较大的窗口影像以计算待求参数的初值,同时为低层级影像提供较准确的匹配初始定位。

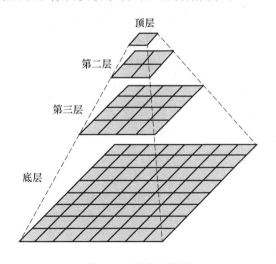

图 3-59　影像金字塔

随后,使用 SAR-Harris 特征检测器在不同金字塔影像层级的 SAR 参考影像上检测显著特征点。另外,结合 3.2.1 节的基于影像分块的特征点检测策略,以保证特征点分布的均匀性,图 3-60 展示了在一幅 TerraSAR-X 影像局部区域上的特征点检测结果。

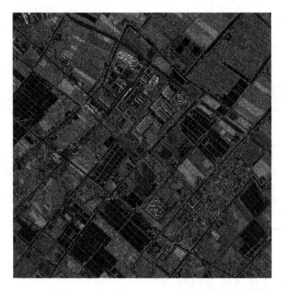

彩图 3-60

图 3-60 分块 SAR-Harris 特征点检测结果

3. 结合地形信息的影像匹配

由于光学原始影像和参考 SAR 影像之间存在很大的几何差异,因此首先需要进行 Image-Reshaping 操作(如图 3-61 所示),来大致消除影像间的旋转和尺度等显著几何差异。首先,以 SAR 参考影像上的特征点为中心设置一个正方形模板窗口,结合影像自身元数据和研究区域 DEM(本节使用 SRTM),得到窗口影像对应的地面区域;其次,利用 RFM 和光学影像 RPC 参数将地面区域投影到目标光学影像上,得到粗略的初始对应区域;最后,建立目标光学影像上初始对应区域和 SAR 参考影像上标准方形窗口之间的仿射变换模型,并根据该变换模型对初始对应区域按照双线性插值的方式进行影像重采样,大致消除两影像区域之间的旋转和尺度等显著几何差异,得到同为标准方形窗口的搜索区域。

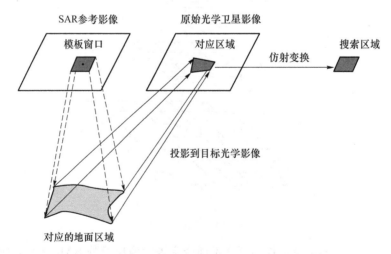

图 3-61 Image-Reshaping 操作

构建 SAR 参考影像上模板窗口和目标光学影像上搜索区域的 AWOG 模板特征,并使用 3D-PC 完成模板匹配,得到初始匹配点对集合,利用 RANSAC 算法进行粗差剔除,得到最终的匹配点对集合。

4. 基于 RFM 的仿射变换补偿模型及平差模型

基于 RFM 的仿射变换补偿模型被用于更新光学影像的原始 RPC 参数,以提高光学影像的定向精度[24],该过程是通过以多幅 SAR 影像为参考的区域网平差完成的。仿射变换补偿模型被广泛应用于高分辨率光学卫星影像 RPC 参数的偏差补偿,该模型可以表达如下:

$$\begin{cases} \Delta x = a_0 + a_1 x_0 + a_2 y_0 \\ \Delta y = b_0 + b_1 x_0 + b_2 y_0 \end{cases} \tag{3-46}$$

式中:x_0 和 y_0 是目标光学卫星影像上匹配点的列坐标和行坐标;a_i 和 $b_i (i = 0,1,2)$ 是待求的仿射变换补偿模型参数;特别地,a_0 和 b_0 分别补偿影像列和行方向上的误差,这两项误差分别由 CCD 线阵传感器扫描方向上和卫星运行方向上的位姿测量误差引起;a_2 和 b_1 分别补偿由惯性导航系统和星载 GNSS 漂移误差所导致的影像误差;a_1 和 b_2 补偿由内定向参数误差所导致的影像误差。

为了得到 SAR 参考影像上的特征点 p 在光学卫星影像上的初始对应位置,首先需要得到以经纬度表示的特征点的地理坐标,可以按照下式计算:

$$\begin{cases} (\lambda^p, \phi^p) = \text{proj2geo}(x_{\text{proj}}^p, y_{\text{proj}}^p) \\ x_{\text{proj}}^p = x_{\text{proj}}^{\text{ul}} + \text{Re}_s^x \cdot x_s^p \\ y_{\text{proj}}^p = y_{\text{proj}}^{\text{ul}} + \text{Re}_s^y \cdot y_s^p \end{cases} \tag{3-47}$$

式中:x_s^p 和 y_s^p 分别是 SAR 影像上 p 点的列和行坐标;索引 s 表示 SAR 影像场景;(λ^p, ϕ^p) 是 p 点对应的经纬度坐标;$(x_{\text{proj}}^p, y_{\text{proj}}^p)$ 是 p 点对应的投影坐标;proj2geo($\cdot$)表示一个坐标转换函数,用于将点位坐标从投影坐标系转换到参考地理坐标系;$(x_{\text{proj}}^{\text{ul}}, y_{\text{proj}}^{\text{ul}})$ 表示 SAR 参考影像上左上角点的投影坐标;Re_s^x 和 Re_s^y 分别表示 SAR 参考影像列和行方向上的分辨率。

在得到 SAR 参考影像上的特征点对应的地理坐标之后,可以根据研究区域的 DEM 得到对应的点位高程,并根据影像的 RPC 参数结合 RFM 模型将点位投影到光学影像上,得到对应的影像坐标,该过程可由如下公式表示:

$$\begin{cases} \bar{x}_{\text{oc}}^p = \text{RPC}_x(\bar{\lambda}^p, \bar{\phi}^p, \bar{h}^p) \\ \bar{y}_{\text{oc}}^p = \text{RPC}_y(\bar{\lambda}^p, \bar{\phi}^p, \bar{h}^p) \end{cases} \tag{3-48}$$

式中:$(\bar{x}_{\text{oc}}^p, \bar{y}_{\text{oc}}^p)$ 是由 RFM 前向计算得到的 p 点在光学影像上的归一化像素坐标;索引 o 表示光学影像场景;索引 c 表示由计算得到;$(\bar{\lambda}^p, \bar{\phi}^p, \bar{h}^p)$ 是 p 点的归一化物方坐标。

对于光学影像上的每一个影像点 p,通过结合式(3-46)和式(3-49),可以得到如下表示的区域网平差模型:

$$\begin{cases} v_x^p = -x_{\text{om}}^p + x_{\text{oc}}^p + \Delta x \\ v_x^p = -y_{\text{om}}^p + y_{\text{oc}}^p + \Delta y \end{cases} \tag{3-49}$$

式中:x_{om}^p 和 y_{om}^p 表示由影像匹配得到的点 p 在光学影像上的列和行坐标;索引 m 表示由匹配得到;x_{oc}^p 和 y_{oc}^p 表示由 RFM 前向计算得到的点 p 在光学影像上的非归一化列和行坐标。

最后,通过最小二乘平差得到待求仿射变换参数 a_i 和 b_i 最优估计值。时刻检查当前的处理状态,如果已经完成了金字塔底层影像的计算,最终的仿射变换参数与原始的 RPC 参数将被一起输出作为光学卫星影像的定向结果。否则,将当前金字塔层级计算的仿射参数结果传递到下一金字塔层级,直到完成金字塔底层影像的计算。

3.5.2 实验结果

1. 测区描述和实验数据集

为了评估所提出的基于 SAR 参考影像的光学卫星影像精准几何定向框架的性能和有效性,以广州市及其周边地区作为研究区域进行实验。如图 3-62 所示,研究区南北长约 170 km,东西宽约 140 km。研究区的西部和西南部区域较为平坦,南部为珠江入海口,其余部分为山区,中部山区的平均海拔在 200~500 m,东北山区的最大高差接近 1 200 m。

彩图 3-62

图 3-62 研究区域(黄色长方形覆盖范围)和参考 SAR 影像覆盖的区域(红色多边形覆盖范围)

将以 TerraSAR-X 卫星影像制作的正射影像图作为参考影像,其空间分辨率为 5 m,且平面定位精度优于 5 m。待定向的光学卫星影像为分别来自 GF-1、GF-2 和 ZY-3 卫星的全色影像,经过人工测量,它们与参考影像的位置差异可达 99~260 m。实验影像的数量和详细信息见表 3-20。此外,使用 30 m 分辨率的 SRTM 提供高程信息。

表 3-20 实验中所使用影像的详细信息

类型	传感器	GSD/m	日期	数量	平均尺寸/Pixels
SAR 参考影像	TerraSAR-X	5	2017.09	12	7 737×9 235
原始光学卫星影像	GF-1	2	2018.09	4	40 124×39 872
	GF-2	1	2016.11	4	29 428×28 000
	ZY-3	2	2017.12	3	30 422×30 016

注:同一传感器获取的图像尺寸可能略有不同,因此使用表中的平均尺寸表示。

SAR 参考图像和光学卫星图像的分布如图 3-63 所示。观察图 3-63 可以看出 SAR 参考影像在研究区中部偏上区域覆盖情况最好,在东南部区域有部分参考影像空缺,参考影像既有升轨影像也有降轨影像。4 景 GF1 影像覆盖到了研究区域中所有可用的参考影像,其中编号为 GF-1-1 及 GF-1-3 的影像有小部分区域无参考信息,编号为 GF-1-2 及 GF-1-4 的影像有三分之一左右区域无参考信息。4 景 GF2 影像覆盖到研究区域的中西部地区,这 4 景影像在各自面幅范围内均不存在无参考信息的情况。3 景 ZY3 影像也覆盖到研究区域的中西部地区,编号为 ZY-3-1 的影像有三分之一左右区域无参考信息,编号为 ZY-3-2 和 ZY-3-3 的影像有小部分区域无参考信息。

(a)　　　　　　　(b)　　　　　　　(c)　　　　　　　(d)

图 3-63　SAR 参考影像的分布和光学卫星影像的分布及编号。
(a)SAR 参考影像的分布；(b)GF-1 影像的分布及编号；
(c)GF-2 影像的分布及编号；(d)ZY-3 影像的分布及编号。

彩图 3-63

2. 几何定向表现及结果分析

对于实验中的参数设置，AWOG 模板特征的参数设置使用 3.3.3 节中推荐的参数，模板窗口设置为 61×61 像素。此外，对于定向过程中所设置的一些参数，将顶层金字塔影像上的模板窗口尺寸设置为 121×121 像素，RANSAC 迭代次数和粗差阈值分别为 2 000 像素和 3 像素。

图 3-64 显示了光学卫星影像 GF-1-3 与其所有可用的 SAR 参考影像之间的匹配点对。图 3-64(a)～图 3-64(g)展示了每幅 SAR 影像上的匹配点，图 3-64(h)展示了 GF-1-3 上所有对应的匹配点，其中点的颜色表示与不同参考影像的对应关系。从图 3-64(h)中可以看出，光学影像不仅得到了大量的匹配点，而且在整个影像范围中分布均匀，使它们成了良好的虚拟控制点（VCPs）。

彩图 3-64

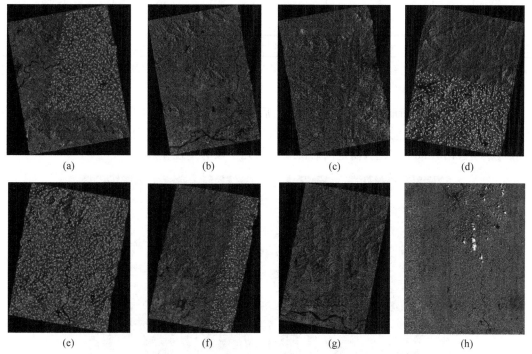

(a)　　　　　　(b)　　　　　　(c)　　　　　　(d)

(e)　　　　　　(f)　　　　　　(g)　　　　　　(h)

图 3-64　在 GF-1-3 影像和其对应的 SAR 参考影像上所获取的匹配点结果。
(a)～(g)为各 SAR 参考影像上的匹配点位；(h)为 GF-1-3 影像上的对应点位。

表 3-21 给出了详细的定量结果。从指标项 NO 可以看出,每幅光学卫星影像都获取到了大量的 VCPs。影像 GF-1-3 得到了最多的 VCPs,有 9 046 对,其影像范围中主要覆盖的是山区。此外,经过定向后,SAR 参考影像与光学卫星影像上对应位置的坐标差异被约束在 0.81~1.68 像素之间,对应到物方空间为 4.1~8.4 m,考虑 SAR 参考影像的几何定位精度优于 1 像素,光学卫星影像的几何定位精度得到了显著提高。此外,本小节所提出的方法具有很高的效率,GF-2-1 图像的处理时间仅为 33.15 s。通常情况下,运行时间会随着参考影像数量的增加而增加。例如,影像 GF-1-1 的处理时间比影像 GF-1-4 短,尽管 GF-1-1 在有 6 幅参考影像的情况下为 GF-1-1 获取了更多的 VCPs,而影像 GF-1-4 则有 7 幅参考影像。特别地,影像 GF-1-3 也有 7 幅参考影像,它的运行时间为 98.18 s,计算效率仍然很高。

表 3-21 所有实验影像的定量实验结果

影像名	Nr	No	RMSE/Pixels	t/s
GF-1-1	6	6 883	1.05	87.89
GF-1-2	5	4 794	1.18	73.79
GF-1-3	7	9 046	0.86	98.18
GF-1-4	7	5 799	0.93	93.07
GF-2-1	2	897	1.67	33.15
GF-2-2	3	923	1.61	43.98
GF-2-3	3	1 581	1.45	42.88
GF-2-4	3	1 469	1.68	43.47
ZY-3-1	3	2 310	1.06	45.91
ZY-3-2	5	5 216	0.81	67.54
ZY-3-3	6	5 269	1.10	78.31

注:Nr 表示可用的 SAR 参考影像的数量;No 表示输出的 VCPs 的数量;RMSE 表示经过几何定向处理后的光学影像与 SAR 参考影像之间的定位误差;t 表示运行时间。

图 3-65 展示了定向前(a)、(c)、(e)与定向后(b)、(d)、(f)的光学卫星影像和对应 SAR 参考影像的配准棋盘图。能够看出,光学卫星影像和 SAR 图像在定向前的位置差异非常大,GF-2 影像达到了 200 m 以上,而定向后两幅影像几乎没有定位差异。

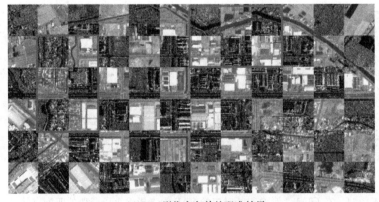

(a) GF-1影像定向前的配准结果

图 3-65 定向前后的光学卫星影像与 SAR 参考影像的配准棋盘格图

(b) GF-1影像定向后的配准结果

(c) GF-2影像定向前的配准结果

(d) GF-2影像定后前的配准结果

(e) ZY-3影像定向前的配准结果

图 3-65 定向前后的光学卫星影像与 SAR 参考影像的配准棋盘格图(续图)

(f) ZY-3 影像定向后的配准结果

彩图 3-65

图 3-65　定向前后的光学卫星影像与 SAR 参考影像的配准棋盘格图(续图)

　　本节提出了一种基于多幅 SAR 参考影像的光学卫星影像精准几何定向的通用框架。值得注意的是,将使用基于多模态匹配算法在光学卫星影像和 SAR 影像间获得的匹配点对作为虚拟控制点,用于优化初始 RPC 参数,完成影像几何定向。以 12 幅 TerraSAR-X 影像作为参考数据,使用所提出的定向框架对 4 幅 GF-1 影像、4 幅 GF-2 影像和 3 幅 ZY-3 影像进行定向实验,实验结果验证了所提定向框架的有效性。从 SAR 参考影像中获得的 VCPs 数量充分且分布均匀,对于影像面幅较大的 GF-1 图像,最多获得了超过 9 000 个 VCPs,对于影像面幅相对较小的 GF-2 影像,仍然获得了最少 897 个分布良好的 VCPs。定向结果显示,所有的光学卫星影像的定位精度均得到了提高,与 SAR 参考影像间的位置误差从最多 260 m 左右提高到了 10 m 以内。此外,所提出的定向框架具有非常高的计算效率,在一般的工作站配置下,处理一幅影像的最短时间约为 33 s,最长的不到 100 s,非常适用于实际应用。

本节参考文献

[1]　ZHU Q, JIANG W, ZHU Y, et al. Geometric accuracy improvement method for high-resolution optical satellite remote sensing imagery combining multi-temporal SAR imagery and GLAS data[J]. Remote Sensing, 2020, 12(3): 568.

[2]　TAO C V, HU Y. A comprehensive study of the rational function model for photogrammetric processing[J]. Photogrammetric Engineering and Remote Sensing, 2001, 67(12): 1347-1357.

[3]　FRASER C S, HANLEY H B. Bias-compensated RPCs for sensor orientation of high-resolution satellite imagery[J]. Photogrammetric Engineering & Remote Sensing, 2005, 71(8): 909-915.

[4]　WANG M, CHENG Y, CHANG X, et al. On-orbit geometric calibration and geometric quality assessment for the high-resolution geostationary optical satellite GaoFen4[J]. ISPRS Journal of Photogrammetry and Remote Sensing, 2017, 125: 63-77.

[5]　WANG M, YANG B, HU F, et al. On-orbit geometric calibration model and its

applications for high-resolution optical satellite imagery[J]. Remote Sensing，2014，6(5)：4391-4408.

[6] BOUILLON A，BERNARD M，GIGORD P，et al. SPOT 5 HRS geometric performances：using block adjustment as a key issue to improve quality of DEM generation[J]. ISPRS Journal of Photogrammetry and Remote Sensing，2006，60(3)：134-146.

[7] LI R，DESHPANDE S，NIU X，et al. Geometric integration of aerial and high-resolution satellite imagery and application in shoreline mapping[J]. Marine Geodesy，2008，31(3)：143-159.

[8] TANG S，WU B，ZHU Q. Combined adjustment of multi-resolution satellite imagery for improved geo-positioning accuracy[J]. Isprs Journal of Photogrammetry & Remote Sensing，2016，114：125-136.

[9] CHEN D，TANG Y，ZHANG H，et al. Incremental factorization of big time series data with blind factor approximation[J]. IEEE Transactions on Knowledge and Data Engineering，2019，33(2)：569-584.

[10] CLÉRi I，PIERROT-DESEILLIGNY M，VALLET B. Automatic georeferencing of a heritage of old analog aerial photographs［J］. ISPRS Annals of the Photogrammetry，Remote Sensing and Spatial Information Sciences，2014，2：33-40.

[11] PEHANI P，ČOTAR K，MARSETIČ A，et al. Automatic geometric processing for very high resolution optical satellite data based on vector roads and orthophotos[J]. Remote Sensing，2016，8(4)：343.

[12] MÜller R，KRAUß T，SCHNEIDER M，et al. Automated georeferencing of optical satellite data with integrated sensor model improvement［J］. Photogrammetric Engineering & Remote Sensing，2012，78(1)：61-74.

[13] ZEBKER H A，GOLDSTEIN R M. Topographic mapping from interferometric synthetic aperture radar observations［J］. Journal of Geophysical Research：Solid Earth，1986，91(B5)：4993-4999.

[14] WERNINGHAUS R，BUCKREUSS S. The TerraSAR-X mission and system design［J］. IEEE Transactions on Geoscience and Remote Sensing，2009，48(2)：606-614.

[15] 张庆君. 高分三号卫星总体设计与关键技术[J]. 测绘学报，2017，46(3)：269-277.

[16] 楼良盛，刘志铭，张昊，等. 天绘二号卫星工程设计与实现[J]. 测绘学报，2020，49(10)：1252-1264.

[17] 李涛，唐新明，高小明，等. SAR 卫星业务化地形测绘能力分析与展望[J]. 测绘学报，2021，50(7)：891-904.

[18] BRESNAHAN P C. Absolute geolocation accuracy evaluation of TerraSAR-X-1 spotlight and stripmap imagery—study results[C]//Proceedings of Civil Commercial Imagery Evaluation Workshop，Fairfax，VA，USA，2009，31.

[19] EINEDER M，MINET C，STEIGENBERGER P，et al. Imaging geodesy—toward centimeter-level ranging accuracy with TerraSAR-X［J］. IEEE Transactions on Geoscience and Remote Sensing，2010，49(2)：661-671.

[20] BAGHERI H, SCHMITT M, D'ANGELO P, et al. A framework for SAR-optical stereogrammetry over urban areas[J]. ISPRS Journal of Photogrammetry and Remote Sensing, 2018, 146: 389-408.

[21] JIAO N, WANG F, YOU H, et al. A generic framework for improving the geopositioning accuracy of multi-source optical and SAR imagery[J]. ISPRS Journal of Photogrammetry and Remote Sensing, 2020, 169: 377-388.

[22] REINARTZ P, MÜLLER R, SCHWIND P, et al. Orthorectification of VHR optical satellite data exploiting the geometric accuracy of TerraSAR-X data[J]. ISPRS Journal of Photogrammetry and Remote Sensing, 2011, 66(1): 124-132.

[23] MERKLE N, LUO W, AUER S, et al. Exploiting deep matching and SAR data for the geo-localization accuracy improvement of optical satellite images[J]. Remote Sensing, 2017, 9(6): 586.

[24] GRODECKI J, DIAL G. Block adjustment of high-resolution satellite images described by rational polynomials[J]. Photogrammetric Engineering & Remote Sensing, 2003, 69(1): 59-68.

第4章
图像超分辨率重建相关理论

利用同一地区同时相或多时相序列遥感影像进行超分辨率重建,提升影像空间分辨率,改善影像质量,目前是遥感图像处理领域的研究热点之一。本章将主要介绍现有超分辨率重建中一些具有代表性的方法,为后续章节的深入研究奠定基础。

4.1 基于插值的超分辨率理论

基于影像插值的超分辨率重建技术,是对影像尺寸进行调整的过程,影像插值重建是影像数据的一个再生过程,此过程需要通过已知点的信息来估计未知采样点的像素灰度值,如图 4-1 所示。本小节将主要介绍插值原理,主要包括 3 种传统的插值算法与 3 个经典的基于边缘的插值算法。

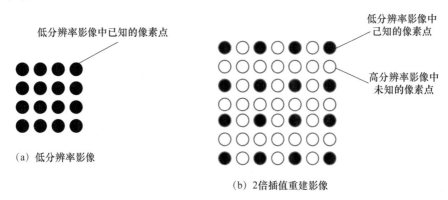

（a）低分辨率影像

（b）2倍插值重建影像

图 4-1　影像插值重建示意图

一幅二维遥感影像由大量离散的像素点组成,假设对观测影像进行 2 倍的插值重建,需要利用 n 个(n 为观测影像的像素数目)已知的像素灰度值估计出 $3n$ 个未知的像素灰度值。针对影像的插值技术,国内外专家学者对此进行了大量的深入研究,传统的插值方法有最近邻像素插值算法、双线性插值算法、双三次插值算法。

① 最近邻像素插值算法[1]。又被视为一种零阶插值方法,即让插值重建后影像的像素值被其距离该点最近点的像素值所赋值。最近邻像素插值算法的数学公式描述如下:

$$I_h(i+u,j+v)=I_l(i,j) \tag{4-1}$$

式(4-1)中,$I_h(i+u,j+v)$ 表示待插值点的像素值,$I_l(i,j)$ 表示距离该插值点最近的已知像素点的像素值，u、v 分别代表距离点 (i,j) 最近点的水平和垂直距离。最近邻像素插值算法是传统插值算法中最简单的一种算法，此算法对影像进行重建放大时，未知像素点的值单纯由其距离最近的已知像素所决定，因此该算法具有简单且运行速度较快的特点。但该算法仅保留了观测影像的信息，插值重建过程中没有考虑像素点的连续性，导致重建影像会出现不连续或较为明显的锯齿效果。

② 双线性插值算法[2]。该算法中待插值像素值是通过对观测影像中与该像素点相邻的 4 个已知像素点加权平均所决定的，其具体公式如下：

$$I_h(i+u,j+v)=(1-u)(1-u)I_l(i,j)+(1-u)vI_l(i,j+1)+$$
$$u(1-v)I_l(i+1,j)+uvI_l(i+1,j+1) \tag{4-2}$$

式(4-2)中，$I_h(i+u,j+v)$ 表示待插值点的像素值，$I_l(i,j)$、$I_l(i,j+1)$、$I_l(i+1,j)$、$I_l(i+1,j+1)$ 为观测影像的已知像素值，u、$v(0<u<1$、$0<v<1)$ 分别代表距离像素点 (i,j) 最近的水平和垂直距离。双线性插值算法以待插值像素点周围像素点的距离作为权值，计算待插值点的像素值，即权值的赋予遵循的是距离近大远小的原则，这种传统的插值方法虽然考虑到相邻像素点的相关性，在一定程度上消除了最近邻像素插值算法的锯齿效果，但并没有考虑边缘信息的方向性，使得重建影像的边缘与纹理不能得到较好的处理，导致插值重建的影像会有一定程度上的模糊，会降低重建影像的对比度。

③ 双三次插值算法[3]。又被称为双立方插值算法或立方卷积插值算法，是在双线性插值算法上的改进算法。此算法选取三次函数作为其插值核，待插值点的像素值由其所在的观测影像中 4×4 子区域内的 16 个已知像素点进行加权所决定。该算法利用三次多项式 $S(x)$ 来逼近理论上最佳的插值函数 $\sin x/x$，数学描述如下：

$$S(x)=\begin{cases}1-2|x|^2+|x|^3, & 0\leqslant|x|<1\\4-8|x|+5|x|^2-|x|^3, & 1\leqslant|x|<2\\0, & |x|\geqslant2\end{cases} \tag{4-3}$$

双三次插值算法的基本表达式如下：

$$\boldsymbol{A}=[S(1+u),S(u),S(1-u),S(2-u)] \tag{4-4}$$

$$\boldsymbol{B}=\begin{bmatrix}I_l(i-1,j-1) & I_l(i-1,j) & I_l(i-1,j+1) & I_l(i-1,j+2)\\I_l(i,j-1) & I_l(i,j) & I_l(i,j+1) & I_l(i,j+2)\\I_l(i+1,j-1) & I_l(i+12,j) & I_l(i+1,j+1) & I_l(i+1,j+2)\\I_l(i+2,j-1) & I_l(i+2,j) & I_l(i+2,j+1) & I_l(i+2,j+2)\end{bmatrix} \tag{4-5}$$

$$\boldsymbol{C}=\begin{bmatrix}S(1+v)\\S(1+v)\\S(1-v)\\S(2-v)\end{bmatrix} \tag{4-6}$$

双三次插值算法因其考虑待插值点与其周围已知像素点的相关性，所以效果较好，但其计算量也随之明显增大。传统的插值方法都是对观测影像的不同区域采取同一处理，并没有考虑待插值点是位于平滑区域还是边缘纹理区域，导致整体的重建结果出现模糊或锯齿的效果，没能较好地恢复重建影像的细节信息。

为了更好地提升插值算法的性能，近些年来，专家学者又提出了基于边缘的插值算法，主要包括基于协方差的局部自适应插值算法、基于方向滤波和数据融合的插值算法、基于自适应 2D 自回归模型和软决策估计的插值算法。

① 基于协方差的局部自适应插值算法。该算法的核心思想是通过观测影像与重建影像

块之间的几何对偶性进行插值。首先计算观测影像块的协方差,使得该协方差作为待插值重建高分辨率影像协方差的一个估计,最终得到重建高分辨率影像,其数学表达式如下:

$$I_h(2i+1,2j+1) = \sum_{k=0}^{1} \sum_{l=0}^{1} \alpha_{2k+l} I_l [2(i+k),2(j+l)] \tag{4-7}$$

式(4-7)中 $I_h(2i+1,2j+1)$ 为待插值像素点, $I_l(2(i+k),2(j+l))$ 为待插值像素点对角线方向最近邻的 4 个已知像素点的值, α_{2k+l} 是加权系数,加权系数的获取是该方法的关键。此算法提出通过一个全新的视角来解决影像插值重建的问题,影响着后续影像插值技术的发展。

② 基于方向滤波和数据融合的插值算法[4]。考虑插值点在多个方向与已知像素点的相关性,提出一种基于方向滤波与数据融合的插值算法,改进了常用插值算法仅仅是考虑了插值点与其邻域点间关联性的问题。该算法将插值点邻近的八个像素平均分成两个正交方向,用来生成待插值点的正方向的两个初步估计,再将此插值点像素值与原像素值进行组合,在原正交方向上估计其噪声参数,最终根据噪声参数与两个初步估计对未知像素点进行进一步精确估算,获取重建的高分辨率影像。

③ 基于自适应 2D 自回归模型和软决策估计的插值算法。针对 Li 等的算法在影像边缘结构比较复杂时,存在重建影像效果不够理想的问题,Zhang 等提出了基于自适应 2D 自回归模型和软决策估计的插值算法,该插值算法仍然依据观测影像与重建影像块间的几何对偶性来估计插值的高分辨率影像的未知像素点。该算法主要分为 2 个步骤:参数估计与对待插值点的估算,其创新之处在于在插值的过程中部分增加了反馈机制。同时结合自回归模型,利用最小二乘法对自回归模型参数进行优化,在估算位置像素点时,通过双重约束,要求已知像素点与未知像素点之间的误差尽可能的小,与此同时还要将估算出的未知像素值与已知像素值分别看成已知像素值和未知像素值,进行同样的预测,其估算误差应尽可能小,这种软决策方法最后使得插值重建的结果更加准确。

针对插值重建的基本原理,对 3 种传统插值方法与 3 种经典的基于边缘插值方法进行详细的介绍与分析,并通过真实的影像数据进行了实验分析,分别从主观与客观双重视角对不同插值重建方法的优劣进行了说明与分析。总体来说,传统插值方法较为简单,算法处理速度上相对较快,应用也较为广泛,但是插值重建的结果并不是十分的理想。基于边缘的插值方法随着性能的提高,其运算时间也随之增加,因此在实际工程中,应该依据实际具体情况对算法做出选择。

4.2　基于重建的超分辨率理论

基于重建的超分辨率算法主要分为基于频域与空域的算法,下面将对这两类算法的经典理论进行详细的阐述。

基于频域超分辨率重建的主要思想是,在重建过程中通过低分辨率观测影像还原被混叠的频谱信息,此类算法主要是通过连续频谱和离散频谱之间的关系,以及图像空间域的全局平移参数与影像频域上相位的对应关系来重建原始高分辨率影像的频谱。基于频域的超分辨率重建就是在频域内解决影像重建的问题,其优点是运算的复杂度低,比较容易实现并行处理,缺点是此类方法的理论模型过于理想化,不能广泛有效地应用于较多的实际情况,只能局限于全局平移以及线性空间不变退化模型。其先验知识的涵盖也非常受限制,因此没能成为超分辨率重建领域的主流算法。

基于空域的超分辨率重建则具备较强的包含先验约束的能力,空域先验模型涉及全局和局部运动、光学模糊、运动模糊、非理想采样等。主要的空域方法包括迭代反投影法、凸集投影法以及基于概率论法等。

(1) 迭代反投影法

迭代反投影法的核心思想是,假设重建的超分辨率影像接近真实的高分辨率影像,对重建的超分辨率影像进行降质,得到与输入的低分辨率观测影像大小一致的低分辨率影像,再将两者的误差投影到高分辨率影像上,如图 4-2 所示,随着误差的收敛而得到相应的重建的高分辨率影像。

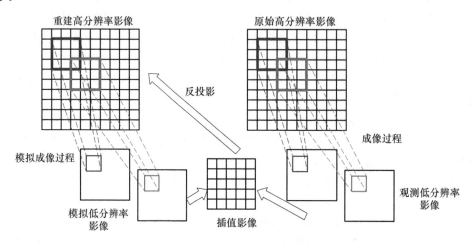

图 4-2 迭代反投影法的重建思路

令观测的低分辨率影像序列为 $y_i, i=1,2,\cdots,m$,其中 m 为序列影像的数目,如果第 n 次迭代得到的重建影像为 x_n,将 x_n 降质到低分辨率影像空间,则可以得到 $y_i^n = H_i x_n$,其中 H_i 为降质矩阵。计算观测低分辨率影像 y_i 与 y_i^n 的差值,利用投影算子将其映射到高分辨率影像空间中,将此作为 x_n 的修正值,即反投影。反复重复上述过程,直到误差满足要求,迭代反投影的数学描述如下:

$$x_{n+1} = x_n + \sum_{i=1}^{m} H_i^{\mathrm{bp}} (y_i - H_i x_n) \tag{4-8}$$

式(4-8)中 H_i^{bp} 为反投影算子,在实际中,不同的反投影算子会对该算法的收敛性及其收敛速度产生一定的影响,而且反投影算子需要满足一定的约束条件。迭代反投影方法的优点是直观且容易实现,但由于超分辨率重建本身是一个病态问题,会造成重建结果不唯一,而且选择 H_i^{bp} 与恰当地引入先验约束也是难点。

(2) 凸集投影法

凸集投影法[5] 通过集合理论来解决影像超分辨率重建问题,超分辨率影像解空间与一组凸集约束集相交叉,则凸集约束集代表预期充分保留影像的某些特性,比如能量有界性、光滑等,通过这些约束可求得简化的解空间,凸集投影法的几何示意图如图 4-3 所示。

POCS 是一种依次将解的先验并入重建过程的迭代方法,将先验知识与解相结合,意味着将解限制到一组满足解的某种特性的凸集 C_j。POCS 是一个循环的过程,在给定高分辨率影像空间中任一点的前提下,可以定位一个能满足所有凸约束集合条件的收敛解:

$$x_{l+1} = P_m P_{m-1} \cdots P_2 P_1 x_n \tag{4-9}$$

式(4-9)中,$P_j(j=1,2,\cdots,m)$ 是投影算子,将解投影到一系列凸集 C_j 上。POCS 算法的优点是便于加入先验信息,其缺点是重建影像的解依赖于初始的估计,运算量大且收敛速度慢,而且解并不唯一。

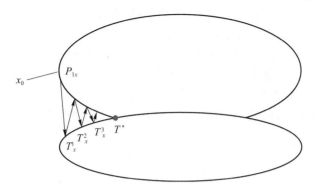

图 4-3   凸集投影法几何示意图

(3)基于概率论法

基于概率论法能够利用图像的先验知识,而且是对病态问题进行规整化的一种有效的方法,主要包括最大后验概率方法与最大似然方法。而最大似然方法可以看作最大后验概率的一种简化形式,所以在此仅对最大后验概率方法做详细介绍。

假设 I_L 为观测的低分辨率遥感影像,需要在已知观测影像信息的条件下,估算出最优的高分辨率影像 I_H。依据贝叶斯理论,最大后验概率的数学表达式如下:

$$I_H = \arg \max_{I_H} P(I_H/I_L) = \arg \max_{I_H} \frac{P(I_H/I_L)P(I_H)}{P(I_L)} \tag{4-10}$$

式(4-10)中,$P(I_H)$ 与 $P(I_L)$ 分别代表高分辨率影像 I_H 与低分辨率影像 I_L 的概率,$P(I_L/I_H)$ 代表当真实高分辨率影像为 I_H 时,观测得到的低分辨率影像为 I_L 的条件概率,根据贝叶斯理论,由于 I_L 是已知的,则 $P(I_L)$ 可以被视为常数,对于求解最优的高分辨率影像 I_H 无关,因此可以被忽略,则上述公式可以被改写为

$$I_H = \arg \max_{I_H} P(I_H/I_L)P(I_H) \tag{4-11}$$

目前对于上述公式的求解方法主要分为两类:

① 求联合概率 $P(I_L, I_H)$,此类方法的代表方法是马尔科夫随机场方法;

② 求 $P(I_L/I_H)P(I_H)$,由于对数函数为单调增函数,可以通过对数运算将上式中的乘法运算转化为加法运算,如下所示:

$$I_H = \arg \max_{I_H} [\ln P(I_H/I_L) + \ln P(I_H)] \tag{4-12}$$

在这个方法中,往往对 I_H 的预测分为 3 个步骤:①建立先验模型,对 $P(I_H)$ 进行求解,这是最复杂也是最为关键的一个环节;②建立观测模型,对 $P(I_L/I_H)$ 进行求解;③最后将先验模型于观测模型集成到 MAP 模型中,求取最优的重建影像 I_H。

基于概率论方法重建的优点是在重建过程中可以加入先验约束条件,同时可以保证存在唯一的解,而且收敛的稳定性比较强,但如何建立准确的先验模型仍然是一个难点问题。

4.3   基于增强的超分辨率重建理论

基于增强的超分辨率重建方法,往往通过对观测的低分辨率影像进行上采样的预处理,通

过对影像滤波再锐化增强的方式来提升重建影像的质量,即通过利用相关的影像增强技术来提升重建影像的高频细节信息,以达到改善重建影像效果的目的。目前保持边缘的滤波方法主要有:双边滤波、加权最小二乘滤波以及基于 L0 梯度最小化滤波模型。

① 双边滤波(bilateral filtering)[6]。双边滤波是在高斯滤波的基础上提出的。高斯滤波能有效地对影像进行平滑处理且运算量较小,但不能达到滤波后影像仍具有良好边缘结构的需求。Tomasi 等[7]提出了非线性双边滤波算法,结合影像空间邻近度与像素值相似度,在滤波处理的同时能够保留影像的边缘与细节信息,其主要思想是将滤波权系数优化成高斯函数与影像的亮度信息的乘积,再将权系数与影像信息进行卷积,数学描述如下:

$$B_F(I)_p = \frac{1}{W_p} \sum_{q \in S} G_{\delta_s}(\|p-q\|) G_{\delta_r}(|I_p - I_q|) I_q \tag{4-13a}$$

$$B_F(I)_p = \frac{1}{W_p} \sum_{q \in S} G_{\delta_s}(\|p-q\|) G_{\delta_r}(|I_p - I_q|) I_q \tag{4-13b}$$

式(4-13)中:I_p,I_q 分别表示影像 I 中像素点 p,q 的像素值;$W_p = \sum_{q \in S} G_{\delta_s}(\|p-q\|) G_{\delta_r}(|I_p - I_q|)$ 为滤波器归一化系数;G_{δ_s} 是空间函数,用来约束距离较远的像素所带来的影响;G_{δ_r} 是范围函数,用来约束像素点灰度值异于 I_p 的像素 q 所带来的影响。虽然双边滤波有上述优点,但将其用于细节分解时,还会引起一些梯度反转等人造痕迹现象的出现,这是由当一个像素点周围相似像素较少时,高斯加权平均不够稳定造成的,此外,双边滤波的效率也相对较低,算法复杂度达到了 $O(Nr^2)$,当双边滤波核 r 过大时,计算也非常耗时,实际工程应用也难以接受。

② 加权最小二乘滤波[8]。为了使滤波方法能够更好地应用于影像分解,Farbman 等提出了加权最小二乘滤波方法,加权最小二乘优化框架采用迭代保持影像边缘来进行平滑操作,可以较好地实现渐进的平滑处理。对于输入影像 g,要想得到一幅新的影像 u,影像 u 要与输入影像 g 尽可能的相似,而且还要在保持影像边缘的同时尽可能的平滑,其数学表达式如下:

$$\sum \left((u_p - g_p)^2 + \lambda \left(\alpha_{x,p}(g) \left(\frac{\partial u}{\partial x}\right)_p^2 + \alpha_{y,p}(g) \left(\frac{\partial u}{\partial y}\right)_p^2 \right) \right) \tag{4-14}$$

式(4-14)中,下角标 p 为像素的空间位置,数据项 $(u_p - g_p)^2$ 是为了让影像 u 与 g 差异最小化,$\alpha_{x,p}(g) \left(\frac{\partial u}{\partial x}\right)_p^2 + \alpha_{y,p}(g) \left(\frac{\partial u}{\partial y}\right)_p^2$ 是通过影像 u 的偏导数来实现影像平滑的目的,$\alpha_{x,p}(g)$,$\alpha_{y,p}(g)$ 用来控制影像的平滑程度,参数 λ 用来权衡两个数据项,影像的平滑程度随着 λ 的增大而增大。

③ 基于 L0 梯度最小化滤波模型[9]。上述滤波方法对影像细节部分也会产生较大的边缘惩罚,这样会导致影像中大边缘结构减弱或丢失,因此徐立等人提出使用基于 L0 梯度最小化模型,该滤波器是一种基于稀疏策略的全局平滑滤波器。L0 范数可以理解为向量中非零元素的个数,其约束条件描述如下:

$$c(f) = \# \{p \,|\, |f_p - f_{p-1}| \neq 0\} \tag{4-15}$$

式(4-15)中 p 与 $p+1$ 是影像中相邻的像素,$|f_p - f_{p-1}|$ 是影像梯度,$\#\{\}$ 表示计数,输出影像中满足 $|f_p - f_{p-1}| \neq 0$ 的个数,即 $c(f)$ 为影像梯度的 L0 范数。

二维影像中基于 L0 梯度最小化滤波模型的数学表达式如下:

$$\min_f \sum_p (f_p - g_p)^2 + \lambda \cdot c(\partial_x f, \partial_y f) \tag{4-16}$$

其中,$c(\partial_x f, \partial_y f) = \# \{p \,|\, |\partial_x f_p| + |\partial_y f_p| \neq 0\}$。影像梯度 L0 范数平滑具有 2 个优点:通过去除小的非零梯度,抚平不重要的细节信息;增强影像显著性边缘。

为了更加直观地体现上述 3 种保持影像边缘滤波方法的有效性,通过典型的含义噪声的

影像进行实验分析,如图 4-4 所示。图 4-4(a)为含有高斯噪声的影像,图 4-4(b)~图 4-4(d)
分别为双边滤波、加权最小二乘滤波以及 L0 梯度最小化滤波的结果,实验结果可以直观地看
出,双边滤波因其实现简单,且无须迭代的特性,在工程中被广泛使用,但滤波的结果对影像边
缘结构的保留效果并不是最佳,加权最小二乘滤波方法在双边滤波方法的基础
上引入了惩罚函数,在进行一系列渐进平滑的处理后较双边滤波的结果在边缘
保持上也有所改善,基于 L0 梯度最小化滤波通过两个约束条件更好地接近了渐
进平滑处理的过程,滤波后影像的边缘结构保持较好。

彩图 4-4

(a) 含噪声的图像

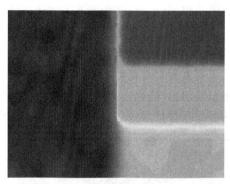

(b) 双边滤波结果

(c) 加权最小二次滤波结果

(d) L0 梯度最小化滤波结果

图 4-4   3 种滤波方法对比结果

目前基于增强的超分辨率重建方法主要是在对输入影像进行插值预处理的基础上,对输
入影像进行滤波去噪,再通过图像增强的方法来改善重建影像的质量。图像增强的方法主要
包括灰度变换算法、幂指数函数变换以及直方图均衡化等。

① 灰度变换算法[10]。灰度变换算法是根据一定的规则对影像中的像素进行逐像素点处
理的一类方法,需要预先统计影像的灰度分布范围,然后通过扩展或压缩影像灰度的动态范
围,实现影像增强的目的。基于灰度变换增强的重建方法主要有线性变换与非线性变换,其中
线性变换还包括全局变换与分段线性变换。线性变换是将输入的低分辨率影像整体灰度级的
范围按照同一映射关系进行扩展或者压缩,也就是说对整幅影像处理的尺度是相同的。分段
线性变换则是把影像整体灰度级的范围进行分级,对不同区间分别做线性变换,对需要增强的
影像区域进行扩展突出,对不感兴趣的区域进行抑制压缩,从而实现影像信息增强的目的。由
此可以看出,线性变换无论是整体还是分段,对于一幅影像都可以通过设置不同的参数来改善
重建影像的细节效果,在这期间还要对其进行反复多次的实验。针对大幅面地貌复杂的遥感

影像数据而言,无法实现一种通用性很强的基于线性变换的增强重建方法。

② 幂指数函数变换[11]。幂指数函数变换是非线性变换函数中的一种。非线性变换是指在整体影像灰度级范围内选取统一的非线性函数进行变换,非线性变换函数主要包含对数函数、指数函数、幂函数等。幂指数函数变换是近些年在影像增强算法中研究与应用较为广泛的方法之一,其基本数学公式描述如下:

$$s = cr^y \tag{4-17}$$

式(4-17)中,尺度因子 c 与参数 γ 为正常数,随着 γ 取值的变化,幂指数变换会得到一系列的变换曲线。当 $\gamma < 1$ 时,幂指数变换会扩展影像灰度值的低频区域,压缩影像的高频区域;当 $\gamma > 1$ 时则截然相反。

③ 直方图均衡化[12]。直方图是影像重要的一个特征指标,反映的是影像像素出现的频率。基于直方图均衡化的增强重建是利用影像的直方图来调整影像的对比度,将观测影像直方图重新映射后,得到一个近似于均匀分布的概率密度函数的新直方图的思想,是一种简单且有效的影像增强技术方法,直方图增强对比的效果如图 4-5 所示。

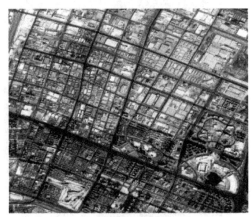

(a) 原始影像　　　　　　　　　　　　　　(b) 直方图均衡化

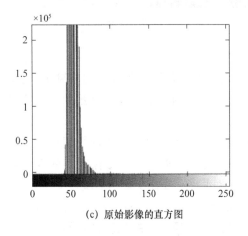
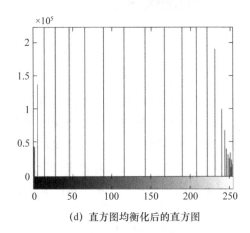

(c) 原始影像的直方图　　　　　　　　　　(d) 直方图均衡化后的直方图

图 4-5　直方图均衡化

直方图均衡化就是通过提升影像灰度的动态变化范围,从而改善影像的视觉效果,达到重建影像信息增强的目的。直方图均衡化也是对影像进行非线性拉伸,从而重新分配影像的像素值,使得一定灰度范围内像素的数目大致相同。虽然该技术可以改善影像的对比度,但仍然存在以下不足:变换后重建影像的灰度级减少,导致重建影像的某些细节信息丢失,以及重建影像直方图高峰经过处理后会呈现出对比度不自然的现象等。

4.4 影像多尺度分解与提取

影像多尺度分解是指将输入影像与不同尺度的滤波算子进行卷积,最终将影像分解为一个大尺度平滑层与一个或者多个不同尺度的细节层。其中大尺度平滑层的获取是对一个输入影像进行渐进平滑处理的过程,在通过滤波方法渐进平滑处理的过程中,对滤波方法具有很高的要求,也就是说,滤波方法要尽可能地对输入影像进行保持边缘结构的平滑处理,以至于造成影像失真的现象,或者是在后续细节增强过程中产生振荡的现象,从而影响最终影像信息融合的效果。

基于双边滤波、加权最小二乘滤波以及 L0 梯度优化的多种滤波方法都可以实现对影像的多尺度分解。双边滤波方法在对图像保持边缘结构的同时可以较好地平滑影像中的小尺度细节,但对于影像中的大尺度细节在平滑过程中却无法满足良好地保持边缘结构的需求。加权最小二乘滤波方法的多尺度分解则是通过最小化原始影像和目标影像间的插值,以及目标影像的偏导数最终实现保持边缘结构的滤波,可以对输入影像进行较好的多尺度分解,但是保持边缘滤波的同时也需要对其求解大型方程组作为计算代价。基于 L0 梯度优化的模型同样也可以完成影像的多尺度分解,是一种可以实现保持边缘结构的多尺度分解的滤波方法。

利用滤波方法对输入影像 $Image_1$ 进行多尺度分解,得到一系列渐进平滑的影像信息,假设想要得到 m 幅渐进平滑的影像信息,则需通过滤波方法进行 m 次分解。更具体地说,假如需要构造一个 $j+1$ 级(Scale $j=0,1,\cdots,m$)的多尺度分解结果,以输入影像 $Image_1$ 为例,通过滤波方法卷积处理得到一系列渐进平滑影像信息 $u^1,\cdots,u^j(j\geqslant1)$,其中,$u^j$ 为最大尺度的平滑信息。

通过滤波方法对输入影像进行迭代处理后,可以得到渐进平滑的影像信息,在此基础上可以得到一系列中小型细节信息,即通过不同滤波参数多尺度分解,得到对影像信息进行差分处理后所对应的中高频分量:

$$d^j=u^{j-1}-u^j \tag{4-18}$$

其中 $j=0,1,\cdots,m,u^0=Image_1$。

以输入影像作为实验数据,令 $u(i,j)$ 代表输入影像利用滤波方法多次迭代滤波后得到的不同尺度的平滑信息,$d(i,j)$ 代表多尺度分解后通过差分获取的一系列细节信息,为后续充分利用遥感影像间的非冗余信息进行超分辨率重建奠定基础。

4.5 影像质量评价指标

如何对遥感影像超分辨率重建结果作出客观而又准确的评价,是图像处理研究领域又一重点研究内容。目前针对遥感影像超分辨率重建的质量评价主要分为主观评价与客观评价两种。主观评价往往根据判读人的经验对重建影像作出评价,不同的判读人经验不同,给出的评价结果往往可能不同,而且大量的遥感影像通过人工判读不仅要浪费大量的人力,而且不能满足实际生产需求,因此本节主要详细地对影像质量的客观评价方法进行总结与分析。客观评价指标主要包括全参考评价指标、半参考评价指标、无参考评价指标。

4.5.1 全参考评价指标

如果存在真实的高分辨率影像,通过对比得到重建影像与作为参考影像的真实高分辨率影像间的某种关系,此类评价指标被称为全参考评价指标。全参考评价指标主要包括绝对均值误差(Mean Absolute Error,MAE)、峰值信噪比(Peak Signal Noise Ration,PSNR)、相关系数(Correlation Coefficient,CC)、结构相似度(Structure Similarity,SSIM)以及高频分量相关系数(High Frequency Correlation Coefficient,HFCC)。

① 绝对均值误差[13]。用 I_{ref} 与 I_{sr} 分别代表原始高分辨率影像与重建影像,m 与 n 分别表示影像尺寸,i,j 代表影像的像素坐标,以下全参考评价指标中的相同字母均代表相同的含义,绝对均值误差的数学表达式如下:

$$MAE = \frac{1}{mn} \sum_{i=1}^{m} \sum_{j=1}^{n} |I_{ref}(i,j) - I_{sr}(i,j)| \tag{4-19}$$

② 峰值信噪比[14]。假设将真实存在的高分辨率影像作为参考信息,重建影像与参考高分辨率影像间的差异被视为噪声,则峰值信噪比的数学表达式定义如下,其中 L 为影像量化的灰度级。

$$PSNP = 10 \lg \frac{L^2 mn}{\sum_{i=1}^{m} \sum_{j=1}^{n} [I_{ref}(i,j) - I_{sr}(i,j)]^2} \tag{4-20}$$

③ 相关系数[15]。相关系数能够反映两幅影像的相似程度,重建影像与参考高分辨率影像间的相关系数的数学表达式如式(4-21)所示,其中 $\bar{I}_{ref}$,$\bar{I}_{sr}$ 分别代表参考高分辨率影像与重建影像像素灰度值的均值。重建影像与参考高分辨率影像的相关系数越大,表明重建影像的质量越好。

$$CC = \frac{\sum_{i=1}^{m} \sum_{j=1}^{n} [I_{ref}(i,j) - \bar{I}_{sr}][I_{ref}(i,j) - \bar{I}_{ref}]}{\sqrt{\sum_{i=1}^{m} \sum_{j=1}^{n} [I_{ref}(i,j) - \bar{I}_{sr}]^2 [I_{ref}(i,j) - \bar{I}_{ref}]^2}} \tag{4-21}$$

④ 结构相似度[16]。结构相似度通过重建影像与原始高分辨率影像的结构、亮度与对比度间的相似度来评价重建影像质量的优劣。SSIM 的值在 0 到 1 之间,其值越接近 1,表明重建影像的结构等特征越接近于真实的高分辨率影像,说明重建影像的质量越好,其数学描述如下:

$$SSIM = \frac{(2\mu_x\mu_y + C_1)(2\delta_{xy} + C_2)}{(\mu_x^2 + \mu_y^2 + C_1)(\delta_x^2 + \delta_y^2 + C_2)} \tag{4-22}$$

其中,μ_x 与 μ_y 分别为真实影像与重建影像的均值,δ_x,δ_y 分别为真实影像与重建影像的方差,$(\delta_{xy} + C)/(\delta_x\delta_y + C)$ 为真实影像与重建影像的结构分量。

⑤ 高频分量相关系数。此评价指标反映重建影像与参考高分辨率影像间高频分量的相关程度。对重建影像与参考高分辨率影像进行小波分解,分别得到对应的低频、水平方向高频、垂直方向高频、对角方向高频 4 个分量信息,然后分别对 3 个高频分量做相关计算,高频分量相关系数的数学描述如下:

$$HFCC_{FA_i} = \frac{CR(I_{ref}^h, I_{re}^h) + CR(I_{ref}^w, I_{sr}^w) + CR(I_{ref}^d, I_{sr}^d)}{3} \tag{4-23}$$

其中，CR 代表参与评价影像的相关量，表达式为

$$
CR(I_{ref}, I_{sr}) = \begin{cases} 1 - \dfrac{\sum\limits_{i=1}^{m}\sum\limits_{j=1}^{n}\left[I_{sr}(i,j) - I_{ref}(i,j)\right]^2}{\sum\limits_{i=1}^{m}\sum\limits_{j=1}^{n}\left[I_{ref}(i,j)\right]^2}, & \sum\limits_{i=1}^{m}\sum\limits_{j=1}^{n}\left[I_{sr}(i,j) - I_{ref}(i,j)\right]^2 \leqslant \sum\limits_{i=1}^{m}\sum\limits_{j=1}^{n}\left[I_{ref}(i,j)\right]^2 \\ 0, & 其他 \end{cases}
$$

(4-24)

超分辨率重建技术在很大程度上是对待评价影像的高频信息进行处理，因此该评价指标能够较好地反映重建影像高频信息的变化情况，但其缺点是对存在少量细节信息丢失的重建影像不够敏感。

4.5.2　半参考评价指标

半参考评价指标是指将原始影像的某些特征指标作为参考数据，不完全依赖于参考影像的整体，主要包括交叉熵（Cross Entropy，CE）以及通用影像质量评价指数（Universal Image Quality Index，UIQI）。

① 交叉熵[17]可以用来衡量两幅影像灰度分布的差异，令 $p = \{p_0, p_1, \cdots, p_n\}$，$q = \{q_0, q_1, \cdots, q_n\}$，$p$ 和 q 分别代表原始影像与重建影像的灰度分布概率，则可以定义交叉熵的数学公式如下：

$$
CE = \sum_{i=0}^{n} p_i \log_2 \frac{p_i}{q_i}
$$

(4-25)

② 通用影像质量评价指数[18]用来衡量原始影像和参与重建影像的相似程度，UIQI 的值越接近于 1，表明重建影像越接近于原始影像，也就说明重建影像的质量效果越好，数学表达式如下：

$$
UIQI = \frac{4\delta_{xy}\bar{x}\,\bar{y}}{(\delta_x^2 + \delta_y^2)\left[\bar{x}^2 + \bar{y}^2\right]}
$$

(4-26)

其中 $\bar{x}$，$\bar{y}$ 分别为原始影像与重建影像的均值，δ_x^2，δ_y^2 分别为原始影像与重建影像的方差，δ_{xy} 为两者之间的协方差。

4.5.3　无参考评价指标

在影像质量评价中，真实的高分辨率影像往往是难以获取的，甚至是不存在的，针对这种特殊情况的影像质量评价指标就被称为无参考评价指标，主要包括空间频率（Spatial Frequency，SF）、标准差（Standard Deviation，SD）、信息熵（Entropy，E）以及影像细节增强评价指标（Enhancement Measure Evaluation，EME）。

① 空间频率[19]反映重建影像空间总体活跃程度，其数学描述为

$$
SF = \frac{\sqrt{\left\{\sum\limits_{i=1}^{m}\sum\limits_{j=2}^{n}\left[I_{sr}(i,j) - I_{sr}(i,j)\right]\right\}^2 + \left\{\sum\limits_{i=2}^{m}\sum\limits_{j=1}^{n}\left[I_{sr}(i,j) - I_{sr}(i,j)\right]\right\}^2}}{m \times n}
$$

(4-27)

② 标准差[20]是重建影像灰度信息相对于均值的一个分散程度，标准差越大，表明重建影

像的灰度范围越分散,也就说明重建影像携带的信息量越大,其数学表达式如下,其中 n 表示重建影像像素的总体数目。

$$\text{SD} = \sqrt{\frac{1}{n-1}\sum_{i=1}^{m}\sum_{j=1}^{n}\left[I_{\text{sr}}(i,j) - \bar{I}_{\text{sr}}\right]^2} \tag{4-28}$$

③ 信息熵[21]是衡量影像信息量的一个重要指标,是对影像信息量分布的一种度量。重建影像信息熵的值越大,说明影像灰度信息偏离影像直方图的高峰区越大,即所有灰度值出现的概率趋于相等,表明影像携带的信息量越丰富。二维灰度影像信息熵的数学表达式如式(4-29)所示,式中 P_k 代表影像中灰度值为 k 的像素出现的频率,可近似代替概率。

$$\text{Entropy} = -\sum_{k=0}^{M}P_k\log_2 P_k \tag{4-29}$$

④ 影像细节增强评价指标[22-23]的原理是将影像分为 $k_1 \times k_2$ 块区域,计算子区域中灰度的最大值和最小值之比的对数并将其作为细节增强评价结果。EME 代表影像局域灰度的变化程度,影像局域灰度变化越强烈,EME 值越大,说明影像涵盖的细节信息越丰富,其表达式如下:

$$\text{EME}_{k_1,k_2} = \frac{1}{k_1,k_2}\sum_{k=1}^{k_1}\sum_{k=2}^{k_2}20\log\frac{I^{\text{w}}_{\max;k,j}}{I^{\text{w}}_{\min;k,j}} \tag{4-30}$$

其中 $I^{\text{w}}_{\max;k,j}$,$I^{\text{w}}_{\min;k,j}$ 分别表示影像块 $w_{k,l}$ 中灰度的最大值和最小值。

本章参考文献

[1] 胡芳芳. 图像的插值与去高斯噪声算法研究[D]. 哈尔滨:哈尔滨工业大学,2007.

[2] 王森,杨克俭. 基于双线性插值的图像缩放算法的研究与实现[J]. 自动化技术与应用,2008,27(7):44-45.

[3] 张阿珍,刘政林,邹雪城,等. 基于双三次插值算法的图像缩放引擎的设计[J]. 微电子学与计算机,2007,24(1):49-51.

[4] ZHANG L,WU X. An edge-guided image interpolation algorithm via directional filtering and data fusion[J]. IEEE Transactions on Image Processing,2006,15(8):2226-2238.

[5] 谢伟. 多帧影像超分辨率复原重建关键技术研究[D]. 武汉:武汉大学,2010.

[6] PARIS S,KORNPROBST P,TUMBLIN J,et al. Bilateral filtering:theory and applications[J]. Foundations and Trends in Computer Graphics and Vision,2009,4(1):1-73.

[7] 张砚,李先颖,满益云. 基于凸集投影法和复数小波包域的遥感图像上采样研究[J]. 计算机学报,2011,34(3):482-488.

[8] FARBMAN Z,FATTAL R,LISCHINSKI D,et al. Edge-preserving decompositions for multi-scale tone and detail manipulation[C]// New York:ACM,2008:1-10.

[9] XU L,LU C,XU Y,et al. Image smoothing via L0 gradient minimization[J]. Transactions on Graphics (TOG),2011,30(6):174-180.

[10] 王勋,罗婷婷,刘春晓,等. 对比度、颜色一致性和灰度像素保持的消色算法[J]. 中国

图象图形学报，2015，20(3):408-417.

[11] 冈萨雷斯. 数字图像处理[M]. 北京:电子工业出版社，2008.

[12] HUANG K Q, WANG Q, WU Z Y. Natural color image enhancement and evaluation algorithm based on human visual system [J]. Computer Vision and Image Understanding, 2006, 103(1): 52-63.

[13] BHATTACHARYA S, SUKTHANKAR R, SHAH M. A framework for photo-quality assessment and enhancement based on visual aesthetics[C]//Proceedings of the 18th ACM International Conference on Multimedia. New York: ACM, 2010: 271-280.

[14] YANG C Y, MA C, YANG M H. Single-image super-resolution: a benchmark[C]// European Conference on Computer Vision. New York: Springer International Publishing, 2014: 372-386.

[15] 杨伟，陈晋，松下文经，等. 基于相关系数匹配的混合像元分解算法[J]. 遥感学报，2008，12(3):454-461.

[16] HOU W, GAO X. Saliency-Guided Deep Framework for Image Quality Assessment [J]. IEEE Multimedia, 2015, 22(2):46-55.

[17] 雷博，范九伦. 灰度图像的二维交叉熵阈值分割法[J]. 光子学报，2009，38(6): 1572-1576.

[18] WANG Z, BOVIK A C. A universal image quality index[J]. IEEE Signal Processing Letters, 2002, 9(3):81-84.

[19] LIU L, LIU B, HUANG H, et al. No-reference image quality assessment based on spatial and spectral entropies[J]. Signal Processing: Image Communication, 2014, 29 (8): 856-863.

[20] SHEIKH H R, BOVIK A C. Image information and visual quality [J]. IEEE Transactions on image processing, 2006, 15(2): 430-444.

[21] 李弼程，魏俊，彭天强. 遥感影像融合效果的客观分析与评价[J]. 计算机工程与科学，2004，26(1):42-46.

[22] AGAIAN S S, PANETTA K, GRIGORYAN A M. Transform-based image enhancement algorithms with performance measure[J]. IEEE Transactions on Image Processing, 2001, 10(3): 367-382.

[23] AGAIAN S S, SILVER B, PANETTA K A. Transform coefficient histogram-based image enhancement algorithms using contrast entropy[J]. IEEE Transactions on Image Processing, 2007, 16(3): 741-758.

第5章

遥感图像超分辨率重建方法

5.1 多尺度细节增强的遥感影像超分辨率重建

航天遥感技术经过 50 多年的应用与发展,已经形成了一种多角度、全方位、立体式的地球信息获取技术[1-2]。遥感影像空间分辨率不仅是影像质量评价的一项关键性技术指标,更是衡量一个国家卫星遥感水平的重要标准[3-4]。然而卫星遥感影像的空间分辨率取决于传感器的精度,但成像系统性能提高却伴随着昂贵的制造成本,所以从硬件上改善影像分辨率时,在传感器制造工艺、系统成本以及发射载荷限制方面均存在瓶颈问题。因此尝试从软件上通过图像处理技术使遥感影像分辨率得以提升,满足实际需求,就是遥感影像的超分辨率重建技术。由此可见超分辨率重建技术在提升遥感影像空间分辨率上不失为一种有效途径,近年来超分辨率重建技术已成为图像处理和计算机视觉领域最为热门的研究方向之一[5-6]。随着国内遥感卫星、导航定位等空间信息技术的不断发展,人们对卫星遥感影像清晰度的要求也越来越高,高分辨率卫星遥感影像将广泛应用于各个领域并发挥重要作用。

超分辨率重建技术则通过对多幅具有互补信息的低分辨率影像进行处理,获得一幅或多幅高分辨率图像[7]。根据影像数据的获取方式,超分辨率重建方法可分为单幅影像的超分辨率重建方法和序列影像的超分辨率重建方法。然而从信息论角度来看,无论是单幅影像还是序列影像,超分辨率重建技术的目的并不是单纯放大影像,而是希望重建结果涵盖尽可能多的纹理细节信息,那么如何充分利用序列影像间的差异信息就显得尤为重要。现有序列影像的超分辨率重建方法主要分为基于频域的超分辨率重建方法和基于空域的超分辨率重建方法。基于频域的超分辨率重建方法通常为傅里叶变换[8]和小波变换[9-10]超分辨率重建方法,基于频域的超分辨率重建方法主要通过消除频谱混叠以获取更多的高频信息,改善影像空间分辨率。此类方法运行速度较快、计算比较简单,但局限于线性空间不变,只包含有限的先验知识,因此没能成为超分辨率重建技术的主流研究方法。基于空域的超分辨率重建方法主要包括插值方法[11-13]、正则化方法[14-15](包括 L1 范数、L2 范数及 TV 正则项)、最大后验概率(Maximum a Posterior,MAP)方法[16-19]和基于学习的方法[1]等。空域法可建立相对全面的观测模型,将复杂的全局与局部运动等影响重建影像质量的因素嵌入其中,充分利用空域先验知识进行约束,形式灵活,重建性能更好。插值方法则因未增加新的高频信息,结果常常会出现锯齿、模糊等视觉失真的情况;正则化方法是目前空域法中应用相对较为广泛的,将超分辨率重建这一典型的不适定问题适定化,加入图像先验知识,也就是正则项(regularization term)对最终高分辨率影像的质量起到至关重要的作用;而最大后验概率方法则存在着复杂度较高、计算代价较大及实时性差等缺点;近年来专家与学者突破原有研究思路提出了基于学习方法的超分辨率重建方法,文献[1]利用此类方法用低分辨率遥感影像进行实验,实验结果相比于插值方法在客观评价指标上有所提高,但此类方法大多针对单幅遥感影像,很难利用序列影像的差异信息。

综上所述,目前的超分辨率重建方法已取得了一定的进展与突破,但因遥感影像覆盖地表范围广、地形起伏大,如何在序列遥感影像的超分辨率重建结果中增添高频细节信息仍是一个难点问题。本节对现有超分辨率重建方法进行分析与总结,针对序列遥感影像,以最大限度提升影像纹理细节水平与空间分辨率为目标,提出多尺度细节增强的超分辨率重建模型框架,使得重建结果可以提供更多有益的高频细节信息,同时能够达到兼顾遥感影像微观与宏观信息的目的。

1. 多尺度细节增强的超分辨率重建方法的原理

为使超分辨率重建结果涵盖更加丰富的地表纹理信息,通过三角网优化模型下的小面元遥感影像配准算法实现序列遥感影像的亚像元配准,将具有亚像元配准精度的影像作为实验数据,利用最小二乘滤波方法对影像进行多尺度分解,并通过主观判读的方式在序列影像中选取一幅参考影像。以序列影像最大尺度分解结果作为超分辨率重建的冗余信息,冗余信息即序列影像中都包含的信息。对其他观测影像与参考影像相应尺度的分解结果进行差分处理,以获取不同尺度的非冗余信息,非冗余信息即序列影像间的细节差异信息。利用插值方法对冗余信息和非冗余信息进行插值得到相应的高分辨率影像信息,构造细节增强函数,在中小型细节信息增强的基础上融合细节信息和平滑信息,得到初始的超分辨率重建结果,再通过局部优化模型对初始重建结果进一步进行改善,避免过度增强使得影像信息灰度值发生改变,多尺度细节增强的超分辨率重建方法技术流程如图 5-1 所示。

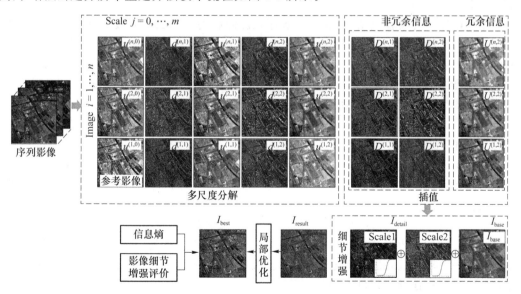

图 5-1 多尺度细节增强的超分辨率重建方法技术流程

1) 基于最小二乘滤波的多尺度分解模型及其解算

本节提出的多尺度分解是指通过设置不同的滤波参数将影像分解成一个包含大尺度边缘的平滑层和一个或多个包含中小型尺度纹理的细节层。采用 Farbman 等在 2008 年所提出的

最小二乘滤波方法[20]对序列遥感影像进行多尺度分解。最小二乘滤波方法使用了最优化方法,设目标函数为

$$\min_{\boldsymbol{u}} \sum_p \left\{ (u_p - g_p)^2 + \lambda \left[\alpha_{x,p} \left(\frac{\partial \boldsymbol{u}}{\partial x} \right)_p^2 + \alpha_{y,p} \left(\frac{\partial \boldsymbol{u}}{\partial y} \right)_p^2 \right] \right\} \tag{5-1}$$

其中 $\boldsymbol{u}$ 为输入影像,$\boldsymbol{g}$ 为输出影像,p 为影像上的像素点,$(u_p - g_p)^2$ 表示输出影像和输入影像的相似程度,$\alpha_{x,p}$ 和 $\alpha_{y,p}$ 是平滑权重,λ 为权衡两个数据项的参数,随着 λ 值逐渐增大,影像则趋于平滑。求目标函数最优解,实际上就是求使得目标函数最小的输出影像 $\boldsymbol{g}$,将式(5-1)转化为矩阵形式:

$$\min_{\boldsymbol{u}} (\boldsymbol{u} - \boldsymbol{g})^{\mathrm{T}} (\boldsymbol{u} - \boldsymbol{g}) + \lambda (\boldsymbol{u}^{\mathrm{T}} \boldsymbol{D}_x^{\mathrm{T}} \boldsymbol{A}_x \boldsymbol{D}_x \boldsymbol{u} + \boldsymbol{u}^{\mathrm{T}} \boldsymbol{D}_y^{\mathrm{T}} \boldsymbol{A}_y \boldsymbol{D}_y \boldsymbol{u}) \tag{5-2}$$

$\boldsymbol{D}_x, \boldsymbol{D}_y$ 为微分符号组成对角矩阵,$\boldsymbol{A}_x, \boldsymbol{A}_y$ 分别为 $\alpha_{x,p}(\boldsymbol{g})$ 和 $\alpha_{y,p}(\boldsymbol{g})$ 组成的对角矩阵。欲求式(5-2)的最小值,可得线性方程组:

$$(\boldsymbol{I} + \lambda \boldsymbol{L}_g) \boldsymbol{u} = \boldsymbol{g} \tag{5-3}$$

式(5-3)中 $\boldsymbol{L}_g = \boldsymbol{D}_x^{\mathrm{T}} \boldsymbol{D}_x + \boldsymbol{D}_y^{\mathrm{T}} \boldsymbol{D}_y$,是普通的拉普拉斯矩阵,由此可见,通过设置不同的滤波器参数即可得到不同尺度的分解结果 u^j,要获取更高尺度的平滑信息,就要设置能使影像更加平滑的滤波参数。

因此,利用最小二乘滤波方法对序列遥感影像 $\text{Image}_1, \text{Image}_2, \cdots, \text{Image}_i (i = 1, 2, \cdots, n)$ 进行多尺度分解,可以得到一系列渐进平滑的影像信息,假设想要得到 m 幅渐进平滑的影像信息,则需通过最小二乘滤波方法进行 m 次分解。更具体地说,以参考影像 Image_1 为例,假如需要构造一个 $j+1$ 级的多尺度分解结果,Image_1 代表输入影像,通过滤波得到一系列渐进平滑影像信息 $u^1, \cdots, u^j (j \geqslant 1)$,其中,$u^j$ 为最大尺度的平滑信息,与此同时可以得到一系列细节信息:

$$d^j = u^{j-1} - u^j \tag{5-4}$$

其中 $j = 0, 1, \cdots, m, u^0 = \text{Image}_1$。

以序列影像作为实验数据,令 $u^{(i,j)}$ 代表序列影像利用最小二乘滤波方法多次滤波后得到的不同尺度的平滑信息,$d^{(i,j)}$ 代表多尺度分解后通过差分获取的一系列细节信息,为充分利用序列影像间的非冗余信息,通过对观测影像与参考影像相应尺度的分解结果进行差分处理,以获取不同尺度的非冗余信息,即 $d^{(i,j)} = u^{(i,j-1)} - u^{(1,j)}$。最后通过插值方法得到一系列与之相对应的高分辨率平滑信息 $U^{(i,j)}$ 和细节信息 $D^{(i,j)}$,后续为了便于描述均以参考影像 Image_1 为例进行说明。

2)纹理信息增强

为避免重建影像出现纹理消失的现象,需充分考虑重建影像纹理细节信息的问题,在多尺度分解的基础上构建细节增强函数 $S(\beta, D^j)$,函数 $S(\beta, D^j)$ 的目的是增强多尺度分解过程的中小型尺度细节信息。

$$S(\beta, D^j) = \{2/[1 + \exp(-\beta \cdot D^j)]\} - 1 \tag{5-5}$$

式(5-5)中,纹理细节增强函数 $S(\beta, D^j)$ 是双曲正切函数,$\beta \cdot D^j$ 是一个简单的标量乘法,在细节增强函数中要求参数 β 是一个正数,D^j 为多尺度分解后通过插值方法获取的高分辨率细节信息,对式(5-5)求偏导数,可以得到

$$\frac{\partial}{\partial D^j} S(\beta, D^j) = \frac{1}{2} \beta [1 - S^2(\beta, D^j)] \tag{5-6}$$

由此可以证明,当 $\beta > 0$ 时,$S(\beta, D^j)$ 是关于 D^j 的增函数,也就是说 β 越大,影像中小型细节增强的幅度越大,但同时也会面临影像失真的问题,因此在实验过程中要同时结合影像信息熵等客观评价指标的情况,权衡地定义一个细节增强参数 β。

3）信息融合

基于多尺度分解的影像信息可以很容易地被重构，只需要简单地将大尺度的平滑信息和中小型尺度的细节信息进行叠加融合。尽管在多尺度分解过程中采取了保持边缘的最小二乘滤波算法，但不同尺度的分解结果中可能仍会有强边缘信息的残留，如果在细节增强过程中，强边缘也被同等尺度地放大，则在后续融合过程中整幅影像的高频区域将会出现过饱和的情况。若采取简单拦截，则影像会丢失很多信息；若单纯地归一化，则影像灰度值分布会发生偏移。所以，无论后续采取何种措施都可能使影像信息发生改变，为了有效地抑制大尺度边缘的过度放大，可以通过函数 f 最小化大尺度边缘的锐化程度。

$$f = \frac{1}{e^{-\theta \cdot D^j} + 1} \tag{5-7}$$

f 函数抑制大尺度边缘过度放大，θ 为一个常量，控制强边缘边界被放大的程度。在信息增强的基础上，对多尺度分解的影像信息通过式（5-8）进行叠加融合，即可得到初始的超分辨率重建结果 X_0。

$$X_0 = I^{\text{base}} + I^{\text{detail}} = I^{\text{base}} + \sum_{j=1}^m D^j \tag{5-8}$$

式（5-8）中，I^{base} 为序列影像的冗余信息，I^{detail} 为序列影像的非冗余信息，D^j 为多尺度细节增强后通过插值方法获取的高分辨率影像细节信息。

4）局部优化模型

由于全局约束不能较好地保护影像的纹理细节和锐化边缘，同时为避免细节增强后影像灰度信息及亮度值会大幅度偏离参考影像，提出局部优化模型。假设参考影像大小为 $l \times h$，则重建影像大小为 $2l \times 2h$，选取一个局部优化窗口，对局部优化窗口进行下采样，对下采样窗口与参考影像对应窗口的影像信息进行差分处理，计算差分处理后影像灰度信息的绝对值之和，若大于预先设定的阈值，则通过局部优化模型进行迭代优化，利用梯度下降方法解决式（5-9）的最小化问题，依据式（5-9）进行迭代更新，完成对初始超分辨率重建结果的优化，如图 5-2 所示，目的是使最终结果尽可能地逼近参考影像。

$$\hat{X}^{\text{sub}} = \arg \min_{X^{\text{sub}}} \| sX^{\text{sub}} - Y^{\text{sub}} \|_2^2 + \mu \| X^{\text{sub}} - X_0^{\text{sub}} \|_2^2 \tag{5-9}$$

其中 Y^{sub} 为参考影像 Image_1 的局部优化子窗口，X^{sub} 为潜在的高分辨率影像的局部优化子窗口，X_0^{sub} 为初始估计的超分辨率重建的局部优化子窗口，s 为下采样因子，μ 为平滑尺度参数。

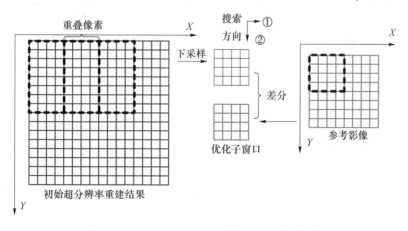

图 5-2　局部优化

5）超分辨率重建结果质量评价标准

不同人的经验不同，判读同一幅影像的质量也可能存在差异，因此采取主观与客观相结合的方式对重建结果进行定量评价。由于采取的实验数据为真实的卫星遥感影像，相应真实的高分辨率影像是不存在的，所以利用信息熵[21-22]（Entropy）和细节增强评价指标[23-24]（Enhancement Measure Evaluation，EME）对遥感影像的超分辨率重建效果做出客观评价。

信息熵是衡量影像信息量的一个重要指标，是对影像信息量分布的一种度量。重建影像的信息熵值越大，说明影像灰度信息偏离影像直方图的高峰区越大，即所有灰度值出现的概率趋于相等，表明影像携带的信息量越丰富。二维灰度影像信息熵的数学表达式如式（5-10）所示，式中 P_k 代表影像中灰度值为 k 的像素出现的频率，可近似代替概率。

$$\text{Entropy} = -\sum_{k=1}^{M} P_k \log_2 P_k \tag{5-10}$$

影像细节增强评价指标的原理是将影像分为 $k_1 \times k_2$ 块区域，计算子区域中灰度最大值和最小值之比的对数并将其作为细节增强评价结果。EME 代表影像局域灰度的变化程度，影像局域灰度的变化越强烈，EME 值越大，说明影像涵盖的细节信息越丰富，其表达式如式（5-11）：

$$\text{EME}_{k_1,k_2} = \frac{1}{k_1,k_2} \sum_{i=1}^{k_2} \sum_{k=2}^{k_1} 20\log \frac{I_{\max;k,j}^{w}}{I_{\min;k,j}^{w}} \tag{5-11}$$

其中 $I_{\max;k,j}^{w}$，$I_{\min;k,j}^{w}$ 分别表示影像块 $w_{k,l}$ 中灰度的最大值和最小值。

2. 实验结果与分析

为验证所提出的超分辨率重建方法的有效性，选取资源三号卫星 TDI CCD 相机获取的遥感影像作为实验数据，在 Intel（R）Xeon（R）CPU E21220 @ 3.10 GHz 64 位操作系统、Matlab R2011b 平台下编程实现。在细节增强的过程中，影像中小型细节随着 β 的增大而增强，但 β 过大则会导致影像失真，如图 5-3 所示，随着 β 的增大，影像细节也随之增强，但当 β 增大到 10 后，不仅影像细节增强效果的改善不明显，反而会逐渐失真，而且影像的信息熵和细节增强评价指标上升的趋势不显著，甚至当 β 增大到一定程度时反而会呈现出下降的趋势，如图 5-4 所示。因此在实验中设置细节增强参数为 $\beta=10$。而参数 θ 作为一个抑制大尺度过度增强的常量，为防止强边缘被过度放大，实验中通常默认设置为 $\theta=2$。

图 5-3　不同细节增强参数效果图

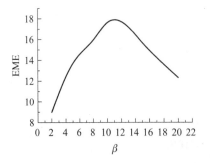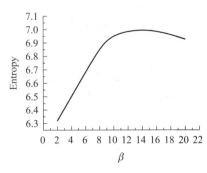

图 5-4　客观评价结果

在局部优化的过程中如何选取合适大小的窗口与窗口间重叠度的设置也非常关键,若窗口太大,则可能导致影像中的细节信息不能很好地被保留,若窗口太小,则优化速率会降低。同时还需要考虑优化窗口间的重叠度,若不设置重叠度,则影像的边缘可能会出现不连续等问题,若重叠度设置过大,则速度会变慢。考虑以上因素,设置不同大小优化窗口进行多次实验,并计算优化时间,如图 5-5 所示。同时与文献[7]中提出的全局优化方法进行对比,如图 5-6 所示,虽然局部优化方法用时相对较长,但从重建影像的效果来看,更好地保护了重建影像的边缘结果及细节信息,而且客观评价指标也有明显提高,可见时间上的牺牲是值得的。因此根据多次实验,权衡优化速率与优化效果,设定局部优化窗口大小为 30×30,同时设置重叠度为优化窗口的二分之一时效果较为理想。

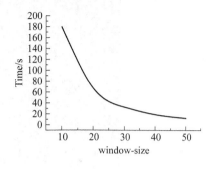

图 5-5 运行时间测试图

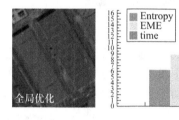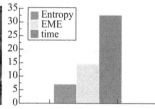

图 5-6 全局与局部优化对比结果

选取同时相和多时相两组实验进行举例说明,通过多尺度细节增强的超分辨率重建模型框架实现 2 倍的影像重建,与双三次插值[13]、TV 方法[15]、MAP 方法[18]进行对比,并通过客观评价方法进行定量分析。实验一选取多时相全色遥感影像进行超分辨率重建实验,实验中 3 幅影像分别获取于 2015 年 2 月 14 日、

彩图 5-6

2015 年 2 月 19 日和 2015 年 4 月 24 日,实验结果如图 5-7 所示。图 5-7(a)中带有红色边框的影像为参考影像,图 5-7(b)为双三次插值结果,图 5-7(c)为 TV 方法的超分辨率重建结果,图 5-7(d)为 MAP 方法的超分辨率重建结果,图 5-7(e)为多尺度细节增强的遥感影像超分辨率重建方法结果,图 5-8 为 4 种超分辨率重建方法的合成影像,从图 5-7、图 5-8 可以看出,相比于其他重建结果,多尺度细节增强的遥感影像超分辨率重建方法的结果较为理想,影像纹理信息明显增强,在主观视觉效果上也有了较好的改善。

彩图 5-7

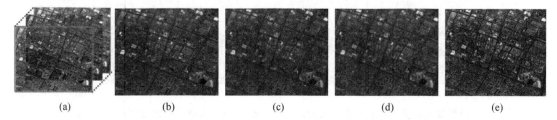

(a)　　　　　　(b)　　　　　　(c)　　　　　　(d)　　　　　　(e)

图 5-7 不同时相遥感影像的超分辨率重建结果。从左到右依次为:(a)序列影像;(b)文献[13]方法;(c)文献[15]方法;(d)文献[18]方法;(e)多尺度细节增强的遥感影像超分辨率重建方法。

图 5-8 不同重建方法的合成影像

实验二选取同时相全色三线阵遥感影像进行超分辨率重建实验,3 幅影像的获取时间均为 2013 年 7 月 10 日,实验结果如图 5-9 所示。图中 5-9(a)中带有红色边框的影像为参考影像,图 5-9(b)～图 5-9(d)为不同方法的超分辨率重建结果,图 5-9(e)为多尺度细节增强的遥感影像超分辨率重建方法结果,图 5-10 为图 5-9 黄色方框中对应区域的局部放大结果,将重建后的影像按照分辨率 1:1 显示。从图中可以看出,多尺度细节增强的遥感影像超分辨率重建方法在纹理信息增强方面具有明显优势,重建影像地物纹理突出,同时也较好地保留了影像边缘结构特征。

彩图 5-9

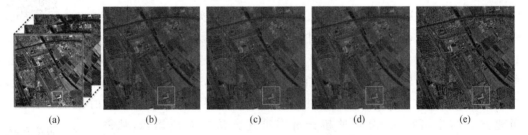

(a)　　　　(b)　　　　(c)　　　　(d)　　　　(e)

图 5-9 相同时相遥感影像(不同算法)超分辨率重建结果。从左到右依次为:(a)序列影像;(b)文献[13]方法;
(c)文献[15]方法;(d)文献[18]方法;(e)多尺度细节增强的遥感影像超分辨率重建方法

(a)　　　　(b)　　　　(c)　　　　(d)　　　　(e)

图 5-10 局部放大显示。从左到右依次为:(a)参考影像;(b) 文献[13]方法;(c)文献[15]方法;
(d)文献[18]方法;(e)多尺度细节增强的遥感影像超分辨率重建方法。

表 5-1 给出了图 5-9 不同重建方法客观评价的量化指标值,多尺度细节增强的遥感影像超分辨率重建方法的 Entropy 值比文献[13]方法改善了 0.74 bit,比文献[15]方法改善了 0.87 bit,比文献[18]方法改善了 0.74 bit,可见重建后影像信息量明显增加;同时 EME 值比文献[13]方法提高了 8.54,比文献[15]方法提高了 6.62,比文献[18]方法提高了 8.75,表明多尺度细节增强的遥感影像超分辨率重建方法在改善局部细节方面同样具有明显优势。从主观视觉效果上来看,图 5-10(e)明显比图 5-10(b)～图 5-10(d)清晰,说明在提高影像空间分辨率的同时不仅保护了影像的边缘结构信息,同时改善了影像中目标景物的细微程度。

表 5-1 实验结果的客观评价指标对比

影像	评价参数	参考影像	文献[13]方法	文献[15]方法	文献[18]方法	本节方法
Experiment1	Entropy/bit	6.275 7	6.294 7	6.207 0	6.334 2	7.040 0
	EME	7.455 5	4.879 0	7.170 0	4.774 7	11.078 1
Experiment2	Entropy/bit	6.262 6	6.262 3	6.133 8	6.267 8	7.007 0
	EME	9.058 8	5.926 3	7.850 2	5.721 3	14.470 6

与实验一的重建结果相比,实验二的重建结果更为理想,可见同时相超分辨率重建的效果要好于多时相超分辨率重建,说明超分辨率重建对具有时间连续性的影像数据可以表现出较好的稳健性。因此在序列影像数据的选择上,要尽量选择相同时相的影像数据,而对于多时相的影像数据,则要尽量选择时相相近的影像数据,这样影像中地物变化不会太大,重建出的影像才有实际意义和价值。通过多尺度增强的超分辨率重建模型框架对不同类型的遥感影像数据进行实验,从表 5-1 的量化性客观评价指标可以得出,多尺度细节增强的遥感影像超分辨率重建方法在客观评价指标上具有明显的提高,表明影像纹理细节信息得到了有效改善。同时重建影像中不仅没有出现明显的模糊或锯齿现象,还增加了更多的高频纹理细节信息,达到了较为理想的重建质量。与双三次插值方法、TV 方法和 MAP 方法相比,重建影像不仅在视觉效果的改善上具有明显优势,而且较好地保护了锐化的影像边缘,丰富了地物纹理信息。

3. 总结

依据卫星遥感影像的成像特点和序列影像间不同而又相似的互补信息,本节提出了多尺度细节增强的遥感影像超分辨率重建模型框架。本节所提出的多尺度分解方法不仅可以很好地保留影像中的细节部分,而且多尺度分解结果中包含较好的边缘结构信息,可利用细节增强函数提升影像中小型尺度细节信息,使之生成新的高频细节信息,同时通过局部优化模型提升局部与整体间的协调性,使重建影像变得更加清晰。实验结果表明,多尺度细节增强的遥感影像超分辨率重建方法与双三次插值方法、TV 方法和 MAP 方法相比,在客观评价指标上均有提升,这表明多尺度细节增强的遥感影像超分辨率重建方法在抑制噪声的同时,还可以保护边缘结构信息。多尺度细节增强的遥感影像超分辨率重建方法在保留灵活性特点的同时,可以重建出更丰富的纹理细节信息,计算量相对较小,提高了计算性能。可见本节所提出的多尺度细节增强的超分辨率重建方法根据观测影像,可以快速地估计出相应的高分辨率影像,且重建影像中涵盖丰富的地貌纹理信息,但多尺度细节增强的遥感影像超分辨率重建只进行了 2 倍的超分辨率重建实验,对于更大倍数的超分辨率重建实验,如何更好地提供高频信息,还有待进一步地深入研究。

本节参考文献

[1] 钟九生,江南,胡斌,等.一种遥感影像超分辨率重建的稀疏表示建模及算法[J].测绘学报,2014,43(3):276-283.

[2] KAIBING Z,DACHENG T,XINBO G,et al. Learning Multiple Linear Mappings for Efficient Single Image Super-Resolution[J]. Image Processing IEEE Transactions on,2015,24(3):846-861.

[3] 谭兵,徐青,邢帅,等.小波超分辨率重建算法及其在SPOT影像中的应用[J].测绘学报,2004,33(3):233-238.

[4] LIANG Y. Semi-coupled dictionary learning with applications to image super-resolution and photo-sketch synthesis[C]//2012 IEEE Conference on Computer Vision and Pattern Recognition IEEE Computer Society. 2012:2216-2223.

[5] COSSAIRT O,GUPTA M,NAYAR S K. When Does Computational Imageing Improve Performance[J]. IEEE Transactions on Image Pocessing,2013,22(2):447-458.

[6] DOGIWAL S R,SHISHODIA Y S,UPADHYAYA A. Super Resolution Image Reconstruction using Wavelet Lifting Schemes and Gabor filters[C]//Confluence the Next Generation Information Technology Summit (Confluence),2014 5th International Conference. IEEE,2014:625-630.

[7] JIANCHAO Y,JOHN W,THOMAS H,et al. Image Super-Resolution via Sparse Representation[J]. IEEE Transactions on Image Processing A Publication of the IEEE Signal Processing Society,2010,19(11):2861-2873.

[8] 钦桂勤,耿则勋,徐青.利用频谱解混叠方法实现超分辨率影像重建[J].测绘学报,2015,32(2):143-147.

[9] DOGIWAL S R,SHISHODIA Y S,UPADHYAYA A. Super Resolution Image Reconstruction using Wavelet Lifting Schemes and Gabor filters[C]//Confluence the Next Generation Information Technology Summit (Confluence),2014 5th International Conference. IEEE,2014:625-630.

[10] BABU P A,PRASAD K. Binary plane technique for super resolution image reconstruction using integer wavelet transform [C]// Pattern Recognition, Informatics and Mobile Engineering (PRIME),2013 International Conference on. IEEE,2013:237-240.

[11] ZHANG L,WU X,MEMBER S. An edge-guided image interpolation algorithm via directional filtering and data fusion[C]// IEEE Trans. Image Proc. 2006:2226-2238.

[12] 沈焕锋,李平湘,张良培.一种顾及影像纹理特性的自适应分辨率增强算法[J].遥感学报,2005,9(3):253-259.

[13] 周登文,申晓留.边导向的双三次彩色图像插值[J].自动化学报,2012,38(4):525-530.

[14] MIN K P,KANG M G,KATSAGGELOS A K. Regularized high-resolution image

reconstruction considering inaccurate motion information[J]. Optical Engineering，2007，46(11):117004.

[15] FADILI J M, PEYRE G. Total Variation Projection with First Order Schemes[J]. IEEE Transactions on Image Processing A Publication of the IEEE Signal Processing Society，2011，20(3):657-669.

[16] LIU C, SUN D. On Bayesian adaptive video super resolution[J]. IEEE Transactions on Pattern Analysis and Machine Intelligence，2013，36(2): 346-360.

[17] VILLENA S, VEGA M, BABACAN S D, et al. Bayesian combination of sparse and non-sparse priors in image super resolution[J]. Digital Signal Processing，2013，23(2):530-541.

[18] XIAO C, YU J, YI A X. A Novel Fast Algorithm for MAP Super-Resolution Image Reconstruction[J]. Journal of Computer Research & Development，2009，46(5):872-880.

[19] 沈焕锋,李平湘,张良培. 一种自适应正则 MAP 超分辨率重建方法[J]. 武汉大学学报(信息科学版)，2006，31(11):949-952.

[20] FARBMAN Z, FATTAL R, LISCHINSKI D, et al. Edge-preserving decompositions for multi-scale tone and detail manipulation[J]. Acm Transactions on Graphics，2008，27(3):15-19.

[21] FATTAL R, AGRAWALA M, RUSINKIEWICZ S. Multiscale Shape and Detail Enhancement from Multi-light Image Collections[J]. Acm Transactions on Graphics，2007，51(3):2007.

[22] 李弼程,魏俊,彭天强.遥感影像融合效果的客观分析与评价[J]. 计算机工程与科学，2004，26(1):42-46.

[23] AGAIAN S S, PANETTA K A, GRIGORYAN A. Transform-based image enhancement algorithms with performance measure [J]. IEEE Transactions on Image Processing，2001，10(3):367-382.

[24] AGAIAN S S, SILVER B, PANETTA K A. Transform coefficient histogram-based image enhancement algorithms using contrast entropy[J]. IEEE Transactions on Image Processing，2007，16(3): 741-758.

5.2 基于多级主结构细节增强的超分辨率重建

超分辨率重建是利用信号处理的方法,由一幅或多幅低分辨率观测图像来获取高分辨率图像或序列的技术[1]。超分辨率重建技术广泛应用于遥感、视频监控、医疗诊断以及军事侦察等民用和军事领域[2],该项研究具有重要的理论意义与应用价值。超分辨率重建技术是一种能够快速、低成本提高图像分辨率的技术,近年来已成为国际上图像重建领域最为热门的研究课题之一。在遥感领域,随着光学遥感卫星技术的迅猛发展,我国的遥感影像数据量也日益丰富,但与国外光学卫星影像的分辨率还存在一定的差距。因此,可以通过超分辨率重建技术,以较小的经济代价提升光学卫星影像的分辨率,满足人们对于遥感影像越来越精细化的应用需求[3-5]。目前,从参与重建的影像数据的角度来看,超分辨率重建方法分为基于单幅影像与多幅影像的超分辨率重建技术。多幅影像因其所包含的互补信息可以弥补重建过程中丢失的高频信息,因此其受到了研究者的关注,也取得了一定的研究成果。对于光学遥感卫星而言,卫星具有回访周期、多角度观测以及异源数据的获取方式,使得同一地区的光学遥感影像数据的获取相对容易。但卫星影像回访的周期相对较长,不同时相的遥感影像地面目标可能会发生变化。即使是同时获取的三线阵影像,因其拍摄角度不同,覆盖同一地区的影像地貌也不完全一致,如图 5-11 所示。由于地形的起伏、阴影的存在等多种因素,基于多幅遥感影像的超分辨率重建对重建影像的效果影响较大,前期需要进行大量的预处理来解决这些问题,这也是一个限制该方法发展的重要因素。此外,多幅影像的高精度配准是超分辨率重建的前提,由于遥感影像自身的特点,同源或异源影像的高精度亚像素级配准精度仍是瓶颈问题。鉴于此类难题尚未解决,很多研究者把研究的关注点转换到了基于单幅影像的超分辨率重建。单幅超分辨率重建对数据的处理代价相对较低,因此逐渐成为超分辨率的主流方法。但是,如何解决图像在重建过程中所遇到的图像模糊、高频信息丢失、边缘锯齿化等共性问题,以及如何充分挖掘单幅影像所包含的信息,保持重建图像边缘的清晰度,从而使图像能够提供更多的关于目标场景的细节信息,依然是遥感领域超分辨率重建亟待解决的关键问题。

图 5-11　同时相三线阵遥感影像

　　综上所述,为避免因遥感图像存在地形起伏而难以达到亚像素级配准精度的问题,本节提出了一种灵活的基于多层次主结构与细节提升的单幅遥感影像超分辨率重建方法。基于主结构的超分辨率重建可以更好地保留重建影像的边缘结构,细节提升可以恢复高分辨率图像的纹理细节,可以重建出一幅高清晰、高保真、多纹理的高分辨率遥感影像。

　　现有的单幅图像超分辨率重建方法大致可以分为 4 类[6-7]:基于插值的超分辨率重建、基于重构的超分辨率重建、基于深度学习的超分辨率重建以及基于信息增强的超分辨率重建。基于插值的超分辨率重建方法是最基本的超分辨率重建方法[8-10],运算速度快,但在重建过程中没有对图像边缘结构进行考虑,造成了影像边缘不同程度的扩散,导致重建影像中可能会存在高频信息模糊化的现象,但该方法直观灵活,运算速度快,在实际应用中仍是其他超分辨率重建的预处理方法。基于重构的超分辨率重建方法[11-13]需要在超分辨率重建的过程中给出准确的先验知识,如何获取地形地貌复杂的遥感影像的先验知识仍是此类方法的难点问题。近年来,基于深度学习的超分辨率重建方法[14-15]利用大量卷积模板学习图像的底层特征,在底层特征的基础上重建目标的高层结构特征,能够有效提高重建影像的质量。但是,这需要一个大容量的训练样本库,而且训练过程非常耗时,只能实现训练模型下规定的重建倍数,缺乏灵活性,卷积层数较少,重建影像的高频信息恢复部分效果尚有欠缺,重建的高分辨率图像的纹理细节提升还不足。基于增强的超分辨率重建方法在对影像进行预处理的基础上,利用图像增强方法弥补重建过程中丢失的高频信息,改善重建影像的效果,这种方法解决了超分辨率重建模型复杂度的问题,难点是如何权衡图像增强的尺度,避免重建影像边缘出现过度锐化等现象。

由于国内卫星遥感影像受传感器本身及成像条件的限制,遥感影像分辨率与清晰度目前还没有达到分米级的高清效果。为了使重建影像的视觉可视性与纹理细节得到提升,针对真实的遥感影像数据,运用多层次主结构与细节提升的超分辨率重建方法,重建具有清晰的边缘结构与丰富的纹理细节的高分辨率遥感影像。

1. 基于多级主结构和细节增强的超分辨率重建的原理

首先,利用 RTV 方法提取影像不同层次的主结构与细节信息;其次,分别对主结构与细节信息进行重建;最后,利用细节提升函数增强重建影像的高频细节信息,融合得到边缘结构清晰、纹理细节丰富的高分辨率遥感影像。基于多级主结构和细节增强的超分辨率重建方法的技术流程图如图 5-12 所示。

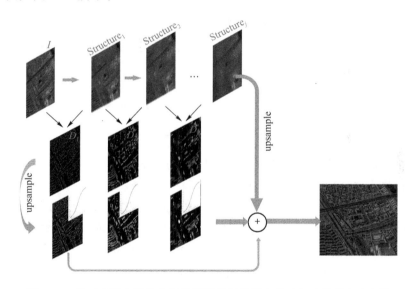

图 5-12　基于多级主结构和细节增强的超分辨率重建方法的技术流程图

（1）相对总变差

文献[16]提到图像通常由有意义的结构和纹理融合在一起,对于遥感影像而言,图像的整体结构是人类视觉感知系统的主要数据,纹理细节是获取图像信息量的重要基础。因此,从图像中提取有意义的结构数据与纹理细节是一项有意义的工作,同时也可以作为单幅遥感影像实现超分辨率重建的有力支撑。该模型可以有效地分解图像中的结构信息和纹理,并且无须特别指定纹理是否规则或者对称。换言之,该方法具有一般性和随意性,它适用于非统一的或各向异性的纹理。Xu 等提出了一种相对总变差模型来提取图像主结构,计算模型如下:

$$\arg \min_S \sum_P (S_P - I_p)^2 + \lambda \Big(\frac{D_x(p)}{L_x(p) + \varepsilon} + \frac{D_y(p)}{L_y(p) + \varepsilon} \Big) \tag{5-12}$$

其中,I 代表输入图像,p 代表 2D 图像的像素索引,S 代表输出结构图像,λ 为控制分离图像主结构与纹理的一个权重值，ε 为引入的一个小正值，用来避免分母为 0 的情况，ε 固定取值为 0.001，其中：

$$D_x(p) = \sum_{q \in R(p)} g_{p,q} \cdot |(\partial_x S)_q| \quad D_y(p) = \sum_{q \in R(p)} g_{p,q} \cdot |(\partial_y S)_q| \tag{5-13a}$$

$$L_x(p) = \sum_{q \in R(p)} g_{p,q} \cdot |(\partial_x S)_q| \quad L_y(p) = \sum_{q \in R(p)} g_{p,q} \cdot |(\partial_y S)_q| \tag{5-13b}$$

q 为以 p 点为中心的正方形区域内所有像素点的索引，g 为高斯核函数：

$$g_{p,q} \propto \exp\left(-\frac{(x_p - x_q)^2 + (y_p - y_q)^2}{2\delta^2}\right) \tag{5-14}$$

参数 δ 控制式(5-13)中窗口的大小，δ 是决定图像结构与纹理分离过程的一个重要参数，经验取值范围为 0~8 之间，δ 增加可以很好地抑制纹理，保留主结构边缘锐化的效果。

下面以 X 方向为例介绍式(5-14)的求解过程。

$$\sum_p \frac{D_x(p)}{L_x(p) + \varepsilon} = \sum_q \sum_{p \in R(q)} \frac{g_{p,q}}{\left|\sum_{q \in R(p)} g_{p,q} \cdot (\partial_x S)_q\right| + \varepsilon} |(\partial_x S)_q|$$

$$\approx \sum_q \sum_{p \in R(q)} \frac{g_{p,q}}{L_x(x) + \varepsilon} \frac{g_{p,q}}{|(\partial_x S)_q| + \varepsilon_s} (\partial_x S)_q^2$$

$$= \sum_q u_{x,q} w_{x,q} (\partial_x S)_q^2 \tag{5-15}$$

由于式(5-15)引入了较小的 ε_s，第二行实际是一个近似计算，同时重新构造二次项 $(\partial_x S)_q^2$ 和非线性部分 $u_{x,q}, w_{x,q}, u_{x,q}, w_{x,q}$ 表示如下：

$$u_{x,q} = \sum_{p \in R(q)} \frac{g_{p,q}}{L_x(x) + \varepsilon} = \left(G_\delta * \frac{1}{|G_\delta * \partial_x S| + \varepsilon}\right)_q \tag{5-16a}$$

$$w_{x,q} = \frac{1}{|(\partial_x S)_q| + \varepsilon_s} \tag{5-16b}$$

其中 G_δ 为标准差 δ 的高斯核函数，$*$ 为卷积符号，Y 方向的计算类似。

因此，可以将式(5-12)转化为如下矩阵形式：

$$(\mathbf{v}_S - \mathbf{v}_I)^{\mathrm{T}}(\mathbf{v}_S - \mathbf{v}_I) + \lambda(\mathbf{v}_S^{\mathrm{T}} \mathbf{C}_x^{\mathrm{T}} \mathbf{U}_x \mathbf{W}_x \mathbf{C}_x \mathbf{v}_S + \mathbf{v}_S^{\mathrm{T}} \mathbf{C}_y^{\mathrm{T}} \mathbf{U}_y \mathbf{W}_y \mathbf{C}_y \mathbf{v}_S) \tag{5-17}$$

其中，$\mathbf{v}_S, \mathbf{v}_I$ 分别代表 S 和 I 的两个列向量，$\mathbf{C}_x, \mathbf{C}_y$ 是向前差分梯度算子的特普利兹矩阵，$\mathbf{U}_x$，$\mathbf{U}_y, \mathbf{W}_x, \mathbf{W}_y$ 分别为对角矩阵，对角线上的值分别为 $\mathbf{U}_x[i,j] = u_{x,i}$，$\mathbf{U}_y[i,j] = u_{y,i}$，$\mathbf{W}_x[i,j] = w_{x,i}$，$\mathbf{W}_y[i,j] = w_{y,i}$，然后对式(5-17)进行求导得到如下方程：

$$(1 + \lambda \mathbf{L}^t) \cdot \mathbf{v}_S^{t+1} = \mathbf{v}_I \tag{5-18}$$

$\mathbf{1}$ 为单位矩阵，$\mathbf{L}^t = \mathbf{C}_x^{\mathrm{T}} \mathbf{U}_x^t \mathbf{W}_x^t \mathbf{C}_x + \mathbf{C}_y^{\mathrm{T}} \mathbf{U}_y^t \mathbf{W}_y^t \mathbf{C}_y$ 为权重矩阵，$\mathbf{1} + \lambda \mathbf{L}^t$ 为对称正定的拉普拉斯矩阵，直接求矩阵的逆运算，或者用共轭梯度算法完成求解。

(2) 多级主体结构下细节信息的提取与构建

从心理学角度分析，图像的整体结构特征才是人类视觉感知的主要数据来源，边缘主结构的清晰度是决定一幅图像分辨率的重要指标之一。由于 RTV 模型适用于非统一的或各向异性的纹理，可以从具有复杂纹理的遥感图像中提取边缘主结构。因此，利用 RTV 模型分解图像中的边缘结构和纹理信息，基于边缘主结构的重建，可以提高对高分辨图像结构估计的准确性。为了增加对边缘主结构估计的准确性，通过调节窗口大小控制去除图像中的细节，从而得到不同层次的显著结构信息。利用 RTV 方法提取到不同层次的遥感图像主结构，例如，多级主结构的目标是获取一组大尺度边缘信息 S_j(Scale $j = 0, 1, \cdots, m$)，假设输入的原始遥感图像

被分解为 m 层主结构,然后,图像必须在 $j+1$ 个级别上进行分解(比例 $j=0,1,\cdots,m$)。当主结构级别 $j=0$ 时,我们设置 $S_0=I_0$,然后将相对总变化算法迭代应用于输入图像,并计算一系列不同级别的边缘主结构 $S_1,\cdots,S_j$。不同参数 λ 的渐进主结构增加了每个级别 j 的规模。我们设置初始参数 $\lambda_{s=1}=1\times10^{-2}$,$\delta_{s=1}=0.5$。多层次的主结构信息可以描述为 $s_1,\cdots,s_j$,不同层次的主结构信息提取的数学描述如下:

$$Structure_1=RTV(I)$$
$$Structure_2=RTV(S_1)$$
$$\vdots$$
$$Structure_j=RTV(S_{j-1})$$

(5-19)

为了使结构的边缘更加清晰,在对图像主结构进行上采样的过程中,利用冲击滤波来加强边缘信息,冲击滤波是一个能够从模糊图像中恢复图像强边缘的有效方法,使重建影像保留清晰显著的边缘结构。为充分挖掘单幅影像所携带的信息,基于 RTV 提取的多层次主结构,进一步进行差分处理,获取多层次的细节信息,并对细节信息进行上采样,不同层次细节信息提取的计算过程如下。这种插值方法考虑了多个方向已知像素点的相关信息,使重建影像保留清晰显著的边缘结构。对相邻两个尺度的光滑层进行差分处理,得到不同尺度的细节层,具体公式为

$$D_1=I-Structure_1$$
$$D_2=Structure_1-Structure_2$$
$$\vdots$$
$$D_j=Structure_{j-1}-Structure_j$$

(5-20)

(3)多尺度细节特征提升与融合

与多幅影像超分辨率重建相比,单幅影像在超分辨率重建的过程中难以提供互补信息来弥补重建过程中容易丢失的细节信息。因此,为了使重建的高分辨率图像能恢复更丰富逼真的纹理细节,本节提出了一种灵活的细节提升函数来弥补重建过程中丢失的高频细节。从生物神经科学的观点来看,若我们把图像转换成信号,则信号的中间部分为图像的纹理细节,两端为图像的边缘主结构,利用 S 形曲线函数将中间的纹理细节部分激活,数学描述如下:

$$f(\alpha,D_j)=\frac{1-e^{-2D_j\alpha}}{1+e^{-2D_j\alpha}}$$

(5-21)

其中,$f(\alpha,D_j)$ 属于双曲正切函数,是一种 Sigmoid 函数。Sigmoid 函数是一个在生物学中常见的 S 形函数,也称为 S 形生长曲线。在信息科学中,由于其单增以及反函数单增等性质,Sigmoid 函数常被用作神经网络的阈值函数,将变量映射到 0 与 1 之间,值域在 -1 与 1 之间。

对于不同尺度的超分辨率实验,将不同的细节增强参数应用于多级细节信息,并计算出一系列不同增强的细节信息级别 $D_1,\cdots,D_j$。不同参数 α 的渐进细节增强信息增加了尺度超分辨率。我们设置初始参数 $\alpha_{\times2}=2$,然后设置 $\alpha_{\times s}=2(j-1)\alpha_{\times2}$。

D_1 包含了较多的细节信息,同时也混杂着一定的边缘主结构,在对 D_1 进行细节提升时,边缘主结构信息可能会同时被提升,这样可能会导致图像的整体出现饱和情况,在融合的过程中,控制边缘主结构信息的提升,提升纹理细节信息,其数学公式描述如下:

$$HR=\{1-\beta_1 sign[f(\alpha,D_1)]\}\times f(\alpha,D_1)+\beta_2\times f(\alpha,D_2)+\beta_3\times f(\alpha,D_3)+S_3 \quad (5-22)$$

其中 w_1,w_2 和 w_3 的值分别固定为 0.5,0.5 和 0.25,可以用来推断高频分量的细节增强信息

的量。算法 1 概述了所提出的 SR 重建方法。

Algorithm 1 Multilevel Main Structure and Detail Boosting SRR

1：**input**：image I，scale parameter s，

2：**initialization**：

3：**for** band＝1：n **do**

4：　　decompose and obtain multilevel main structure，$S_j = \text{RTV}(S_{j-1})$，$S_0 = I$ and upsample

5：　　calculate multilevel detail information，$D_j = S_{j-1} - S_j$，and upsample

6：　　detail boosting with eq.（10）

7：　　fusion with eq.（11）

8：**end for**

9：**output**：HR image

（4）客观评价标准

为了更好地评价所提出的时空遥感影像数据细节增强的超分辨率重建结果，通过主观与客观相结合的方式对重建结果进行定量分析，由于选取的实验数据为真实的卫星遥感影像，与其对应的高分辨率影像并不是真实存在的，所以采用信息熵、细节增强评价（Enhancement Measure Evaluation，EME）、平均梯度 3 个评价指标对重建效果作出客观评价。

信息熵[17]用来表示任何一种能量在空间中均匀分布的程度，能量分布越均匀，熵值越大，影像信息熵表示为

$$\text{Entropy} = -\sum_{i=0}^{n} P(i)\log_2 P(i) \tag{5-23}$$

其中，$P(i)$ 为某像素值 i 在影像中出现的概率，n 是影像的灰度范围，影像的信息熵值越大，则影像直方图高峰区域的范围越大，所有灰度值出现的概率越趋于相等，则影像携带的信息量越大，信息越丰富。

细节增强评价[18]的原理是将待评价的影像划分为 $k_1 \times k_2$ 个子区域，计算子区域中灰度的最大值和最小值之比的对数并将其作为影像细节的评价结果。此评价指标代表影像局部的灰度变化程度，EME 值越大，说明影像的细节信息越丰富，其数学表达式如式（5-24）所示：

$$\text{EME}_{k_1,k_2} = \frac{1}{k_1,k_2}\sum_{i=1}^{k_2}\sum_{k=2}^{k_1} 20\lg\frac{I^{\text{w}}_{\max;k,j}}{I^{\text{w}}_{\min;k,j}} \tag{5-24}$$

其中 $I^{\text{w}}_{\max;k,j}$，$I^{\text{w}}_{\min;k,j}$ 分别表示影像局部影像块 $w_{k,l}$ 中灰度的最大值和最小值。

2. 实验结果与分析

为验证所提出的基于多层次主结构与细节提升的超分辨率重建方法的可靠性与普适性，选取资源三号、高分二号与 WorldView 3 种传感器获取的全色影像作为实验数据，在 Intel（R）CPU E3-1505M v6 @3.00 GHz 64 位操作系统、Matlab R2016a 平台下编程实现。本节实验基于真实的遥感影像进行超分辨率重建，与大多数超分辨率重建方法选取的实验数据不同，并非对真实影像进行退化处理，再以模拟影像作为数据完成超分辨率重建。实验选取城区、乡镇、道路、沙漠、水域、山川等多种地形地貌，实验影像参数如表 5-2 所示，实验影像如

图 5-13 所示。

表 5-2　实验影像参数

No.	Figure	Satellite	View/Spectral Mode	Image Size	GSD/m	Acquisition Date
1	7a	ZY3	Panchromatic	550 × 550	2.1	10 August 2012
2	7b	ZY3	Panchromatic	870 × 870	2.1	14 February 2015
3	7c	ZY3	Panchromatic	500 × 500	2.1	16 October 2017
4	7d	WorldView	Panchromatic	500 × 500	0.8	16 October 2017
5	7e	WorldView	Panchromatic	500 × 500	0.8	16 October 2017
6	7f	GF-2	Panchromatic	500 × 500	1	11 November2017
7	g	ZY3	Multi Spectral	500 × 500	5	5 June 2016
8	h	GF-2	Multi Spectral	500 × 500	4	11 November2017
9	i	WorldView	Multi Spectral	500 × 500	1.8	1 June 2016

图 5-13　实验影像

利用真实遥感影像实现 2 倍的超分辨率重建实验,与 Bicubic 方法、IBP 方法、SRCNN 方法、VDSR 方法、直方图均衡化方法作对比,并通过主观与客观的评价方法进行定量分析。前 6 组为全色影像,后 3 组为多光谱影像,实验结果如图 5-14 所示。

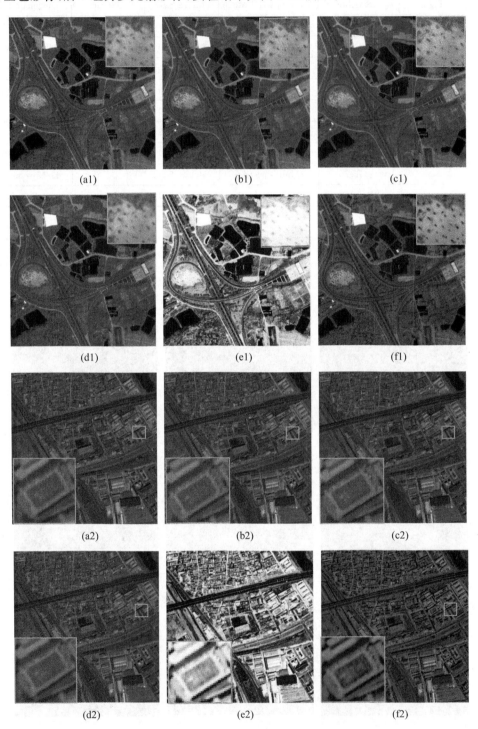

图 5-14　不同方法 2 倍超分辨率重建效果对比结果。依次为:
(a)Bicubic;(b)IBP;(c)SRCNN;(d)VDSR;(e)HE;(f)Proposed。

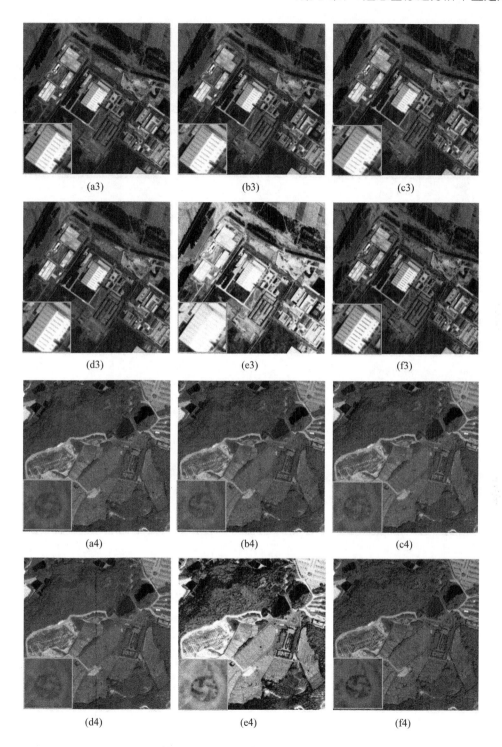

图 5-14 不同方法 2 倍超分辨率重建效果对比结果。依次为：
（a）Bicubic；（b）IBP；（c）SRCNN；（d）VDSR；（e）HE；（f）Proposed。（续图）

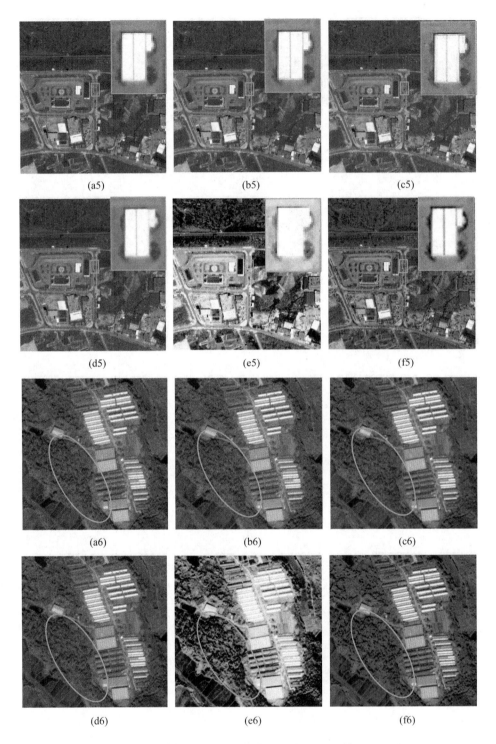

图 5-14　不同方法 2 倍超分辨率重建效果对比结果。依次为：
(a)Bicubic；(b)IBP；(c)SRCNN；(d)VDSR；(e)HE；(f)Proposed。（续图）

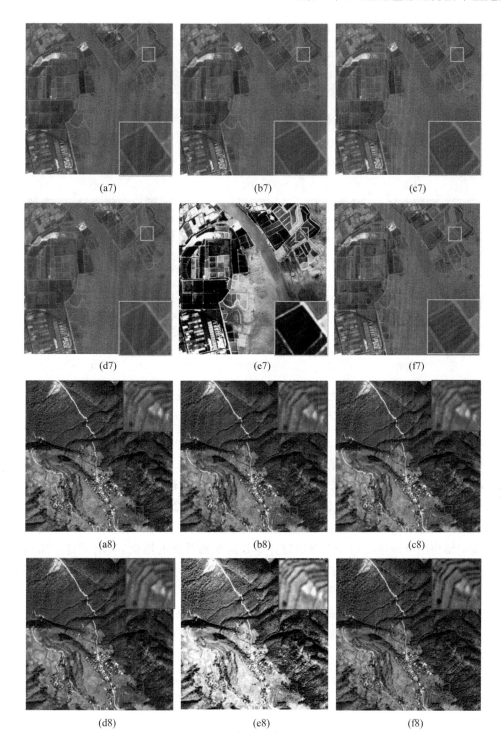

图 5-14　不同方法 2 倍超分辨率重建效果对比结果。依次为：
（a）Bicubic；（b）IBP；（c）SRCNN；（d）VDSR；（e）HE；（f）Proposed。（续图）

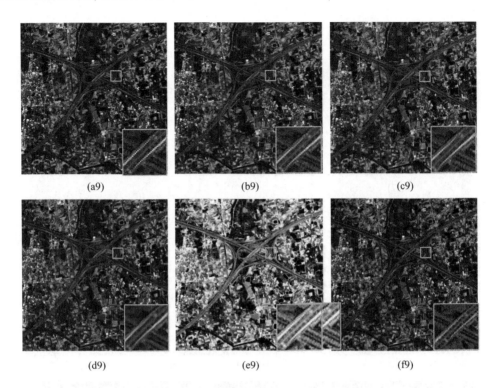

图 5-14　不同方法 2 倍超分辨率重建效果对比结果。依次为：
(a)Bicubic；(b)IBP；(c)SRCNN；(d)VDSR；(e)HE；(f)Proposed。(续图)

　　从主观视觉效果来看，Bicubic 方法重建影像的整体效果欠佳，边缘结构比较模糊，在重建的过程中没有信息量的增加，纹理细节不够丰富。IBP 方法重建影像的整体效果在视觉上的提升并不明显，而且没有真实高分辨率影像作为参考，重建影像质量的提升也明显受到了限制。SRCNN 与 VDSR 方法重建影像的质量要优于传统的插值方法与 IBP 方法，重建影像边缘结构的清晰度有了改善，但复杂的纹理地貌的信息并没有得到质的提升。为了进一步说明基于多级主结构细节增强的超分辨率重建并不是简单的对比度增强，采用了直方图均衡化进行对比分析，直方图均衡化方法在视觉上虽然提高了重建影像的对比度，但也改变了影像整体的辐射信息。基于多级主结构细节增强的超分辨率重建方法的影像含有丰富的地貌纹理信息，细节特征较为突出，重建影像的边缘结构也比较清晰。为了对不同重建方法的重建结果进行定量分析，通过信息熵与细节增强指标对重建影像进行客观评价，表 5-3 列出了不同重建方法的客观评价指标结果。

表 5-3　不同重建方法的客观评价指标结果

Index		Bicubic	IBP	SRCNN	VDSR	HE	Proposed
Exp_1	Entropy	6.871	6.920	6.932	6.869	6.634	7.064
	EME	10.504	12.350	12.654	9.918	12.685	15.050
Exp_2	Entropy	6.48	6.51	6.52	6.47	6.35	6.93
	EME	5.34	5.83	11.04	9.13	9.44	12.88
Exp_3	Entropy	7.360	7.363	7.369	7.368	7.097	7.418
	EME	12.120	12.734	12.578	11.916	10.754	15.855

	Index	Bicubic	IBP	SRCNN	VDSR	HE	Proposed
Exp_4	Entropy	6.987	7.015	7.023	6.983	6.749	7.212
	EME	9.672	11.751	12.264	8.846	9.030 3	15.785
Exp_5	Entropy	5.371	6.819	6.941	6.861	5.308	7.227
	EME	4.496	5.287	6.698	5.889	5.384	7.423
Exp_6	Entropy	7.092	7.101	7.110	7.102	6.801	7.269
	EME	7.903	8.538	8.839	7.520	13.169	13.427
Exp_7	Entropy	6.471	6.475	6.529	6.491	5.866	6.607
	EME	5.126	5.582	5.665	4.924	5.616	7.702
Exp_8	Entropy	7.476	7.486	7.496	7.411	7.197	7.548
	EME	16.835	18.262	17.973	16.511	15.538	22.294
Exp_9	Entropy	7.399	7.420	7.520	7.402	5.989	7.996
	EME	20.025	20.102	21.853	16.655	20.757	23.622

　　由于无法与真实的高分辨率遥感图像进行对比,采用非参考图像质量评价指标信息熵和 EME 对重建影像进行评价,客观评价指标的值越高表明重建图像的质量越好,客观评价指标结果见表 5-3。统计表明,所提出的多层次主结构与细节提升方法在客观评价指标上也表现出了优势。基于多级主结构细节增强的超分辨率重建影像的信息熵指标比 Bicubic、IBP、SRCNN、VDSR、HE 方法平均分别增加了 0.84 dB、0.34 dB、0.31 dB、0.32 dB、0.3 dB。与其他 SR 方法相比,所提出的 SR 方法的 EME 度量也有了显著改善,重建的高分辨率影像优于传统的 SR 方法和最先进的 SR 方法。此外,实验通过直方图均衡化对影像进行重建,通过直方图均衡化可以看出,在光照与辐射正常的情况下,改变影像的对比度并不能增加重建影像的信息量,细节信息也没有得到改善。最终重建图像的视觉效果较差,并且边缘结构也不够清晰。

　　为了进一步测试算法的性能,实验以全色影像与多光谱影像作为实验对象,与以 2 倍尺度重建类似,分别进行 2 倍、2.5 倍、3 倍、3.5 倍与 4 倍的超分辨率重建实验,实验结果如图 5-15 所示。

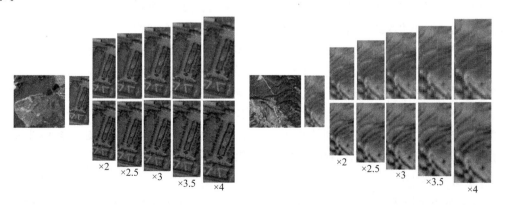

图 5-15　不同尺度下多级主结构细节增强超分辨率重建方法与 Bicubic 方法的结果比较

　　从实验结果中可以看出,基于多级主结构细节增强的超分辨率重建效果明显好于插值算法,插值算法模糊了高频边缘信息,而基于多级主结构细节增强的超分辨率重建算法可较好地复原出高频信息。当重建的倍数不断增大时,插值算法的重建结果边缘较为模糊,在细节上有些失真。基于多级主结构细节增强的超分辨率重建算法在重建的过程中弥补了高频信息,重建影像具有更多的特征信息,边缘轮廓清晰,纹理信息更加丰富,在视觉上更能满足人类的要求,体现出更好的重建性能。不同超分辨率重建尺度下的客观评价指标结果如表 5-4 所示。

表 5-4 不同超分辨率重建尺度下的客观评价指标结果

Index		Method	×2	×2.5	×3	×3.5	×4
Exp_1	Entropy	Bicubic	5.48	5.48	5.48	5.48	5.48
		Proposed	7.21	7.20	7.20	7.20	7.20
	EME	Bicubic	5.90	4.54	4.34	3.89	3.54
		Proposed	13.02	10.57	9.51	8.98	8.18
Exp_2	Entropy	Bicubic	7.16	7.16	7.16	7.16	7.16
		Proposed	7.46	7.44	7.44	7.44	7.44
	EME	Bicubic	9.69	8.67	6.88	6.06	5.44
		Proposed	18.37	14.53	13.65	13.02	12.05

通过客观评价指标可以再次看出,基于多级主结构细节增强的超分辨率重建方法可以在超分辨率重建倍数不断增加的过程中,也能提供重建影像的信息量,因此重建影像所携带的信息量较多。而插值影像的信息量基本保持不变,当重建的倍数过高时,细节信息很少,而且边缘模糊度更加严重。

综合主观评价和客观评价分析,所提出的方法可以在超分辨率重建过程中提供丰富的细节信息。综合上述实验对比分析,通过不同倍数的超分辨率重建结果对比分析可知,与双三次插值方法相比,基于多级主结构细节增强的超分辨率重建算法不仅在主观评价上有明显改善,而且其客观评价指标也有显著的提升。与经典的 IBP 方法相比,重建影像的地貌纹理更加丰富,增加了重建过程中丢失的高频细节信息。与目前 the state-of-the-art 的 SR method 方法相比,基于多级主结构细节增强的超分辨率重建方法可以用于不同尺度大小的超分辨率重建实验,更具有灵活性,同时在重建的过程中弥补了丢失的高频信息,提升了纹理细节。与直方图均衡化相比,所提出的重建方法并不是简单地增加对比度,而是在重建过程中弥补丢失的高频信息,重建清晰的边缘结构,实现高清晰、高保真、多细节的重建影像。基于多级主结构细节增强的超分辨率重建方法的贡献主要有:①能够实现不同尺度的超分辨率重建,具有一定的灵活性,重建影像的边缘主结构清晰;②利用提出的细节提升函数,可弥补不同重建尺度过程中丢失的高频信息,并且有效地改善了重建结果边缘溢出的问题,重建影像具有丰富的纹理地貌信息;③充分挖掘单幅遥感影像自身信息完成超分辨率重建,避免对多幅遥感影像进行高精度像素配准的难题。重建结果的纹理特征提取不是非常理想的,SRCNN 方法与多级主结构细节增强的超分辨率重建方法相比,高频纹理特征提升受限。

3. 应用

通过超分辨率重建方法得到的高分辨率遥感影像,可以提供高清晰目标的影像信息及目标的精确定位数据,具有广泛的经济和军事用途。从高分辨率遥感影像中快速、有效地提取纹理特征信息,一直是摄影测量与遥感领域研究的热点。为了说明不同分辨率的遥感影像在特征提取中的效果,验证高分辨率遥感影像的边缘更清晰、纹理特征更容易被识别,利用 ASIFT 特征点提取算子[19]与 LSD 直线提取算法[20],分别对原始影像与用不同重建方法得到的高分辨率遥感影像的点特征以及线特征进行提取,实验结果如图 5-16、图 5-17 所示。

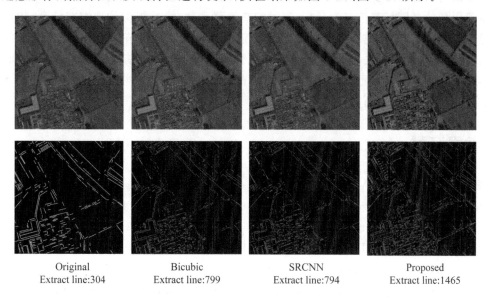

图 5-16　特征线提取结果

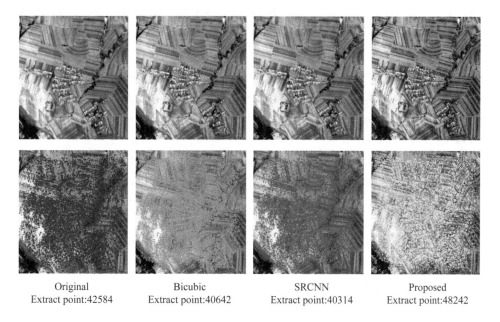

图 5-17　点特征提取结果

从图 5-16 与图 5-17 中,我们可以直观地看出,双三次插值方法因在重建过程中缺乏高频细节信息,重建后的高分辨率影像提取的特征也相对较少。从特征提取结果来看,结合这个应用实例也可以进一步得出,基于多级主结构细节增强的超分辨率重建方法可以提取到原始图像中提取不到的信息特征。而且从特征提取结果中也可以得出,基于多级主结构细节增强的超分辨率重建影像可以提取更多特征信息,也就是说,通过超分辨率重建不仅可以提高影像的空间分辨率,还可以提升遥感影像信息的识别度。

本节提出了多层次主结构细节增强的超分辨率重建算法,基于 RTV 方法提取不同尺度的边缘主结构信息,为充分挖掘遥感影像携带的信息,进一步提取不同尺度的细节信息,并以提升重建影像的高频细节信息为目标,通过细节增强函数,提升影像纹理细节信息,防止边缘结构过度提升,解决了重建影像如何生存更多新的、有益的高频细节信息的问题。实验结果表明,相比于双三次插值方法、迭代反投影方法以及深度学习方法,基于多级主结构细节增强的超分辨率重建算法提高了重建影像的清晰度,在提高重建质量的同时,简化了复杂的重建模型,适合于对性能要求较高的应用。

本节参考文献

[1] BÄTZ M, KOLODA J, EICHENSEER A, et al. Multi-image super-resolution using a locally adaptive denoising-based refinement [C]//2016 IEEE 18th International Workshop on Multimedia Signal Processing (MMSP). Montreal：IEEE，2016：1-6.

[2] NAYAK R, HARSHAVARDHAN S, PATRA D. Morphology based iterative back-projection for super-resolution reconstruction of image[C]//2014 2nd International Conference on Emerging Technology Trends in Electronics，Communication and Networking. Surat：IEEE，2014：1-6.

[3] ZHU H, TANG X, XIE J, et al. Spatio-temporal super-resolution reconstruction of remote-sensing images based on adaptive multi-scale detail enhancement[J]. Sensors，2018，18(2)：498.

[4] GOU S, LIU S, YANG S, et al. Remote sensing image super-resolution reconstruction based on nonlocal pairwise dictionaries and double regularization[J]. IEEE Journal of Selected Topics in Applied Earth Observations and Remote Sensing，2014，7(12)：4784-4792.

[5] LI L, WANG W, LUO H, et al. Super-resolution reconstruction of high-resolution satellite ZY-3 TLC images[J]. Sensors，2017，17(5)：1062.

[6] KWAN C, CHOI J H, CHAN S, et al. Resolution enhancement for hyperspectral images：a super-resolution and fusion approach [C]//2017 IEEE International Conference on Acoustics，Speech and Signal Processing (ICASSP). LA：IEEE，2017：6180-6184.

[7] LIM B, SON S, KIM H, et al. Enhanced deep residual networks for single image super-resolution[C]//Proceedings of the IEEE Conference on Computer Vision and Pattern Recognition Workshops. Honolulu：IEEE，2017：136-144.

[8] YANG D, LI Z, XIA Y, et al. Remote sensing image super-resolution：challenges and approaches[C]//2015 IEEE International Conference on Digital Signal Processing (DSP). Singapore：IEEE，2015：196-200.

[9] DONG W, ZHANG L, LUKAC R, et al. Sparse representation based image interpolation with nonlocal autoregressive modeling[J]. IEEE Transactions on Image Processing，2013，22(4)：1382-1394.

[10] ZHANG L, WU X. An edge-guided image interpolation algorithm via directional filtering and data fusion[J]. IEEE Transactions on Image Processing, 2006, 15(8): 2226-2238.

[11] ZHANG H, YANG Z, ZHANG L, et al. Super-resolution reconstruction for multi-angle remote sensing images considering resolution differences[J]. Remote Sensing, 2014, 6(1): 637-657.

[12] CHAMBOLLE A. An algorithm for total variation minimization and applications[J]. Journal of Mathematical imaging and vision, 2004, 20: 89-97.

[13] FAN C, WU C, LI G, et al. Projections onto convex sets super-resolution reconstruction based on point spread function estimation of low-resolution remote sensing images[J]. Sensors, 2017, 17(2): 362.

[14] MEI S, YUAN X, JI J, et al. Hyperspectral image spatial super-resolution via 3D full convolutional neural network[J]. Remote Sensing, 2017, 9(11): 1139.

[15] LEDIG C, THEIS L, HUSZÁR F, et al. Photo-realistic single image super-resolution using a generative adversarial network[C]//Proceedings of the IEEE Conference on Computer Vision and Pattern Recognition. Honolulu: IEEE, 2017: 4681-4690.

[16] DONG C, LOY C C, HE K, et al. Image super-resolution using deep convolutional networks[J]. IEEE Transactions on Pattern Analysis and Machine Intelligence, 2015, 38(2): 295-307.

[17] TSAI D Y, LEE Y, MATSUYAMA E. Information entropy measure for evaluation of image quality[J]. Journal of Digital Imaging, 2008, 21: 338-347.

[18] AGAIAN S S, PANETTA K, GRIGORYAN A M. Transform-based image enhancement algorithms with performance measure[J]. IEEE Transactions on Image Processing, 2001, 10(3): 367-382.

[19] LOWE D G. Distinctive image features from scale-invariant keypoints[J]. International Journal of Computer Vision, 2004, 60: 91-110.

[20] VON GIOI R G, JAKUBOWICZ J, MOREL J M, et al. LSD: a line segment detector[J]. Image Processing on Line, 2012, 2: 35-55.

第6章

基于遥感影像超分辨率重建的应用

6.1 超分辨率重建在卫星平台微振动
探测中的可行性分析

6.1.1 遥感卫星平台微振动的测绘学分类研究

在人类生活的物质世界里,振动随处可见。振动的种类繁多,形式各异,它们存在于各个角落、各种场所。在自然界、工程技术领域、日常生活和社会生活中,普遍存在着状态的循环变化或物体的往复运动,这类现象称为振荡,如大海的波涛起伏、钟摆的摆动、心脏的跳动、经济发展的高涨与萧条等形形色色的现象都具有明显的振荡特性[1]。振动是一种特殊的振荡,即平衡位置附近微小或有限的振荡。宇宙中这种普遍存在的振动现象有大到地震、海啸,小到基本粒子的热运动、布朗运动。这些振动能给人类带来许多好处,但在工程实践中存在的振动却往往影响着机械的正常运作。例如:桥梁因振动而坍塌,诸如塔科马大桥(Tacoma Narrows Bridge)的坍塌;飞机机翼、机轮的振动造成飞行事故;车、船以及机舱的振动导致承载条件劣化;等等。不同领域的振动现象各具特色,但也存在共性。物体或质点在其平衡位置附近所做的往复运动称为机械振动[2]。在电路中,电流、电压、电荷量、电场强度或磁场强度在某一定值附近随时间作周期性变化,称为电磁振动[3]。航天器在发射过程中经受复杂和严峻的力学环境,力学效应激起航天器主次结构的共振响应,称为航天器振动[4]。卫星在轨运行期间,卫星平台的姿态调整、太阳帆板的调整、星上运动部件的周期性运动或变轨冷热交变等因素引发的振荡,称为卫星平台的振动[5-6]。对这些各具特色的振动建立理论基础并进行分类研究,讨论振动现象机理、阐明振动规律,为解决实践中可能出现的各种振动问题提供理论依据,将具有重要的理论意义与应用价值。

遥感卫星光学传感器正在由高分辨率向甚高分辨率发展,这对遥感卫星平台的稳定性、传感器数据质量和几何精度等提出了更高的要求。因此,深入分析遥感卫星平台不同振动源自身的频率及引起共振频率的耦合因素,总结遥感卫星平台姿态调整、太阳帆板调整、星上运动部件周期性运动和变轨冷热交变等因素所引发的振动规律,借鉴交叉学科关于振动的机理与分类原则,从测绘学角度对遥感卫星的微振动进行统一分类,可为后续研究遥感卫星的微振动现象,提高遥感卫星平台的指向精度与稳定性,也可为寻求相对超稳在轨运行平台提供有力的理论基础。

1. 国内外遥感卫星平台微振动现象及其研究

遥感卫星平台微振动是制约高分辨率光学卫星成像质量与定位精度的关键因素之一,本小节归纳了国内外有关遥感卫星微振动探测的代表性工作及其进展,将现有的遥感卫星平台微振动探测方法归纳为以下 3 类。

第一类为基于非姿态传感器的探测方法,主要包括利用影像数据、星图数据、Lidar 数据等探测卫星平台微振动,对数据进行分析建模得到卫星微振动的相关参数。这类方法利用成像载荷内部多个 CCD 或同一卫星平台多个成像载荷之间非同步成像存在的成像视差探测卫星平台微振动,ZY3-01 探测到频率为 $0.6\sim0.7$ Hz 的微振动,ALOS 探测到频率为 $0.6\sim0.7$ Hz 的微振动,SPOT5 探测到频率约为 0.003 Hz 等。Amberg 等[7]提出将恒星视为参照物,利用 CCD 相机拍摄星图进行星像点提取,通过分析星像点轨迹数据,建模得到微振动相关参数。

第二类为基于姿态测量系统的探测方法,包括基于绝对姿态与基于相对姿态两种方法。基于绝对姿态通过卫星平台下传的原始星敏感器、陀螺等量测数据对卫星平台的微振动进行探测。基于相对姿态利用姿态传感器直接获取高精度的高频振动数据,能够直接反映卫星平台高频微振动在俯仰、翻滚和偏航方向的角度瞬时变化。ALOS 通过姿态传感器探测到频率为 $60\sim70$ Hz 的微振动[8-9],Yaogan-26 探测到分别为 100 Hz、200 Hz、300 Hz 的微振动[10]。

第三类为基于地面控制数据的探测方法,利用卫星影像与地面控制数据精度参考数据(DEM、DOM 产品)进行同名点匹配,生成高精度密集地面控制点,计算像方残差,估计卫星平台微振动。Gwinner 等[17]利用生成的 DEM 数据作为地面控制数据探测到卫星平台微振动的频率范围为 $0.1\sim0.2$ Hz,1.7 Hz;Takaku 等[8]利用 ALOS 影像生成 DEM 探测到卫星平台微振动的频率范围为 $6\sim7$ Hz。

综上所述,目前大量文献已报道了探测到国内外遥感卫星均存在微振动现象,但尚未对这些微振动频率隶属频段进行统一分类。因此,从测绘学角度来研究遥感卫星微振动的分类,可为后续遥感卫星平台微振动问题的研究提供参考。

2. 振动源机理分析

遥感卫星平台结构庞大、复杂,平台内部振动源较多,如动量轮、力矩陀螺、太阳翼驱动机构等。各种活动部件之间或活动部件与卫星平台整体结构之间产生振动耦合都会引发卫星平台的微振动,导致遥感卫星平台存在转动部件的转动频率或其倍频、分频等,以及与卫星平台耦合存在共振频率,这将影响高精度遥感卫星的指向精度与成像质量。遥感卫星平台的振动现象是比较复杂的气动弹性力学不稳定现象,主要包括星载各类部件的转动、星载各类大型可控构件驱动机构工作、星载各类大型柔性构件进出阴影冷热交变诱发,以及卫星平台变轨调姿期间推力器工作产生的微振动等[12]。遥感卫星在轨运行过程中不同的振动源会产生不同频段、不同量级的微振动响应,深入分析这些振动源在正常运行状态下的振动特性,是进行抑制研究遥感卫星平台微振动的基础和前提,表 6-1 列出了不同振动源在仿真实验平台下的振动特性。

表 6-1　转动部件振动频率

转动部件名称	产生原因	振动频率范围
太阳翼帆板	驱动机构谐波	中低频段
推力器	启动或关闭时产生脉冲干扰	各频段
动量轮	动量交换装置	中高频段
控制力矩陀螺(CMG)	转动不平稳	中高频段
热控系统	制冷机械运动	中低频段
调姿发动机	姿态控制时产生干扰	中低频段

　　遥感卫星平台的运动部件包括太阳帆板、展开式天线、空间相机姿态调整等,这些运动部件会引发各种频率的振动,引发的频率范围一般为 10~2 000 Hz[13]。太阳翼帆板是卫星的能量来源,卫星发射时太阳翼处于折叠状态,星箭分离后打开并在卫星飞行过程中不断调整方向,使太阳电池对准太阳,为整星工作提供能量,太阳翼帆板引起的振动频率主要在 1~2 Hz 附近[14]。动量轮作为卫星平台的动量交换装置,与调姿发动机一样,控制卫星平台的姿态,调姿发动机和动量轮引起的振动一般在 10~30 Hz 范围内,还有部分 100 Hz 以上微振动[14]。遥感卫星控制系统通常采用的执行机构是控制力矩陀螺(CMG),陀螺在受外力矩作用而运动时,对施力物体的反作用力偶矩,通常控制力矩陀螺引起卫星平台微振的频率范围为几十到一百赫兹。此外,相对于传统相机三轴姿态稳定控制下的推扫式成像,新型高分辨率敏捷卫星通过姿态机动,可以随时根据需要沿任意轨迹推扫成像[15]。高分辨率敏捷卫星在轨运行时,因机动成像工作会产生附加的扰动力而造成卫星平台的微振动。CMG 是敏捷卫星姿态控制执行机构部件,能够提供大输出力矩,以实现大角度快速姿态机动能力。CMG 在控制机动侧摆的过程中会引入额外的扰动,使之成为星体微振动的主要振动源。微振动力学环境极其复杂,卫星平台微振动会直接影响卫星传感器姿态的稳定性,导致存在与时间相关的相对姿态误差[16-17]。有效地探测到这些振动源的特性,提供振动源的振动频率,可以为探测卫星平台微振动提供有力的数据支撑。

3. 基于测绘学的微振动的定义与分类

　　不同科学任务需求导致不同卫星平台需要携带相应多而复杂的载荷结构,加之外界环境无法控制,使得卫星平台无法避免地长期处于振动状态[16]。这种微振动相较于航天器发射初期的强烈振动而言,相对较为稳定且有规律可循,这种微振动现象随时间作周期性变化,卫星传感器安装位置发生振动时,其振动形式符合多级三角形函数的规律:

$$x(t) = A\left[\cos\left(\frac{2\pi t}{T_0} + \varphi\right) + \sin\left(\frac{2\pi t}{T_0} + \varphi\right)\right] = A[\cos(2\pi ft + \varphi) + \sin(2\pi ft + \varphi)] \quad (6\text{-}1)$$

式(6-1)中 A 为微振动的振幅,T_0 为微振动的周期,φ 为微振动的初始相位,f 为微振动的频率。由此可以得出,卫星振动的频率与振幅成反比,即频率越高振幅越小,反之,频率越低振幅越大。

　　遥感卫星平台在轨运行期间,其平台的主要运动部件(如动量轮、太阳电池、相机等摆动部件)做周期性运动或因变轨、冷热交变等引发扰动致使遥感卫星平台产生一种周期性的往复运动或振荡,将存在于遥感卫星平台的这种振动称为遥感卫星的微振动(microvibration）。遥感卫星微振动与机械振动有相似的规律可循，即遥感卫星平台振动是在某个定值附近周期性的往复持续振动，这种振动可用频率范围进行描述。从测绘影像产品应用需求出发，如图 6-1 所示，依据卫星影像行采样时间、景时间、一轨以及轨道周期，定义卫星微振动频率的计算公式如下，并将卫星平台的微振动频率划分成高频、中频、低频、超低频及特低频 5 个区间类。

$$f(T)=\begin{cases} & T\leqslant \text{LineTime} \\ & \text{LineTime}<T\leqslant \text{ImageTime} \\ \dfrac{1}{T}/2, & \text{ImageTime}<T\leqslant \text{Imgstrip\_Time} \\ & \text{Imgstrip\_Time}<T\leqslant \text{OrbitTime} \\ & T\geqslant \text{OrbitTime} \end{cases} \tag{6-2}$$

式（6-2）中 f 为微振动频率，LineTime 为卫星影像行采样时间，ImageTime 为影像景成像时间，Imgstrip_Time 为卫星拍摄条带影像的成像时间，OrbitTime 为轨道周期。

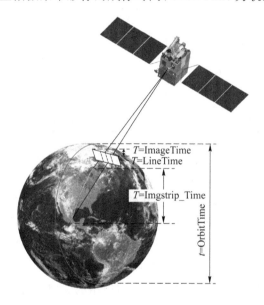

图 6-1　遥感卫星影像采样时间示意图

① 高频（high frequency），采样时间为 $T\leqslant \text{LineTime}$，卫星平台微振动存在于影像采样时间一行之内，微振动传递到像面会引起像的振动，高频振动会引起图像降质，导致成像模糊。通常将在复杂力学环境效应下产生的幅值较小、频率较高的微振动称为持续震荡（ringing）。

② 中频（medium frequency），采样时间为 $\text{LineTime}<T\leqslant \text{ImageTime}$，将存在于影像行采样时间与景成像之间的频率定义为微振动的中频。中频振动是指振动的位移、频率与振幅呈现周期性的稳定状态，这种微振动称为持稳振动（sustained-steady vibration）。中频振动可以通过星敏感器与陀螺、姿态测量系统、卫星影像产品进行探测。

③ 低频（low frequency），采样时间为 $\text{ImageTime}<T\leqslant \text{Imgstrip\_Time}$，将微振动存在于一景影像到 500 km（一条带）之间的频率定义为低频。低频振动是指在复杂的力学环境下，由各种机械部件的耦合作用引发的振幅较大、频率较低的振动，这种微振动称为颤振（jitter）。

④ 超低频（super low frequency），采样时间为 $\text{Imgstrip\_Time}<T\leqslant \text{OrbitTime}$，将介于500 km（一条带）与轨道周期间的频率定义为超低频。卫星在轨运行期间，在拍摄过程中经过

不同纬度受到的光照不同,导致平台搭载的载荷受热不同,因此引起卫星平台频率极低的微振动。

⑤ 甚低频(ultra low frequency),采样时间为 $T >$ OrbitTime,将存在大于一个轨道周期内的振动频率定义为甚低频。

4. 实验分析

以资源三号 01 星平台微振动探测为例,利用星上搭载的星敏感器、陀螺、多光谱相机等,开展卫星平台的微振动频率探测实验分析,实验数据源及类型如表 6-2 所示,利用资源三号平台现有的载荷数据探测遥感卫星平台微振动的情况。

表 6-2 资源三号 01 载荷及参数说明

载荷	数据源	参数	
		频率/Hz	说明
星敏感器	星图	2	曝光时间:250 ms
	姿态四元数(光轴输出)	4	与相机拍摄时间同步,每圈小于 10 min
	长弧段姿态数据	1	服务模式下,遥测通道下传
陀螺	姿态角速度	4	与星敏同步
多光谱相机	多光谱影像	—	每圈拍摄时间不超过 10 min,主要集中在境内

1)基于姿态传感器探测遥感卫星平台微振动

(1)基于陀螺角速度的微振动频率探测

资源三号 01 星配置了高精度姿态测量装置,包括高精度陀螺和 3 台高精度星敏感器,可以下传高精度时的星敏陀螺原始数据,利用快速傅里叶变换(FFT)对下传的陀螺数据进行分析,探测卫星平台微振动的频率。实验随机选取资源三号卫星 01 星下传的发射初期、中期及后期的原始陀螺数据,数据分别为 2012 年 2 月 3 日 381 轨、2014 年 3 月 26 日 012270 轨以及 2018 年 5 月 12 日 035197 轨。通过傅里叶变换对原始的 3 组陀螺数据进行分析,如图 6-2 所示,探测到发射初期与中期卫星平台微振动的频率为 0.6~0.7 Hz,后期卫星平台的微振动频率为 0.5~0.6 Hz,探测到的微振动频率均介于 0.139~10 Hz 之间,因此基于陀螺角速度探测到的微振动频率属于中频。

(2)基于星敏感器四元数的微振动频率探测

资源三号 01 星搭载了 3 台高精度星敏感器,分析星敏感器下传的四元数数据,探测卫星平台的微振动情况。实验选取资源三号 01 星 2012 年 1 月下传的四元数数据,获取星敏感器光轴夹角的变化情况,利用星敏感器光轴夹角探测卫星平台的微振动,如图 6-3 所示。利用傅里叶变换分析星敏光轴夹角差值的变化频率,从而探测到卫星平台存在频率约为 0.001 1 Hz 的微振动。资源三号卫星条带影像的拍摄时间约为 80 s,轨道周期约为 98 min,利用星敏感器光轴夹角探测到的卫星平台微振动频率介于 8.68×10^{-7}~0.006 25 Hz 之间,因此基于星敏感器探测到的微振动频率属于超低频频段。超低频误差主要是由于星敏感器在卫星在轨运行过程中,受轨道周期内温度变化影响,在较长一段时间内起伏变化较大,对星敏感器的测量精度产生了周期性的影响。

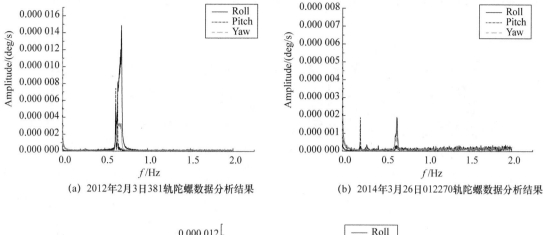

(a) 2012年2月3日381轨陀螺数据分析结果　　(b) 2014年3月26日012270轨陀螺数据分析结果

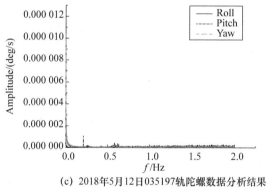

(c) 2018年5月12日035197轨陀螺数据分析结果

图 6-2　资源三号 01 星陀螺数据分析结果

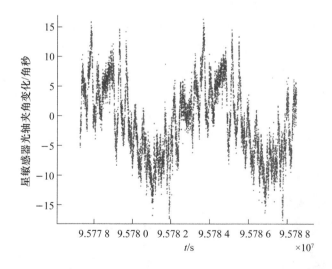

图 6-3　星敏感器光轴夹角的变化情况

2）基于非姿态传感器探测遥感卫星平台微振动

（1）基于多光谱影像配准的微振动频率探测

实验随机选择 021863 轨第 114 景多光谱影像的谱段 1 与谱段 2 影像作为实验数据，拍摄时间为 2015 年 12 月 14 日。利用相位相关算法对谱段 1 与谱段 2 影像进行匹配，得到谱段配准误差图与误差变化曲线图，如图 6-4 所示，统计匹配波段的视差，分析其随时间的像移大小变化。

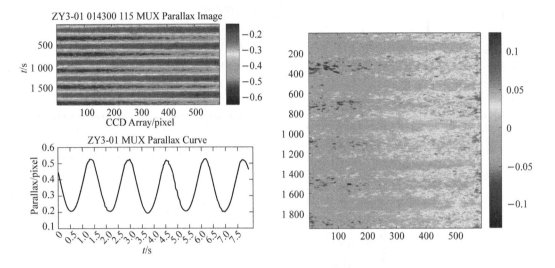

图 6-4　微振动探测与像方补偿结果

从实验结果可以得出，资源三号卫星平台微振动引起的像方偏移量呈现明显的规律性，相对幅值大小在 0.2～0.6 像素之间波动，微振动频率保持在 0.65 Hz 左右。根据对微振动频率分类的定义，多光谱影像行采样时间 Linetime＝0.05 s，$f_{Linetime}＝10$ Hz，景成像时间 Imagetime＝3.6 s，$f_{Imagetime}＝0.139$ Hz，探测到的微振动频率介于 0.139～10 Hz 之间，因此利用多光谱影像探测到的遥感卫星平台微振动频率属于中频频段。

（2）基于星图的微振动频率探测

随机选取资源三号 01 星 2012 年 8 月 9 日下传的星图图像作为实验数据，通过对 381 轨星图图像进行星像点的质心提取，统计星图中观测星与导航星间的星对角距变化，探测卫星平台的微振动情况，如图 6-5 所示，图 6-5（a）为 381 轨星图中恒星的运动轨迹，图 6-5（b）为观测星与导航星星对角距的误差统计结果。探测到资源三号卫星平台存在微振动，沿轨方向的频率为 0.51 Hz，垂轨方向的频率为 0.65 Hz，基于星图探测到的微振动频率均介于 0.139～10 Hz 之间，因此基于星图探测到的微振动频率属于中频频段。

（a）星图恒星的运动轨迹

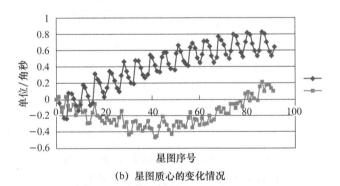

（b）星图质心的变化情况

图 6-5　基于星图的微振动探测结果

3）基于地面控制数据探测遥感卫星平台微振动

利用 Google 数据作为控制点,探测资源三号卫星平台的微振动情况。基于地面控制数据的微振动频率探测,实验选取覆盖地球一圈的资源三号 01 影像数据,因拍摄条件限制,利用其他轨道周期的影像对实验数据进行补充。共统计资源三号 01 星 2015 年 019926 轨、019942 轨、017918 等 18 轨数据,以 Google 地球作为控制点,统计资源三号影像与 Google 影像在沿轨方向与垂轨方向的坐标差值,实验结果如图 6-6 所示。利用地面控制数据探测到卫星平台存在微振动现象,其沿轨方向振动频率约为 0.001 17 Hz,垂轨方向振动频率约为 0.001 12 Hz。基于地面控制数据探测到的卫星平台微振动的频率均介于 $8.68 \times 10^{-7} \sim 0.006\ 25$ Hz 范围内,因此基于地面控制数据探测到的微振动频率属于超低频频段。

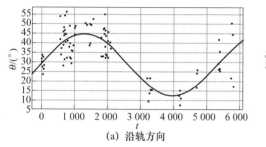
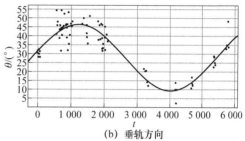

图 6-6　基于地面控制数据的统计结果

由此可见,遥感卫星平台可能同时存在多种微振动现象,对这些微振动现象按照频率进行分类研究,深入分析不同微振动现象的产生机理,后续可以针对不同频率范围的微振动进行改进或补偿,从而使遥感卫星平台趋近于超稳状态,为高分辨率遥感卫星的成像质量与定位精度提供有力支撑。

5. 结论

本节从测绘学的角度研究了遥感卫星平台微振动的分类,深入分析了引发微振动的机理,并以资源三号卫星平台探测到的微振动现象为例,对微振动频率分类进行了系统分析。

① 中、高频微振动在复杂力学环境效应下产生,主要由动量轮的交换、控制力拒陀螺的转动不平稳造成。中、高频的微振动探测可以结合三角函数模型、傅里叶模型等,建模分析卫星平台微振动现象。中、高频误差消除,可以通过对微振动进行系统补偿,从而削弱遥感卫星平台中存在的中、高频微振动。

② 超低频微振动主要由卫星在轨运行期间,在拍摄过程中受不同纬度光照影响,导致平台载荷受热不均而产生。超低频误差的消除,一方面可以在硬件设计阶段考虑用温控设计优化等方法削弱低频误差的影响,另一方面可以在软件设计阶段考虑用完善星表等方法削弱低频误差,从而提高星敏感器的测量精度。

综上所述,为了获取高精度的定姿参数,削弱微振动对遥感卫星的影响:一方面可以从硬件角度出发,采用隔离减震安装设计降低卫星活动部件对平台的影响;另一方面可以从软件的角度出发,通过探测微振动规律建模分析,对微振动进行系统补偿。后续研究可以针对不同频段的微振动现象增加探测手段与优化理论的研究,为超稳卫星平台的研制提供可靠的理论基础,进而推动测绘遥感领域高精度、高分辨率等相关技术的研究工作。

6.1.2　超分辨率重建在卫星平台颤振探测中的可行性

星载激光光斑质心定位是卫星激光测高数据处理的关键所在,对于精确地获取激光指向角具有重要的意义[18-19]。随着光学载荷空间分辨率的不断提高,激光指向角的精度将直接影响几何定位精度,决定着遥感测绘卫星平台的无地面控制定位能力[20-21]。然而,硬件条件的限制导致激光光斑的直径一般为 4～8 个像素,使得直接通过质心定位方法获取更高精度的定位结果遇到了瓶颈。因此,如何获得高精度亚像元的定位精度是目前研究的重点与难点问题之一。当卫星的轨道高度为 500 km 时,对于空间分辨率为 1 m 的光学遥感卫星,若平台的指向精度存在 $0.36''$ 的偏差,将引起平面几何约为 0.87 个像素的误差;但在同样的成像条件下,对于空间分辨率为 0.5 m 的光学遥感卫星,将引起平面几何约为 1.74 个像素的误差,当分辨率提高到 0.1 m 时,引起的几何误差将达到 8.7 个像素左右。由此可见,只有保证激光光斑的定位精度,才能实现卫星平台颤振规律的精确探测,进而提升卫星的无控制测图能力。

目前,卫星平台颤振规律的探测方法主要分为基于姿态传感器的直接探测法与基于非姿态传感器的间接探测法[22-24]。基于姿态传感器的直接探测法主要是直接利用姿态角度或者角速度测量输出进行探测,这类探测法包括利用星敏感器、陀螺仪、ADS 等测姿载荷进行探测[25-31]。基于非姿态传感器的间接探测法主要是借助于平台上其他载荷数据,如对地相机、恒星相机、激光测高仪等输出数据开展平台颤振探测[32-33]。基于激光测高仪的颤振探测属于一种新型的卫星平台颤振探测手段,主要包括基于激光足印坐标的颤振探测方法与基于激光图像质心轨迹的颤振探测方法。前者通过分析激光测高仪获取的高程与地面实际高程差值的规律性,进而探测卫星平台的颤振[34-35];后者通过激光图像质心与质心间的拟合轨迹间接探测卫星平台颤振现象,其中,质心定位方法主要包括灰度加权[36]、高斯曲面拟合[37]、椭圆拟合[38]等。灰度加权方法主要考虑像素值与权重的关系,进而对激光光斑进行定位,计算较为简单;高斯曲面拟合方法通过高斯函数模拟成像过程中的点扩散函数,从而对激光光斑进行定位,稳定性较好,但计算相对复杂;椭圆拟合方法将激光光斑视为椭圆,在形态学提取边缘点的基础上进行最小二乘拟合,从而对光斑质心进行定位,该方法的稳定性欠佳。上述质心定位方法都是基于激光光斑固有成像的空间分辨率,现有质心定位方法很难再提高其定位精度。

因此,在对激光图像进行去噪的基础上,利用反卷积改善激光光斑存在的"拖尾"现象,引入超分辨率重建方法提高激光光斑图像空间分辨率,协同反卷积与超分辨率重建解决激光光斑定位精度难以进一步提升的问题,并通过质心跟踪的灰度加权方法对长时序激光光斑图像进行跟踪定位,进而实现卫星平台的颤振探测。

1. 激光光斑超分辨率重建原理

针对 GLAS 激光光斑含有噪声且空间分辨率较低的问题,本小节提出了基于暗通道模板的激光光斑去噪方法,结合反卷积改善激光光斑的"拖尾"现象,并引入了超分辨率重建方法提升激光光斑固有的空间分辨率,在此基础上,提出了一种质心跟踪的灰度加权亚像素定位方法,对长时序激光光斑图像进行跟踪定位,解决了激光光斑图像中最大能量值不唯一影响其质心定位精度的问题,从而实现对 GLAS 卫星平台颤振规律的初步探测。

(1)基于暗通道噪声模板的激光光斑去噪

GLAS 激光光斑图像属于非标准的高斯分布,而且光斑数据中存在一定的噪声信息。为了去除噪声信息对质心定位精度的影响,本小节提出了一种非光斑下的暗通道模板去噪方法。在长序列激光光斑数据中,噪声信息发生着微弱的变化,可将其视为系统性背景噪声,同时系统性背景噪声的能量值远远小于光斑的能量值。因此,统计连续多个激光光斑图像的系统性背景噪声信息并将其作为噪声模板,对长时序激光光斑图像进行去噪处理。对于任意序列的激光光斑 J,其暗通道噪声模板的数学描述为

$$I^{\text{noise}}(x) = \min_{y \in \Omega(x)} \left[\min_{c \in \{J^1, J^2, \cdots, J^n\}} J^c(y) \right] \tag{6-3}$$

其中,I^{noise} 表示提取的噪声信息,J^c 表示激光图像序列,$\Omega(x)$ 表示以像素 x 为中心的一个窗口,y 为激光图像的像素值。

通过公式计算暗通道噪声模板,得到暗通道噪声模板信息,如图 6-7 所示。将原始激光光斑图像与暗通道噪声模板进行差分,如式(6-4)所示,使得噪声信息与目标光斑分离,从而获取激光光斑。

$$I_{\text{denoi sin g}}^c = J^c - I^{\text{noise}} \quad (c=1,2,\cdots,n) \tag{6-4}$$

其中,$I_{\text{denoi sin g}}^c$ 表示星载激光图像的去噪结果,J^c 表示星载激光图像序列。

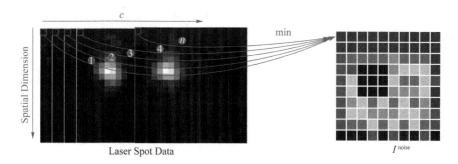

图 6-7　暗通道噪声模板示意图

(2) 结合反卷积的激光光斑超分辨率重建

鉴于激光光斑存在一定的"拖尾"现象,同时为了提高激光光斑的固有空间分辨率,协同反卷积与最大后验概率方法对激光光斑图像进行超分辨率重建。假设 I_L 为原始激光图像,需要在已知激光图像信息的条件下,估算出最优的高分辨率光斑能量分布 I_H。依据贝叶斯理论,最大后验概率的数学表达式如下:

$$I_H = \arg \max_{I_H} P(I_H/I_L) = \arg \max_{I_H} \frac{P(I_L/I_H)P(I_H)}{P(I_L)} \tag{6-5}$$

式(6-5)中,$P(I_H)$ 与 $P(I_L)$ 分别代表高分辨率激光光斑图像 I_H 与低分辨率激光光斑图像 I_L 的先验概率,$P(I_L/I_H)$ 代表当高分辨率激光光斑图像为 I_H 时,对应的低分辨率激光光斑图像 I_L 的条件概率。I_L 是已知的,$P(I_L)$ 可以被视为常数,与求解高分辨率激光光斑图像 I_H 无关,可以被忽略,因此其数学描述如下:

$$I_H = \arg \max_{I_H} P(I_L/I_H)P(I_H) \tag{6-6}$$

由于激光图像中光斑存在一定的"拖尾"现象,可通过激光光斑估计点扩散函数,可通过点扩散函数对原始光斑图像进行反卷积处理,假设 I_L 为激光光斑数据,f 为反卷积核,在已知激光光斑图像反卷积处理的前提下,再对上式取对数得

$$I_H = \arg \max_{I_H} [\lg P(I_L * f/I_H) + \lg P(I_H)] \tag{6-7}$$

在基于最大后验概率估计的超分辨率重建中,先验概率模型 $P(I_H)$ 采用高斯分布函数,条件概率 $P(I_L * f/I_H)$ 转化为待求高分辨率激光光斑图像,与低分辨率激光光斑图像的求解相同。

(3) 基于质心跟踪的灰度加权亚像素定位方法

传统灰度加权是将每个激光光斑作为基元分别提取其质心坐标,不仅容易受到背景噪声

的干扰,而且当应用于长时序的激光光斑质心定位中时,其最大能量值不唯一,导致激光光斑质心定位精度较低。因此,可通过质心跟踪约束长时序激光光斑图像的质心坐标初始位置,确保质心定位的精确性,如图 6-8 所示。

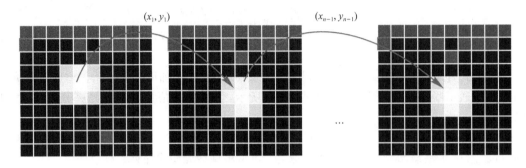

(x_1,y_1)　　(x_{n-1},y_{n-1})

图 6-8　质心跟踪灰度加权定位方法示意图

将超分辨率重建后的激光光斑质心坐标分为像素级与亚像素级两个部分。首先确定激光光斑中能量最大值所对应的坐标位置,即像素级定位。其次利用灰度加权提取重建后激光光斑的质心坐标,对重建窗口内的质心进行亚像素定位。最后以最大值为中心建立自适应窗口,利用灰度加权法求取该光斑的质心坐标,并通过前一个激光光斑的质心坐标位置约束下一个激光光斑的质心坐标。其中,灰度加权的数学描述如式(6-8)所示,$(\bar{x}_0,\bar{y}_0)$ 为质心坐标,n 为窗口内的大小,(x_i,y_i) 为第 i 个像素的坐标,$p(x_i,y_j)$ 为第 i 个像素的灰度值。

$$\begin{cases} x_{\text{sub}}=\dfrac{\sum\limits_{i=1}^{n}\sum\limits_{j=1}^{n}x_i p^2(x_i,y_j)}{\sum\limits_{i=1}^{n}\sum\limits_{j=1}^{n}p^2(x_i,y_j)} \\[3mm] y_{\text{sub}}=\dfrac{\sum\limits_{i=1}^{n}\sum\limits_{j=1}^{n}y_i p^2(x_i,y_j)}{\sum\limits_{i=1}^{n}\sum\limits_{j=1}^{n}p^2(x_i,y_j)} \end{cases} \tag{6-8}$$

2. 分析与讨论

本小节主要研究 GLAS 卫星平台所采集的激光光斑图像,图像大小为 20×20 像素,图像灰度值范围为 $0\sim255$,其中激光光斑散布在几个像元中,大小一般不超过 5×5 像素,如图 6-9 所示。

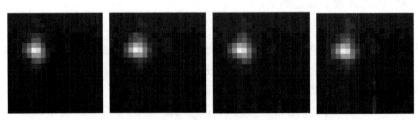

图 6-9　激光光斑数据

随机选取获取时间为 2015 年 6 月 17 日与 2015 年 10 月 26 日的激光光斑图像数据,以非光斑下同一像素能量最小值为限制条件,得到暗通道背景噪声信息,获取的暗通道噪声及其三维可视化结果如图 6-10 所示。

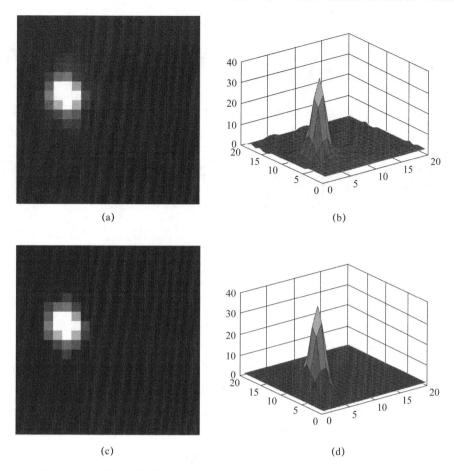

图 6-10　激光光斑及三维显示结果。(a)原始图像;(b)原始图像的三维显示;
(c)去噪后激光光斑图像;(d)去噪后激光光斑图像的三维显示。

为了进一步验证所提方法质心定位的可靠性,实验通过与灰度加权法、高斯曲面拟合法、椭圆拟合法相对比,得出 2115-0279 质心提取结果如图 6-11 所示,2117-1293 质心提取结果如图 6-12 所示。

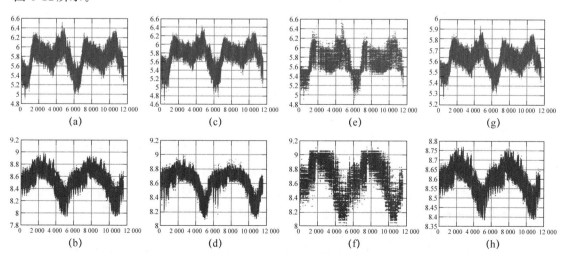

图 6-11　2115-0279 质心提取结果。(a)(b)灰度加权法 x,y 方向质心提取结果;(c)(d)高斯曲面拟合法 x,y 方向质心提取结果;(e)(f)椭圆拟合法 x,y 方向质心提取结果;(g)(h)本节方法 x,y 方向质心提取结果。

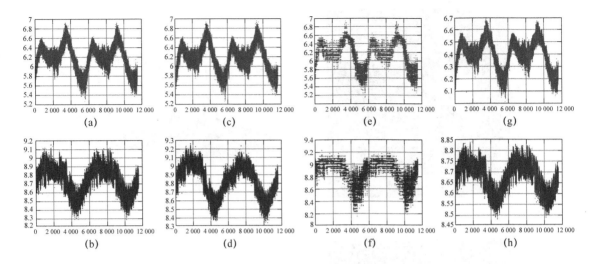

图 6-12　2117-1293 质心提取结果。(a)(b)灰度加权法 x,y 方向质心提取结果；(c)(d)高斯曲面拟合法 x,y 方向质心提取结果；(e)(f)椭圆拟合法 x,y 方向质心提取结果；(g)(h)本节方法 x,y 方向质心提取结果。

图 6-11 和图 6-12 是对随机选取的激光光斑数据的质心定位结果，激光光斑质心在 x 方向与 y 方向上均呈现出周期性变化，这反映出卫星平台在轨运行时存在颤振现象。通过质心在 x 方向与 y 方向上的变化规律，拟合出激光光斑质心变化规律的周期约为 94 min，振幅约为 2～3 像素。光斑质心变化周期与轨道运行周期基本吻合，证明了激光光斑质心变化的规律性。为了进一步定性分析不同质心定位方法的精度，实验利用傅里叶函数对 4 种不同质心提取方法的质心轨迹进行拟合，计算光斑质心与拟合函数的残差，实验结果如表 6-3 所示。

表 6-3　不同方法的质心定位精度对比结果

轨道号	方向	Gray weighted	Gaussian surface fitting	Elliptic fitting	The method in this paper
2115-0279	x	0.151	0.164	0.163	0.057
	y	0.095	0.091	0.134	0.036
2117-1293	x	0.181	0.181	0.201	0.073
	y	0.076	0.065	0.104	0.033

从表 6-3 可以直观地看出，所提出的质心定位方法的精度明显优于灰度加权法、高斯曲面拟合法、椭圆拟合质心法，相较于灰度加权法的拟合残差平均提高约 0.08 像素，相较于高斯曲面拟合法的拟合残差平均提高约 0.08 像素，相较于椭圆拟合法的拟合残差平均提高约 0.1 像素。

3. 结论

本小节以 GLAS04 级产品记录的 LPA 激光光斑图像作为实验数据，结合激光光斑图像的自身特点，以提升激光光斑质心定位精度为出发点，以探测卫星平台颤振规律为目标，提出了非光斑下的暗通道去噪方法，同时结合反卷积与超分辨率重建方法进一步提高了激光光斑的空间分辨率，并利用质心跟踪的灰度加权方法对长时序激光光斑数据进行质心提取，进而对 GLAS 卫星平台的颤振规律进行探测，结论如下。

① 采用 3 种不同的质心定位方法与激光光斑质心定位精度进行对比，所提出的质心定位方法的精度明显优于灰度加权法、高斯曲面拟合法、椭圆拟合质心法。

② 与 3 种不同方法的质心定位结果进行对比,不仅可以得出质心定位精度的情况,同时也可以探测到 GLAS 卫星平台存在周期约为 94 min 的姿态变化规律,此周期与 GLAS 卫星轨道周期 90 min 基本一致,说明激光指向随卫星轨道位置变化而产生偏差,存在周期性较长的变化规律。因此,通过监视卫星在轨激光光斑质心的变化规律,可获取卫星平台颤振的变化规律,进而可提升激光的指向角精度,从而提升激光定位精度。

6.1.3 基于星敏感器原始星图的微振动探测

鉴于 APS 获取的原始星图存在大量条带噪声与背景噪声从而影响质心定位精度的问题,本小节提出了一种基于暗通道去噪的星图细分定位方法,并基于长时序星图质心运动轨迹的残差探测 ZY-3 卫星平台的微振动规律,主要技术流程如图 6-13 所示。

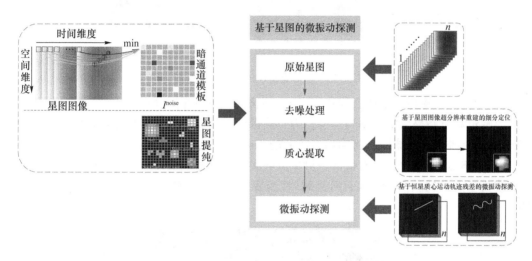

图 6-13　基于星图微振动探测的技术流程

1. 基于暗通道模板的原始星图去噪

星图去噪与质心定位是星图数据处理中的关键技术,直接决定着星敏感器的事后定姿精度。ZY-3 卫星平台获取的星图中存在的大量噪声导致目标特征难以被精确获取。为了提高APS 获取的星图的恒星质心定位精度,本小节提出了一种基于暗通道模板的星图去噪方法。鉴于太空环境的复杂、硬件及电流的微弱变化,存在于星图中的噪声有着一定的关联性,又有着较小的差别性。APS 星敏感器的特殊集成结构或外界环境影响,导致星图在垂直方向上存在明显的条带噪声与大量的非均匀性噪声。噪声在长时序多帧星图中有着微弱的变化,可以将其视为系统性的背景噪声。无论是条带噪声还是系统背景噪声的能量值都远远小于星像点能量值。基于此,将连续多帧星图中像素能量最小值视为噪声,通过分离噪声对星图进行去噪。对于任意的星图 J,给出基于暗通道的噪声信息提取的数学描述:

$$I^{\text{noise}}(x) = \min_{y \in \Omega(x)} \left[\min_{c \in \{J^1, J^2, \cdots, J^n\}} J^c(y) \right]$$

$$c = \left\lceil \frac{\text{R\_star}}{S/T} / t \right\rceil \tag{6-9}$$

其中,I^{noise} 表示提取的噪声信息,J^c 表示星图序列,$\Omega(x)$ 表示以像素 x 为中心的一个窗口,

R_star 为恒星光斑直径，t 为星图的曝光时间，S 为恒星的位移，T 为位移 S 内累计的时间，$\lceil \cdot \rceil$ 为向上取整。

如图 6-14 所示，计算星像点光斑完全移出第一帧星像点光斑覆盖位置的时间 c，获取时间段 c 内的星图序列每个像素的最小值，得到星图暗通道噪声模板信息。利用提取的噪声模板信息将原始星图中的噪声与星像点分离，从而获取恒星目标。利用原始星图与暗通道噪声模板进行差分，将噪声从长时序的原始星图中分离出来，实现连续多帧的星图去噪处理。

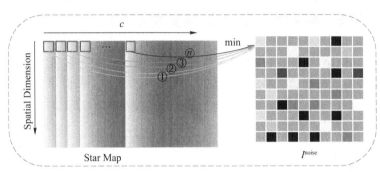

图 6-14　暗通道噪声模板计算示意图

基于暗通道去噪后的星图会残留单点或多点噪声，如图 6-15 所示。这些噪声将消耗存储资源，影响恒星质心提取的效率与精度。为了确保准确地提取星像点信息，通过目标信息的有效面积对噪声进行再次滤除。将初始去噪后的星图转换成二值图像，通过八连通域标记出恒星光斑与噪声信息，通过目标有效面积对单点与多点噪声进行再次滤除。当目标面积大于阈值时，视为星点；当目标面积小于阈值时，视为噪声。最后，得到滤除单点与多点噪声后的星图。

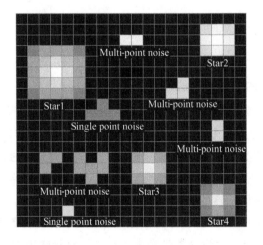

图 6-15　噪声示意图

2. 亚像素级恒星光斑质心定位

为了更准确地获取恒星质心坐标，将质心提取分为像素级与亚像素级两个部分。像素级定位用来确定恒星映射中心所在的像素级坐标，计算窗口内光斑能量的最大值，数学描述如下所示：

$$(x_{\text{pixel}}, y_{\text{pixel}}) = \max\{E_w(i, j)\} \tag{6-10}$$

其中，(x_{pixel}, y_{pixel}) 为恒星质心的像素级坐标，$E_w(i,j)$ 为窗口 w 内像素坐标 (i,j) 对应的能量值。

星图中恒星像点通常利用"散焦"的方法，使恒星能量散布在几个像元中并形成光斑。基于此，引入最大后验概率方法对窗口内的光斑进行局部超分辨率重建，对恒星质心进行高精度亚像素级定位。假设 I_L 为原始星图，需要在已知星图信息的条件下，估算出最优的高分辨率星图 I_H。依据贝叶斯理论，最大后验概率的数学表达式如下：

$$I_H = \arg \max_{I_H} P(I_H / I_L) = \arg \max_{I_H} \frac{P(I_L / I_H) P(I_H)}{P(I_L)} \tag{6-11}$$

式（6-11）中，$P(I_H)$ 与 $P(I_L)$ 分别代表高分辨率星图 I_H 与低分辨率星图 I_L 的先验概率，$P(I_L / I_H)$ 代表当高分辨率星图为 I_H 时，对应的低分辨率星图 I_L 的条件概率。根据贝叶斯理论，由于 I_L 是已知的，$P(I_L)$ 可以被视为常数，与求解高分辨率星图 I_H 无关，可以被忽略，可将上述公式改写为

$$I_H = \arg \max_{I_H} P(I_L / I_H) P(I_H) \tag{6-12}$$

再对上式取对数得

$$I_H = \arg \max_{I_H} [\lg P(I_L / I_H) + \lg P(I_H)] \tag{6-13}$$

在基于最大后验概率估计的超分辨率重建模型中，先验概率模型 $P(I_H)$ 采用高斯分布函数，条件概率 $P(I_L / I_H)$ 视转化为高分辨率星图与低分辨率星图相同的概率来求解。

对重建后的星图利用灰度加权方法提取恒星质心，以像素级坐标为中心，对重建窗口内的质心进行亚像素定位，灰度加权质心提取公式如下：

$$\begin{cases} x_{sub} = \sum_{i=1}^{n} x_i^H p(x_i^H, y_i^H) \Big/ \sum_{i=1}^{n} p(x_i^H, y_i^H) \\ y_{sub} = \sum_{i=1}^{n} y_i^H p(x_i^H, y_i^H) \Big/ \sum_{i=1}^{n} p(x_i^H, y_i^H) \end{cases} \tag{6-14}$$

其中：(x_{sub}, y_{sub}) 为局部超分辨率重建后的质心坐标；n 为重建后窗口内像素的个数，(x_i^H, y_i^H) 为重建窗口内第 i 个像素的坐标；$p(x_i^H, y_i^H)$ 为第 i 个像素的灰度值。

最后，恒星的质心坐标为

$$\begin{cases} x_0 = x_{pixel} - (x_{pixel} - x_{sub}/2)/scale \\ y_0 = y_{pixel} - (y_{pixel} - y_{sub}/2)/scale \end{cases} \tag{6-15}$$

式（6-15）中，(x_0, y_0) 为恒星质心坐标，(x_{pixel}, y_{pixel}) 为恒星光斑的像素级坐标，(x_{sub}, y_{sub}) 为恒星光斑的亚像素级坐标，$scale$ 为超分辨率重建的尺度。

6.1.4 基于长时序星图恒星质心变化的微振动探测

面阵恒星相机搭载在卫星平台上，相机曝光时间较短，曝光瞬间记录视场内的所有恒星。理论上，在轨运行时卫星平台若处于平稳运行的状态，短时间内星像点目标在星图中的运动轨迹应为直线；实际上，卫星平台在轨运行时存在微振动，导致恒星在星图中的运动轨迹并非线性的。卫星在轨运行时，姿态、速度等均匀变化，恒星光斑在星图中的位置随时间的变化逐渐发生移动。采用亚像素质心定位方法提取恒星质心坐标，将连续多帧星图进行叠加，统计恒星在连续多帧星图中的质心坐标，得到质心轨迹，如图 6-16 所示。

图 6-16　恒星运动轨迹

　　从图 6-16 中可以看出,星图中所记录的星像点光斑的轨迹近似为一段圆弧,因此利用一元二次方程来拟合恒星光斑的运动轨迹,一元二次方程的一般表达式如下:

$$S = at^2 + bt + c \tag{6-16}$$

　　在拟合恒星光斑运动轨迹的基础上,计算恒星光斑真实轨迹与拟合轨迹的残差。根据残差波形的分布情况,利用三角函数对位移残差量进行拟合,构建拟合函数模型:

$$f(x) = a\cos(2\pi\omega x + b) \tag{6-17}$$

其中,待求参数为振幅 a、频率 ω、初相位 b。基于最小二乘原理,迭代求解得到姿态微振动的频率和振幅。

　　基于星图质心轨迹残差探测卫星在轨运行过程中存在的微振动,探测结果是相对的。恒星光斑在 t_1 时刻,星敏感器拍摄星点位置为 A,恒星光斑在 t_2 时刻,星敏感器拍摄星点位置为 B,微振动探测实际为 $t_2 \sim t_1$ 时间段内卫星平台发生的姿态相对振动现象,探测结果可以利用下式表示[39]:

$$g(t_1) = f(t_2) - f(t_1) \tag{6-18}$$

　　根据波形拟合结果,在已知相对微振动振幅、频率、初相位、常值和绝对微振动频率的基础上,可以求解绝对微振动模型的各个参数,公式如下:

$$\begin{cases} g(t_1) = a_g\cos(2\pi\omega t_1 + b_g) \\ f(t_1) = a_f\cos(2\pi\omega t_1 + b_f) \\ f(t_2) = a_f\cos(2\pi\omega t_1 + b_f + \Delta b_f) \end{cases} \tag{6-19}$$

将式(6-19)代入式(6-18),可以求得绝对抖动 $f(x_1)$ 的振幅 a_f 和初相位 b_f:

$$a_f = a_g\left[2 - 2\cos(\Delta b_f)\right]^{-\frac{1}{2}} \tag{6-20}$$

$$b_f = \sin^{-1}\left[\frac{a_g\cos b_g}{2a_f\sin\left(\dfrac{\Delta b_f}{2}\right)}\right] - \frac{\Delta b_f}{2} \tag{6-21}$$

将式(6-20)代入式(6-21)中,可进一步简化式(6-21):

$$b_f = b_g - \frac{\pi}{2} - \frac{\Delta b_f}{2} \tag{6-22}$$

根据以上公式可以完成卫星姿态由相对变化转为绝对变化的基本工作,即完成卫星平台绝对振动的复原。

1. 实验分析

为验证不同微振动探测方法结果的正确性,实验选取覆盖同一地区的姿态数据来探测平台的微振动情况。本小节以 000381 轨原始星图作为实验数据,124 帧星图的拍摄时间为 2012 年 2 月 3 日,每帧星图大小为 1 024×1 024 像素。实验以多帧星图影像中同一像素能量最小值为限制条件,得到暗通道背景噪声信息,获取的暗通道噪声及其三维可视化结果如图 6-17 所示。

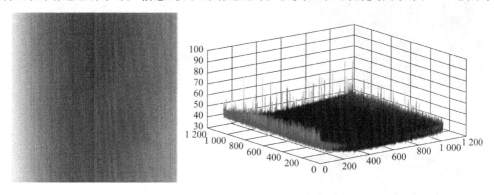

图 6-17   暗通道噪声模板与三维显示

为了进一步说明基于暗通道去噪的优势,以 000381 轨的其中一帧星图为例,将其与高斯滤波去噪法、全局阈值去噪法的结果进行对比,实验结果如图 6-18 所示。

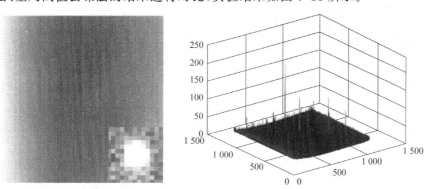

(a) 原始星图与三维显示

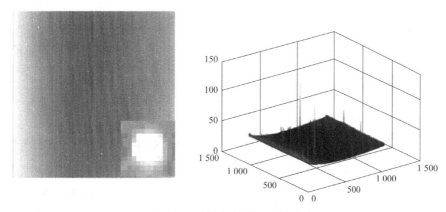

(b) 高斯滤波去噪法的结果与三维显示

图 6-18   不同方法的去噪结果与三维显示

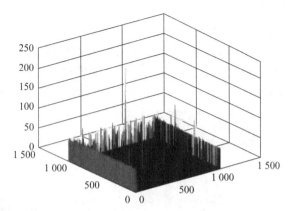

(c) 全局阈值去噪法的结果与三维显示

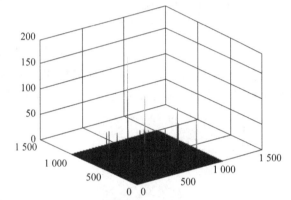

(d) 暗通道去噪法的结果与三维显示

图 6-18　不同方法的去噪结果与三维显示(续图)

从不同去噪方法的对比结果来看,当星图去噪采用的是传统高斯滤波去噪法时,去噪结果整体呈现出平滑的视觉效果,不但没有有效地剔除噪声,还削弱了星点的灰度值。采用全局阈值去噪法进行去噪后,星图的边缘条带噪声依然明显存在,而且有斑点噪声残留,该方法在去噪的过程中需要计算每帧星图的全局阈值,泛化性较差。相比之下,暗通道去噪法可以很好地剔除星图中的条带噪声与背景噪声,具有较好的拓展性。

为了进一步分析所提出的方法对星图质心定位精度的影响,将超分辨率重建前后的星图进行展示,重建前后的图像结果如图 6-19 所示。

实验对比了高斯滤波、全局阈值分割与所提方法的星对角距,统计了资源三号 01 星 000381 轨连续 124 帧星图的星对角距误差随时间的变化情况,如图 6-20 所示。

从图 6-20 中可以看出,基于高斯滤波灰度加权的星对角距误差分布范围为$[-96.03, 105.37]$,基于全局阈值分割灰度加权的星对角距误差分布范围为$[-74.93'', 77.27'']$,基于暗通道细分定位的星对角距误差分布范围为$[-39.99'', 49.69'']$。基于高斯滤波灰度加权的星对角距的标准差为 $31.38''$,基于全局阈值分割灰度加权的星对角距的标准差为 $20.56''$,所提方法的星对角距的标准差为 $12.53''$。由此可见,所提方法的星对角距误差浮动区间范围明显优于基于高斯滤波灰度加权与基于全局阈值分割灰度加权方法,较好地提升了星图质心的提取精度,有利于进一步提升星敏感器的定姿精度。实验提取了连续 124 帧的恒星质心坐标,选取多颗亮度较高的恒星进行分析,其结果如图 6-21 所示。

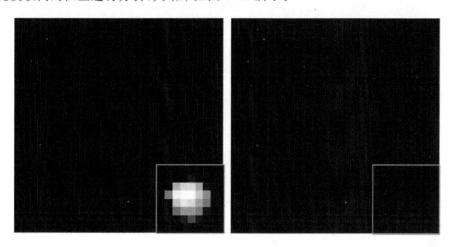

图 6-19 超分辨率重建前后对比

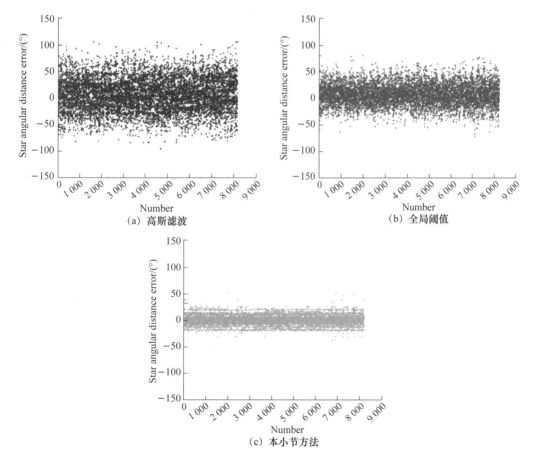

图 6-20 星对角距结果

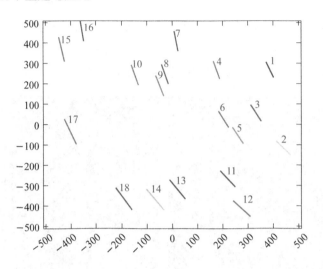

图 6-21　000381 轨主要恒星质心轨迹跟踪图

　　根据恒星跟踪结果,得到该恒星在多帧星图中的位置,随机选取 2 颗质心轨迹跟踪结果,如图 6-22 所示。

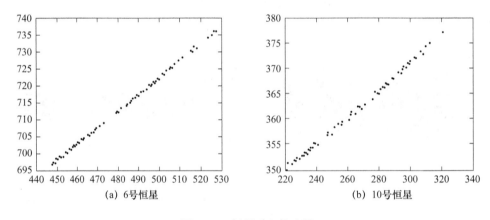

图 6-22　恒星质心轨迹图

　　通过图 6-22 可以大致发现质心位移发生着变化,且前后存在一定的规律性,通过一元二次方程分别对质心 X 与 Y 方向的运动轨迹进行拟合,计算拟合残差,采用快速傅里叶变换对残差进行分析,可以分别得到残差曲线的频率、振幅、初相和常量的初值,如表 6-4 所示。探测到卫星平台存在频率为 0.67 Hz 的微振动, X 方向的振幅约为 2 像素, Y 方向的振幅约为 1 像素,如图 6-23、图 6-24 所示。

表 6-4　恒星建模结果与精度

示例	X 方向	Y 方向
6 号星建模函数	$f(x) = a \cdot \cos(w \cdot x + b)$ coefficients: $a = 2.381$ $w = 0.67$ $b = 1.153$ 建模精度:1.36 pixel	$f(x) = a \cdot \cos(w \cdot x + b)$ coefficients: $a = 1.122$ $w = 0.67$ $b = 0.9951$ 建模精度:0.57 pixel

	X 方向	Y 方向
10 号星建模函数	$f(x)=a \cdot \cos(w \cdot x + b)$ coefficients： $a=2.611$ $w=0.67$ $b=1.46$ 建模精度：2.15 pixel	$f(x)=a \cdot \cos(w \cdot x + b)$ coefficients： $a=0.595\,2$ $w=0.67$ $b=1.47$ 建模精度：0.40 pixel

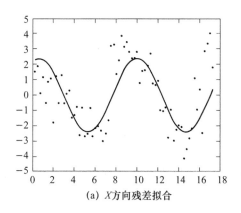

(a) X 方向残差拟合

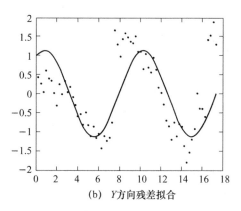

(b) Y 方向残差拟合

图 6-23 6 号恒星残差拟合结果

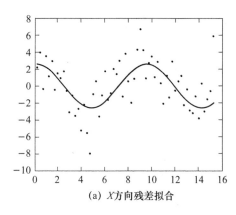

(a) X 方向残差拟合

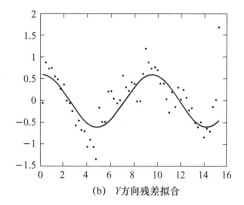

(b) Y 方向残差拟合

图 6-24 10 号恒星残差拟合结果

探测到资源三号平台存在频率约为 0.67 Hz，通过式(6-22)得到绝对振幅约为 $1''$。ZY-3 影像行采样时间为 Linetime＝0.05 s，$f_{\text{Linetime}}＝10$ Hz，景成像时间为 Imagetime＝3.6 s，$f_{\text{imagetime}}＝0.139$ Hz。基于星图的微振动探测结果 0.67 Hz 介于 0.139～10 Hz 之间，因此基于星图探测到的微振动频率属于中频频段。

2. 总结

本小节针对星图去噪与质心定位精度问题，提出了一种基于暗通道去噪星图的细分质心定位方法。利用 ZY3-01 星下传的 000381 轨长时序星图进行实验，对比分析了不同方法的质心定位精度，并通过分析星像点的轨迹残差结果来探测微振动的规律，得出以下结论。

① 对比不同去噪方法处理的星图与三维可视化结果,可以看出暗通道去噪方法有效地解决了星图中条带噪声与背景噪声的问题。

② 基于局部最大后验概率细分定位方法的星对角距误差相较于基于高斯滤波的灰度加权质心提取结果提升了 18.85″,相较于基于全局阈值分割的灰度加权质心提取方法提升了 8.03″。实验结果表明基于暗通道去噪的超分辨率细分定位方法可以提升质心定位精度,为基于星图数据的微振动探测奠定基础。

③ 探测到资源三号平台存在频率约为 0.67 Hz、振幅约为 1″ 的中频微振动,相对资源三号分辨率为 2.1 m 的遥感影像而言,对立体影像的交会误差影响相对较小,因而,在实际生产中没有进行补偿。

本节参考文献

[1] 刘廷柱,陈文良,陈立群. 振动力学[M]. 北京:高等教育出版社,1998.

[2] 程守洙,江之永,胡盘新. 普通物理学[M]. 5 版. 北京:高等教育出版社,1998.

[3] 刘天雄,林益明,王明宇,等. 航天器振动控制技术进展[J]. 宇航学报,2008,29(1):1-12.

[4] 许斌,雷斌,范城城,等. 基于高频角位移的高分光学卫星影像内部误差补偿方法[J]. 光学学报,2016(9):293-300.

[5] 童小华,叶真,刘世杰. 高分辨率卫星颤振探测补偿的关键技术方法与应用[J]. 测绘学报,2017,46(10):1500-1508.

[6] 龚健雅,王密,杨博. 高分辨率光学卫星遥感影像高精度无地面控制精确处理的理论与方法[J]. 测绘学报,2017,46(10):1255-1261.

[7] DECHOZ C, LEBEGUE L. In-flight attitude perturbances estimation: application to PLEIADES-HR satellites[J]. Proc Spie,2013,8866(2):12.

[8] TAKAKU J, TADONO T. High resolution dsm generation from alos prism-processing status and influence of attitude fluctuation-[C]// Geoscience and Remote Sensing Symposium. Honolulu: IEEE,2010:4228-4231.

[9] TADONO T, ISHIDA H, ODA F, et al. Precise global DEM generation by ALOS PRISM[J]. ISPRS Annals of the Photogrammetry, Remote Sensing and Spatial Information Sciences,2014,2(4):71.

[10] SUN T, LONG H, LIU B C, et al. Application of attitude jitter detection based on short-time asynchronous images and compensation methods for Chinese mapping satellite-1[J]. Optics Express,2015,23(2):1395.

[11] GWINNER K, SCHOLTEN F, PREUSKER F, et al. Topography of Mars from global mapping by HRSC high-resolution digital terrain models and orthoimages: characteristics and performance[J]. Earth & Planetary Science Letters,2010,294(3):506-519.

[12] 庞世伟,杨雷,曲广吉. 高精度航天器微振动建模与评估技术最近进展[J]. 强度与环境,2007,34(6):1-9.

[13] 孙德伟，杨佳文，李博. 空间红外相机标定机构的设计与随机振动分析[J]. 红外与激光工程，2013(s02):323-328.

[14] 陶小平，薛栋林，黎发志，等. 基于分时积分亚像元融合的地球静止轨道平台消颤振技术[J]. 光子学报，2012，41(11):1359-1364.

[15] 刘彦丽，曹东晶. 高分辨率敏捷卫星颤振对成像的影响分析方法[J]. 航天返回与遥感，2014，35(2):46-53.

[16] 谭天乐，朱春艳，朱东方，等. 航天器微振动测试、隔离、抑制技术综述[J]. 上海航天，2014，31(6):36-45.

[17] 王雅萍，余涛，顾行发，等. 卫星振动对线阵 CCD 推扫图像影响的仿真实验[J]. 昆明理工大学学报(自然科学版)，2010，35(4):1-5.

[18] POLI D, TOUTIN T. Review of developments in geometric modelling for high resolution satellite pushbroom sensors[J]. The Photogrammetric Record，2012，27(137)：58-73.

[19] JIANG Y, ZHANG G, TANG X, et al. Detection and correction of relative attitude errors for ZY1-02C[J]. IEEE Transactions on Geoscience and Remote Sensing，2014，52(12)：7674-7683.

[20] WANG M, ZHU Y, PAN J, et al. Satellite jitter detection and compensation using multispectral imagery[J]. Remote Sensing Letters，2016，7(6)：513-522.

[21] WANG P, AN W, DENG X, et al. A jitter compensation method for spaceborne line-array imagery using compressive sampling[J]. Remote Sensing Letters，2015，6(7)：558-567.

[22] JIANYA G, MI W, BO Y. High-precision geometric processing theory and method of high-resolution optical remote sensing satellite imagery without GCP [J]. Acta Geodaetica et Cartographica Sinica，2017，46(10)：1255.

[23] TONG X, LI L, LIU S, et al. Detection and estimation of ZY-3 three-line array image distortions caused by attitude oscillation[J]. ISPRS Journal of Photogrammetry and Remote Sensing，2015，101：291-309.

[24] SUN T, LONG H, LIU B C, et al. Application of attitude jitter detection based on short-time asynchronous images and compensation methods for Chinese mapping satellite-1[J]. Optics Express，2015，23(2)：1395-1410.

[25] TANG X, XIE J, ZHU H, et al. Overview of Earth observation satellite platform microvibration detection methods[J]. Sensors，2020，20(3)：736.

[26] 莫凡. 国产测绘遥感卫星姿态后处理技术研究[D]. 郑州:信息工程大学,2016.

[27] MO F, TANG X, XIE J, et al. An attitude modelling method based on the inherent frequency of a satellite platform [J]. ISPRS-International Archives of the Photogrammetry, Remote Sensing and Spatial Information Sciences，2017：29-33.

[28] 谢俊峰. 卫星星敏感器定姿数据处理关键技术研究[D]. 武汉:武汉大学,2009.

[29] ZHU Y, WANG M, PAN J, et al. Detection of ZY-3 Satellite Platform Jitter Using

Multi-spectral Imagery[J]. Acta Geodaetica et Cartographica Sinica，2015，44（4）：399-406.

[30] 许斌，雷斌，范城城，等. 基于高频角位移的高分光学卫星影像内部误差补偿方法[J]. 光学学报，2016（9）：8.

[31] TOYOSHIMA M，ARAKI K. In-orbit measurements of short term attitude and vibrational environment on the Engineering Test Satellite VI using laser communication equipment[J]. Optical Engineering，2001，40（5）：827.

[32] PAN J，CHE C，ZHU Y，et al. Satellite Jitter Estimation and Validation Using Parallax Images[J]. Sensors，2017，17（1）：83-83.

[33] XIE J，TANG X，JIANG W，et al. An autonomous star identification algorithm based on the directed circularity pattern[J]. ISPRS-International Archives of the Photogrammetry，Remote Sensing and Spatial Information Sciences，2012（1）：333-338.

[34] TANG X M，XIE J F，FU X K，et al. ZY3-02 Laser Altimeter On-orbit Geometrical Calibration and Test[J]. Acta Geodaetica et Cartographica Sinica，2017，46（6）：714-723.

[35] 原玉磊，郑勇，杜兰. 星点中心高精度质心定位算法[J]. 测绘科学技术学报，2012，29（2）：122-126.

[36] 王敏，赵金宇，陈涛. 基于各向异性高斯曲面拟合的星点质心提取算法[J]. 光学学报，2017，37（5）：226-235.

[37] 王敏，赵金宇，陈涛.基于各向异性高斯曲面拟合的星点质心提取算法[J].光学学报，2017,37（5）:226-235.

[38] 袁小棋，李国元，唐新明，等. 星载激光光斑影像质心自动提取方法[J]. 测绘学报，2018，47（2）：135-141.

[39] WANG H，XU E，LI Z，et al. Gaussian analytic centroiding method of star image of star tracker[J]. Advances in Space Research，2015，56（10）：2196-2205.

6.2　超分辨率重建在遥感影像小目标检测中的应用

6.2.1　面向高分辨率遥感影像车辆检测的深度学习模型综述及适应性研究

随着我国社会经济的快速发展,智慧城市建设已成为高科技发展的前沿领域,而智能交通建设是智慧城市信息化建设的关键。城镇化推动人口大规模地向城市地区聚拢,社会城市化进程不断加快,如何实现智慧出行成为当今各大城市所面临的热点问题。如何在"互联网＋"时代基于遥感大数据实现全民智能出行,解决复杂多变的交通状况、完成交通普查以及保证交通安全是目前所面临的难点问题[1]。其中,车辆检测作为智能出行的基础与核心,在目标跟踪与事件检测等更高层次的视觉任务中具有重要的现实意义。遥感影像具有地面覆盖范围广、适合大范围车辆检测的优势,在智能出行道路车辆信息获取方面可以克服设备成本高、安装工作量大且安装复杂等缺陷[2-4]。然而,传统目标检测方法基于滑动窗口搜索或特征提取算法,存在繁杂的计算成本及特征表征能力受限的问题。近年来,人工智能的快速发展掀起了深度学习研究的新浪潮,深度学习算法在图像处理领域取得了显著成果。利用深度卷积神经网络自主学习图像特征的方法,在图像目标检测方面的效果明显优于传统方法。通过搭建深度学习网络模型,可充分挖掘图像数据间的特征与关联,利用学习到的参数,实现目标检测[5]。深度学习方法在自然场景检测方面已经取得重大突破,但直接迁移到遥感影像的小目标检测还存在许多问题,检测方法需进一步优化[6]。

目前,深度学习模型应用于复杂背景下大幅面遥感影像的车辆目标检测时仍存在以下亟待解决的难点问题。①现有的深度学习方法多侧重于近景影像研究,而对遥感影像特征提取方面涉及相对较少,深度卷积神经网络图像特征提取与信息表达尚不清晰,难以有效利用遥感影像自身的先验信息,很难实现具有针对性的面向对象优化。②目前所获取的遥感影像空间分辨率虽然较高,但依然无法获取到信息量丰富的以车辆为代表的小尺寸目标的视觉特征,致使车辆等小尺寸目标检测精度受限。③遥感影像下小尺寸目标特征不明显、密集车辆目标检测效果较差,难以对具有存在旋转角度的车辆目标进行准确检测。综上所述,现有深度卷积神经网络难以实现“一对一”的车辆目标检测,在遥感影像智慧出行中这一问题尤显突出。

本节主要面向高分辨率遥感影像车辆检测的深度学习模型进行综述并对其适应性开展研究,首先,对目标检测领域的主流算法进行分类,阐述并分析现有深度学习模型应用于遥感影像车辆检测中的优缺点;其次,基于公开数据集,利用主流深度学习模型对遥感影像进行训练,并评估其车辆检测性能;最后,为大幅面、复杂背景环境的小目标车辆检测提供新的解决途径及发展方向。

1. 基于遥感影像的双阶段目标检测算法

双阶段目标检测算法是在生成候选区域的基础上,对候选区域进行分类与回归,从而得到检测结果的一种算法。目前,此类算法主要以区域卷积神经网络(Region-based Convolutional Neural Network,R-CNN)[7]系列为主,其特点是检测精度较高,但检测速度略显不足。R-CNN首次将卷积神经网络引入目标检测,结合选择性搜索算法生成候选区域,利用深度卷积神经网络进行特征提取[8-9],在 PASCAL VOC2007 数据集上的目标检测精度为 58.5%。Girshick 针对 R-CNN 存在重复计算、检测速度慢的问题提出了 Fast-RCNN 算法,加入了感兴趣区域池化模块,使图像输入尺寸不受限制,利用多任务损失函数统一目标分类和候选框回归任务,提高了检测的速度[10]。此后,Faster-RCNN 利用区域生成网络代替 Fast-RCNN 中选择性搜索方法,使得候选框数目从原有的约 2 000 个减少为 300 个,提高了检测速度,实现了端到端的目标检测[11]。近几年,遥感领域基于双阶段目标检测算法也开展了系列研究工作,并将遥感领域目标检测研究成果的优缺点及检测精度进行了总结,如表 6-5 所示。总结发现,遥感影像目标检测仍存在目标过小、多角度、分布密集以及检测背景复杂 4 个难点问题,本节基于遥感影像双阶段车辆检测算法存在的难点问题开展了分析与讨论。

表 6-5　双阶段遥感影像车辆目标检测对比

使用模型	优点	缺点	检测精度
GoogLeNet[12]	引入超分辨率重建算法加强车辆特征信息	对密集目标检测效果差	自制遥感影像数据集上精度为 0.75
AVPN+VALN[13]	提出 VALN 网络实现车辆方向信息检测,融合深浅层特征信息以提高小目标检测精度	网络结构复杂,训练检测时间长	DLR[14] 数据集上精度为 0.92
ZF[15]	针对数据集自身特点,结合区域生成网络设置三种对应大小及比例的锚框,加快了检测速度	数据量小、来源单一、模型检测鲁棒性较差	自制遥感影像数据集上精度为 0.88
DF-RCNN[16]	融合深浅层特征信息,引入可变形卷积和可变形感兴趣区域池化,改善密集区域小目标检测效果	网络计算量较大,检测耗时较长	自制 Google Earth 数据集上精度为 0.94
VGGNet[17]	网络层数可以随数据集图像大小进行调整	图像深层特征提取不充分,没有充分利用上下文语义信息	自制 Google Earth 数据集上精度为 0.89
VGG-16[18]	基于超像素分割提取道路区域进行车辆检测,缩小了检测范围	操作较为复杂,检测时间较长,对于非道路区域内的车辆会造成漏检	DOTA[19] 数据集上精度为 0.73
SORCN[20]	加入道路区域分割提高检测精度	运行速度较慢,无法预测车辆方向信息,模型抗干扰性差,对于非道路区域内车辆无法检测	自制 Google Earth 数据集上精度为 0.96
Faster R-CNN++[21]	对遥感影像车辆进行多尺度融合及数据增强,提高了模型鲁棒性与小目标检测精度	检测速度较慢,无法实现车辆方向检测	DLR 数据集上精度为 0.57;Potsdam[22] 数据集上精度为 0.67;VEDAI[23] 数据集上精度为 0.458

① 基于遥感影像的小目标检测。鉴于遥感影像下车辆目标尺寸较小,多次卷积将导致特征信息丢失严重,造成较大程度的漏检问题,其主要改进思路有:区域预提取、优化锚框策略、改进网络结构等。对遥感影像进行道路区域预提取,再将道路区域输入卷积神经网络识别车辆目标,可提高车辆目标的检测率[18],该算法区域预提取阶段使用的是传统方法,道路区域提取的自动化能力不足,对非道路车辆信息无法进行检测。Small Object Recognition Convolutional Network(SORCN)[20]是一种基于分割[24]的小物体识别网络,该模型通过分割图像车辆目标,进一步提高小目标车辆检测效果。该方法可以减小待检测区域、提高车辆小目标检测精度,但流程较为复杂,需要牺牲检测速度来提高检测精度。基于锚框的目标检测算法,锚框大小及比例选取直接影响待检测目标的召回率与检测精度。利用聚类分析方法计算出适合训练集的锚框尺寸,降低目标定位难度,提高小目标检测精度[15],但该方法泛化能力较弱,难以应用于差异较大的数据集。对于网络结构的优化[17,25],顾及小目标特征信息丢失问题,主要通过减少网络下采样次数增加特征图尺寸,但会引入深层高级语义特征信息提取不足

的问题。

② 基于遥感影像的多角度小目标检测。遥感影像具有多角度、多传感器、多分辨率的特点,车辆目标方向往往具有不确定性,直接使用水平方向检测框,使得较多非目标干扰信息介入而影响检测精度。针对多角度小目标检测问题,可通过旋转扩充增强[26-27]、引入旋转区域生成网络来改善检测效果。旋转扩充增强检测到的角度信息有限,利用特定旋转区域建议网络生成预选框,可实现对任意角度信息的预测。R³-Net[28]和 R²PN[29]均是基于区域建议网络融合生成旋转候选区域,实现车辆角度信息预测,但网络计算量也相应增加。对于遥感影像目标角度问题,目前主要通过引入旋转区域生成网络来进行角度预测,该方法可缓解角度问题对检测精度的影响,但网络会变得更加复杂,增加了目标检测时间。

③ 基于遥感影像的密集型小目标检测。遥感影像中密集型车辆检测难点主要在于车辆目标尺寸太小并且具有旋转角度,导致密集型目标存在漏检现象,现有方法多通过提高小目标检测精度、增加角度预测模块来减小密集目标所带来的检测影响。DF-RCNN(Deformable Faster-RCNN)模型[16]融合深浅层特征信息提高密集型小目标的检测效果。PVANet 模型引入角度检测模块,减少预测结果间的重合度,以减少对密集排列目标的漏检,该方法对密集目标的定位效果较好,但难以解决单个车辆目标提取的问题[30]。

④ 基于复杂背景的遥感影像小目标检测。遥感影像自身具有覆盖范围广、地物类别复杂多样、成像受到云层等因素干扰的特点,给车辆精准识别带来了挑战。对于遥感影像复杂背景下小目标检测的难点问题,现有研究成果主要从两个方面来解决:引入区域预提取与注意力机制模块。对图像进行去雾、除云等预处理操作,可减少干扰信息影响,但此类预处理操作会降低影像分辨率。通过超分辨率重建算法可增强遥感影像特征[12],在不损失影像分辨率的前提下提高检测精度。但该方法会加大网络复杂程度及计算量,难以满足实时性需求。基于注意力机制的特征融合可以减弱背景信息的干扰,改善复杂背景下小目标的检测效果[31]。由此可见,采用区域预提取以及注意力机制可以减小背景信息的干扰,但区域预提取时间成本较大,注意力机制将是未来解决复杂背景及噪声干扰问题的重要研究方向。

综上所述,目标固有尺寸过小是限制遥感影像车辆检测算法性能的首要因素,集中解决目标检测中存在的小尺度、多角度、分布密集以及复杂背景干扰等问题是当前遥感影像车辆检测的首要任务,需综合考虑各个问题之间存在的内在关联性,借鉴不同问题的优化策略以期最终提高检测性能。

2. 基于遥感影像的单阶段目标检测算法

单阶段目标检测无须生成候选区域,隶属于基于回归分析思想的检测算法。主流单阶段目标检测算法有 YOLO、SSD[32]以及无锚框目标检测系列,此类算法的特点是检测速度较快,但检测精度相对于双阶段目标检测略有不足。

YOLO 系列作为单阶段目标检测的主流算法,2016 年 Redmon 等人首次提出 YOLO(You Only Look Once)模型,将检测转化为回归问题,直接对目标进行定位和类别预测[33]。在此基础上,YOLOv2 引入锚框机制及特征尺度融合模块,改善了定位精度以及小目标检测能力的不足[34]。YOLOv3 利用 Darknet-53 骨干网络增强特征提取能力,设计了 3 种不同尺度网络预测目标,多尺度目标检测能力更强[35]。YOLOv4 使用 CSPDarknet 作为特征提取网络,融合 SPP-Net、PANet 提高检测精度和速度,使检测器在单个 GPU 上也能很好地完成训练[36]。YOLOv5 与 YOLOv4 结构相似,网络模型更加轻量,训练速度远超 YOLOv4,兼顾速度的同时保证了准确性。

SSD(Single Shot multibox Detector)模型应用多尺度特征进行目标检测,借鉴 Faster R-CNN中锚框的理念,设置不同尺度与长宽比的锚框,相对于 YOLOv1 检测效果有明显提升[37]。在 SSD 的基础上,DSSD[38]算法改用 ResNet101 作为特征提取网络,利用反卷积传递深层特征,融合深浅层特征信息,提高了对小目标的检测效果。

无锚框目标检测算法通过检测中心点或关键角点进行目标边界框的预测,无须设定锚框。FCOS(Fully Convolutional One-Stage object detection)[39]是一种无锚框的单阶段全卷积目标检测算法,它对特征图进行像素级回归,通过直接预测目标中心点、边框距中心点的距离来检测目标。无锚框目标检测算法具有更灵活的解空间,不需要调优与锚框相关的超参数,极大地减少了算法计算量,训练过程内存占用更少。

相比于双阶段目标检测算法,单阶段目标检测的精度较低、但速度较快。将遥感领域现有单阶段目标检测研究成果进行归纳总结,如表 6-6 所示。基于遥感影像的单阶段车辆检测算法的研究较少,总结过程中也参考了一些相关研究文献,包括对飞机、船舰等的研究,并对遥感影像下目标小、排列密集等问题的优化及解决思路进行了归纳总结。

表 6-6　单阶段遥感影像车辆目标检测对比

使用模型	优点	缺点	检测精度
YOLOv3[40]	基于 K-means 算法重新计算锚框大小,提高小目标检测精度	数据来源单一,难以应用于其他类型数据	自制 Google Earth 数据集上精度为 0.95
YOLT[41]	对遥感影像进行有重叠区域的裁剪,确保目标信息完整性	裁剪后的图像具有重叠区域,存在较多冗余计算	自制遥感影像数据集上精度为 0.9
YOLOv3[42]	减少特征提取网络层数,增加精细输出特征图来检测小目标	数据集规模较小,鲁棒性较差	自制高分二号卫星影像数据集上精度为 0.743
Oriented_SSD[43]	引入目标的角度偏移量,实现车辆角度信息预测	虽实现了角度信息的预测,但精度较低	DLR 数据集上精度为 0.86,VEDAI 数据集上精度为 0.8

① 基于遥感影像的小目标检测。单阶段目标检测算法主要从优化锚框策略、融合不同层级特征信息、增加网络检测头 3 个方面提高检测精度。其中,优化锚框策略可以提高对多尺度目标的检测能力,是当前常见的优化方法[40,44],但过于依赖先验设计,难以应用于其他类型数据。融合不同层级特征,可以兼顾浅层特征的纹理、边缘等细节信息,优化网络结构的同时使得输出特征图的尺度更适合小目标检测,改善小目标检测能力[41,45],但融合浅层特征的目标检测精度的提升有限,在小而密集的目标场景中会存在较多漏检现象。在深度学习目标检测模型中增加网络检测头,如在 YOLOv3 网络增加大小为 104×104 像素检测头[42],用于检测小尺度目标,可以提高小目标检测性能,但该方法会增加网络复杂程度、训练及检测时间。

② 基于遥感影像的多角度小目标检测。单阶段目标检测主要通过引入角度因子与优化损失函数 2 个方面来解决目标存在的角度问题。在算法预设锚框中加入角度因子[43,46],可对车辆位置与角度信息同时进行预测,但加入角度参数会增加网络计算复杂度[47]。R-YOLO 模型引入新的损失函数和旋转交并比计算方式,实现了舰船目标的任意角度预测[48]。上述方法均引入了额外的计算模块,算法复杂度有所增加,在牺牲算法效率的基础上,提高了对多角度小目标的检测能力。

③ 基于遥感影像的密集型小目标检测。现有的解决思路包括简化网络结构、增加角度预测分支与改进损失函数。简化特征网络提取更多浅层特征,利用残差网络代替连续卷积减少

梯度消失,可提高小目标检测能力,从而减少密集型车辆的漏检数量[49]。该方法未消除目标方向多样所带来的干扰,存在较多重叠检测而导致的目标漏检。在网络中加入角度回归分支,引入非对称卷积增强目标旋转不变性特征,可减小目标角度对检测精度的影响[50]。损失函数对密集目标定位效果有着重要影响,基于 YOLOv5 算法,利用 CIOU_LOSS 损失函数代替 GIOU_LOSS 损失函数,可减少密集区域的目标漏检[51]。

④ 基于复杂背景的遥感影像小目标检测。针对遥感影像背景复杂及噪声干扰问题,主要解决思路有影像预处理、融合多源影像信息以及添加注意力机制。引入基于暗通道先验的大气校正方法,减少大气吸收和散射对遥感影像的影响,可减弱噪声干扰对检测造成的影响[52],但此类方法会影响影像自身信息量。融合可见光、SAR 遥感影像等多源图像信息,充分利用多源图像各自的成像优势,在复杂背景下能获得更好的检测效果[48]。以上方法可一定程度提高模型的抗干扰性,但相对比较耗时,且对多种复杂的噪声干扰敏感性较弱。在特征融合阶段引入注意力机制能使网络提取更多重要特征信息,充分挖掘小目标的上下文语义特征信息,抑制无关信息的干扰[45]。注意力机制与网络结合的方式多样,合理选择融入方式,能有效地减小背景信息对检测精度的影响。

由此可见,现有遥感影像车辆检测算法已取得了一定的进步,但仍有较大的提升空间,与实际工程化应用还尚有距离,有待后续持续深入地研究。

3. 实验结果及分析

为分析主流深度学习模型在遥感数据集的车辆检测效果,实验分别选取双阶段的 Faster-RCNN,单阶段的 SSD、FCOS 和 YOLOv5 进行测试,其中 FCOS 为无锚框目标检测算法。另外,针对小尺度、密集型、多角度、复杂背景和动态区域 5 种不同场景进行车辆检测测试,分析不同算法在不同场景下的目标检测性能。

(1) 数据集及实验设置

实验采用 DOTA 和 DIOR[53] 两个数据集进行测试。DOTA 数据集共有 2 806 幅遥感影像和 188 282 个标注实例,图像大小在 800×800 像素到 4 000×4 000 像素之间,空间分辨率为 0.1~4.5 m,包含车辆、飞机、储油罐、游泳池等 15 种标注类别,本节展示的 5 幅影像数据空间分辨率为 0.1~0.2 m。DIOR 数据集共有 23 463 张图片和 190 288 个标注实例,图像大小为 800×800 像素,空间分辨率为 0.5~30 m,包含车辆、飞机、机场、棒球场等 20 种目标,鉴于原 DIOR 数据集未注明每幅影像的空间分辨率信息,因此未列出所展示影像数据的空间分辨率信息。

本实验硬件设备配置:操作系统为 Ubuntu16.04,GPU 型号为 GeForce1080 Ti(11G),CPU 型号为 Intel core i9-9900K。FCOS、Faster-RCNN、SSD 和 YOLOv5 特征提取网络分别选用 ResNet50-FPN、ResNet50、MobileNet 和 CSP-Darknet53。实验模型进行 100 次迭代训练,初始学习率设置为 0.01,批处理大小设置为 8,在进行至 80 次训练后学习率调整为原学习率的 10%,进行至 90 次训练后学习率调整为原学习率的 1%,其余参数与算法的官方参数保持一致。

(2) 评价指标

通过定性和定量两种评价方式对各算法进行综合评定,定量评价使用交并比(Intersection Over Union,IOU)、准确率(precision)、召回率(recall)、平均准确率(average precision)作为单类别目标检测效果的评价指标。其中平均准确率是评价模型精度的常用的指标,它是准确率-召回率(Precision-Recall,P-R)曲线下所围成的面积,通常来说模型检测效果越好,AP 值越高。4 个指标的计算公式分别为

$$\text{IOU} = \frac{|A \cap B|}{|A \cup B|} \tag{6-23}$$

$$P = \frac{\text{TP}}{\text{TP} + \text{FP}} \tag{6-24}$$

$$R = \frac{\text{TP}}{\text{TP} + \text{FN}} \tag{6-25}$$

$$\text{AP} = \int_0^1 P(R)\,\mathrm{d}R \tag{6-26}$$

上式中:A 表示真实框面积;B 表示预测框面积;TP 为被正确识别的正样本数量;FP 为被错误识别的正样本数量;FN 为被错误识别的负样本数量;IOU 为交并比;P 为准确率;R 为召回率;AP 为平均准确率。

(3) 实验结果分析

① 小尺度车辆目标检测结果及分析。从表 6-7 可以看出,在 DOTA 和 DIOR 数据集上 YOLOv5 对于车辆检测均展现了相对较高的性能,漏检目标较少。YOLOv5 算法加入自适应锚框模块,根据不同数据类型计算最佳锚框大小,使锚框更适合待检测目标。FCOS 和 SSD 算法目标检测精度相对较差,其中 SSD 漏检目标较多。Faster-RCNN 和 SSD 算法使用预设锚框,对于待检测目标尺度大小的自适应性较差,同时 FCOS 和 SSD 算法的特征图感受野相对较大,致使车辆细节特征提取不足,造成大量漏检。结合两个数据集检测结果进行对比,DIOR 数据集的检测精度整体低于 DOTA 数据集,其原因是 DIOR 数据集车辆目标小于 5 像素,更加考验深度学习模型对小目标的检测性能。

表 6-7　小尺度车辆目标检测结果对比

影像	数据集	目标数量	SSD 结果	FCOS 结果	Faster-RCNN 结果	YOLOv5 结果
影像 1	DOTA	111	 检测数量:11	 检测数量:34	 检测数量:89	 检测数量:110
影像 2	DIOR	86	 检测数量:0	 检测数量:0	 检测数量:8	 检测数量:27

② 密集型小尺度车辆目标检测结果及分析。实验针对静态场景下小而密集的车辆目标进行深度学习模型性能测试,如表 6-8 所示,在两个公开数据集上,YOLOv5 算法的目标检测

精度相对较好,但对于具有旋转角度的车辆目标,检测结果间存在较多重叠区域,无法准确定位目标位置。对于密集目标检测结果而言,检测锚框大小与比例的设置尤为重要。Faster-RCNN 锚框相对较大,导致一个检测框内存在多个目标,经过非极大值抑制处理后车辆目标被滤除而产生漏检现象。FCOS 算法对图像进行像素级预测,通过中心点回归目标真实大小,但其浅层特征提取不充分,导致大量车辆漏检。SSD 算法感受野相对较大,检测锚框自适应性较差,相对于其他算法,漏检率相对较高。

表 6-8   密集型小尺度车辆目标检测结果对比

影像	数据集	目标数量	SSD 结果	FCOS 结果	Faster-RCNN 结果	YOLOv5 结果
影像 3	DOTA	493	 检测数量:3	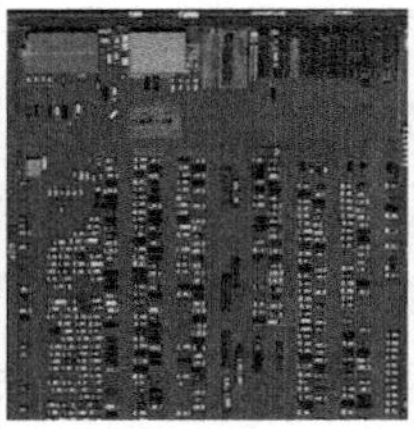 检测数量:95	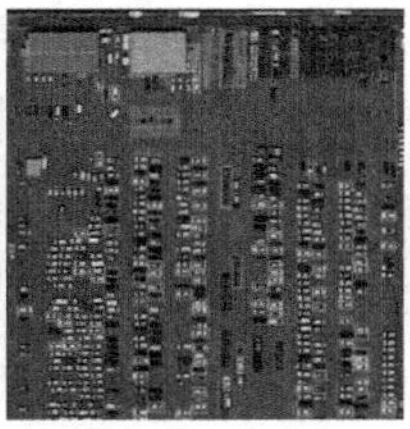 检测数量:119	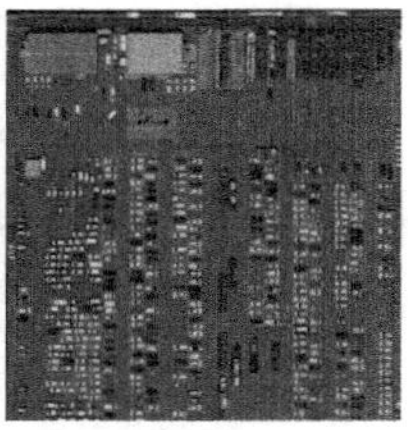 检测数量:358
影像 4	DIOR	327	 检测数量:0	 检测数量:6	 检测数量:33	 检测数量:268

③ 多角度小尺度车辆目标检测结果及分析。由于遥感影像自身特点,车辆目标往往会呈现出多角度排列的状态,从表 6-9 中可以看出,4 种深度学习模型均可以检测到多角度排列的车辆目标。由于使用水平检测框,无法准确显示角度信息。在车辆密集排列时,目标预测框间会出现不同程度的重叠情况,难以准确地进行单目标提取。特别是在 DIOR 数据集中,车辆尺寸进一步缩小时,算法性能下降更加严重。可见在目标密集排列且存在角度时,相邻目标的检测框易出现重叠现象,待检测目标越小,其重叠程度越高,影响了车辆检测精度。

表 6-9   多角度小尺度车辆目标检测结果对比

影像	数据集	目标数量	SSD 结果	FCOS 结果	Faster-RCNN 结果	YOLOv5 结果
影像 5	DOTA	68	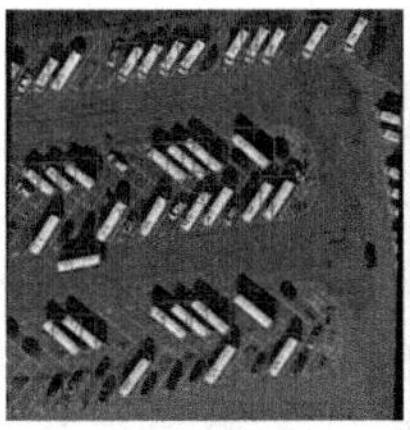 检测数量:48	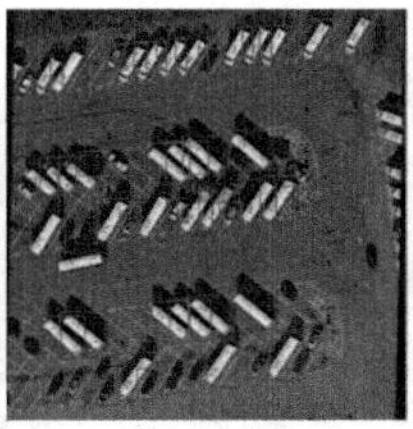 检测数量:61	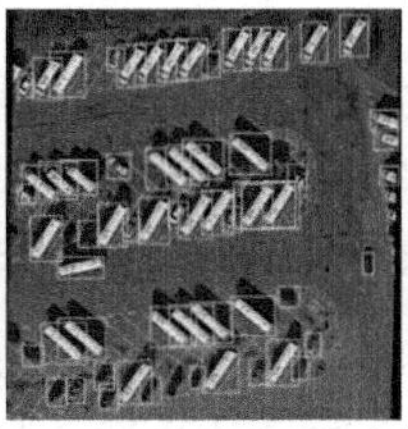 检测数量:61	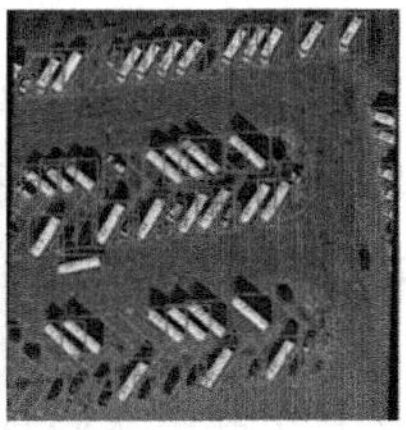 检测数量:68

续 表

影像	数据集	目标数量	SSD 结果	FCOS 结果	Faster-RCNN 结果	YOLOv5 结果
影像 6	DIOR	78	 检测数量:0	 检测数量:9	 检测数量:30	 检测数量:78

④ 复杂背景下小尺度车辆目标检测结果及分析。实验针对静态场景下复杂背景的遥感影像进行车辆检测,结果如表 6-10 所示,YOLOv5 的目标检测效果优于其他算法。YOLOv5 加入 Mosaic 数据增强,通过图像扰动、添加噪声、随机缩放裁剪等方式,使算法模型在复杂背景下可以表现出相对较好的检测性能,但依然无法彻底消除噪声干扰。另外 3 种算法仅对数据进行旋转、缩放处理,模型抗噪能力不足,在出现阴影遮挡时会出现较多目标漏检。

表 6-10　复杂背景下小尺度车辆目标检测结果对比

影像	数据集	目标数量	SSD 结果	FCOS 结果	Faster-RCNN 结果	YOLOv5 结果
影像 7	DOTA	40	 检测数量:6	 检测数量:4	 检测数量:30	 检测数量:32
影像 8	DIOR	83	 检测数量:7	 检测数量:27	 检测数量:33	 检测数量:60

⑤ 移动小尺度车辆目标检测结果及分析。如表 6-11 所示,相对于以上 4 组静态场景下的车辆检测结果,实验开展了移动场景下车辆检测的对比,依然是 YOLOv5 算法的检测效果最好,其次为 Faster-RCNN,FCOS 和 SSD 算法由于小目标检测性能较差,车辆目标漏检较多。主要源于 YOLOv5 算法融合深浅层特征,可获得丰富的全局与局部细节特征信息,对移动场景下的目标检测具有较好的自适应性。在移动车辆场景中,车辆目标分布较为稀疏,拍摄视野更加广阔,车辆小目标特性更加突出,极大地考验了小目标检测性能。

表 6-11　移动小尺度车辆目标检测结果对比

影像	数据集	目标数量	SSD 结果	FCOS 结果	Faster-RCNN 结果	YOLOv5 结果
影像 9	DOTA	26	检测数量:0	检测数量:7	检测数量:16	检测数量:24
影像 10	DIOR	33	检测数量:0	检测数量:0	检测数量:13	检测数量:17

将不同算法在公开数据集上的检测精度及训练时间进行了统计,如表 6-12 所示,YOLOv5 算法的检测精度最高,在 DOTA 和 DIOR 数据集上的检测精度分别为 0.695 和 0.566,SSD 算法的检测精度相对较低,分别为 0.251 和 0.154,主要原因是车辆目标尺度过小且相对密集,该算法对于小尺度目标的检测能力相对较差。4 种算法中 SSD 算法的训练时间最短,在 DOTA 和 DIOR 数据集上分别为 31.245 h 和 21.135 h,Faster-RCNN 算法的训练时间最长,分别为 96.617 h 和 129.617 h,可见单阶段目标检测算法的训练速度优于双阶段目标检测算法。

表 6-12　不同算法在公开数据集上的检测结果对比

模型	输入大小/像素	DOTA		DIOR	
		AP	训练时间/h	AP	训练时间/h
SSD	800×800	0.251	31.245	0.154	21.135
FCOS	800×800	0.370	54.510	0.231	63.367
Faster-RCNN	800×800	0.410	96.617	0.243	129.617
YOLOv5	800×800	0.695	43.333	0.566	38.915

注:表中 AP 值均为 IOU 阈值大于 0.5 时的 AP 值。

综上所述,YOLOv5 在 DOTA 和 DIOR 数据集上的检测效果优于 Faster-RCNN、FCOS 和 SSD 算法,主要原因在于:①YOLOv5 中加入了自适应锚框计算模块,可自动计算最佳锚框类型,提高算法的检测精度和召回率;②YOLOv5 融合了不同层级特征,对特征信息的利用更加充分;③YOLOv5 引入了 Mosaic 数据增强,对图像进行随机缩放、随机裁剪、随机排布等处理,可以有效地提高算法的抗干扰能力。YOLOv5 算法检测速度快,适用于实时性要求较高的场景,但应用于遥感影像车辆检测领域还需要进一步优化,如在遥感影像车辆小而密集的场景中,可能会存在大量小目标车辆漏检,需根据遥感影像车辆目标的特点优化网络结构。YOLOv5 算法不具备角度信息检测能力,在车辆密集分布且存在一定角度时,会在较大程度上影响其检测精度。

（4）不同数据、模型适应性分析

① 对不同数据的适应性分析。从实验结果可知，目标检测算法对于 DOTA 数据集的检测精度高于 DIOR 数据集。进一步说明，目标检测算法性能不仅在于模型自身网络结构，数据集大小和内容也直接影响目标检测算法性能。DOTA 数据集中的车辆目标数量以及类型相对较多，数据样本较为丰富，所以训练出的模型的鲁棒性更强。因此，高质量、大规模的数据集可以有效提升遥感影像车辆检测效果。

② 对不同模型的适应性分析。Faster-RCNN 与单阶段目标检测算法的不同之处是 Faster-RCNN 在检测目标时生成候选区域，再对候选区域进行多次分类与位置修正，相对于 FCOS 和 SSD 算法检测速度较慢，但精度较高。但是，遥感影像中的车辆目标尺寸更小，Faster-RCNN 锚框类型不适用于小尺度目标，导致检测效果并不理想。SSD 算法对不同层级选用不同尺寸与比例的锚框，整体精度相对较高，但对小尺度目标检测能力较差，主要原因是特征层非线性化程度不够，模型精度受限。YOLOv5 加入自适应锚框计算与特征融合模块，特征提取能力相对更强，检测性能相对更好，但对于极小尺度的车辆目标，也会出现漏检现象。FCOS 算法无须进行与锚框相关的复杂运算，是一种轻量的检测模型，可以直接进行逐像素点的回归预测，避免了正负样本不平衡的问题，但其特征图感受野相对较大，难以检测到小尺度车辆目标。

综上所述，对于高精度的车辆检测任务，宜优先选择双阶段的目标检测算法，对于实时性要求高的车辆检测任务，应优先选择单阶段的目标检测算法。现阶段的目标检测算法垂直应用于遥感影像车辆检测还难以取得较为理想的效果，网络结构有待有针对性地改进。

4. 总结及展望

本小节针对主流目标检测模型进行综述，通过 DOTA 和 DIOR 两种数据集进行实验对比，分析不同场景下遥感影像车辆检测的效果。对于静态场景而言，车辆排列密集、角度多样，检测结果容易出现预测框重叠现象；而对于动态场景而言，车辆分布相对稀疏，目标角度对于检测结果的影响较小。目前深度学习技术在遥感影像车辆检测任务中已取得了一些成果，但仍存在许多亟待解决的问题，目标过小、分布密集、角度多样以及背景复杂问题是制约遥感影像车辆检测性能的主要因素。因此，针对现存难点问题进行不断优化，是未来遥感影像车辆检测的研究重点，其发展趋势主要涉及以下几点。

① 加强对弱监督学习与无监督学习的研究。对于遥感影像大数据驱动下的深度学习算法应用来说，数据量大、标注耗时长、成本高是数据处理现存的显在问题。如何在半监督或弱监督学习下通过少量标注样本及大量未标注数据进行学习，改善遥感影像标注数据量不足的缺陷，是后续研究亟待解决的问题之一。

② 结合自适应特征尺度融合与注意力机制。鉴于图像高低层特征信息的融合仅将不同分辨率的特征对齐相加，忽略了各特征层之间的关联信息，引入自适应特征融合机制，为不同层级特征分配自适应权重参数，实现局部特征和全局特征的高效融合，以期提升车辆小目标检测性能，或者引入注意力机制模块，筛选图像的关键信息，以减少干扰信息对目标检测的影响，进一步提升小目标检测精度。

③ 探索无锚框的目标检测算法。现有研究成果大多是基于锚框进行目标检测，此类算法训练耗时长、运算量大。而无锚框的目标检测算法无须进行大量锚框参数相关的运算，其检测速度更具优势，若深入研究并应用于遥感卫星军事监测以及智能交通等领域将发挥重要作用。

6.2.2　超分辨率重建在遥感影像车辆目标检测中的可行性分析

随着我国对地观测技术的蓬勃发展,遥感影像已经成为大数据的主体之一,被广泛应用于智慧城市、智能交通及应急指挥等领域[54-55]。车辆检测作为卫星遥感数据实现智能交通的关键问题之一,在促进道路交通规划发展中具有重要的应用价值[56-57]。但是,遥感影像应用于车辆检测目前存在的难点问题是车辆尺寸相对较小,缺乏足够的纹理特征以及清晰的边缘结构。现有基于深度学习的目标检测方法大致分为 2 类[58]:基于单阶段模型的目标检测与基于两阶段模型的目标检测。基于单阶段模型的目标检测,是在不生成显式候选区域的前提下,直接给出最终检测结果,以 YOLO、SSD、RetinaNet[59]、FCOS 等方法为主;基于两阶段模型的目标检测,首先通过生成可能包含物体的候选区域,再对候选区域进一步分类和校准,最后得到检测结果,以 R-CNN[60]、SPP-Net[61]、Fast R-CNN[62]、FPN[63] 等方法为主。现有基于深度学习的目标检测方法比较适用于地面监控及近景摄影等场景的大尺度目标检测,并得到了较高的目标检测精度。但是,无论是基于单阶段还是基于两阶段模型的目标检测都存在难以识别小目标的根本问题,研究表明小目标检测的平均精度分数大约比大目标检测的平均精度分数低 10 倍[64],若将此类方法直接应用于遥感图像小目标检测效果依然不佳。

鉴于现实生活中更实际复杂的应用需求,小目标检测受到了更多专家学者的关注[65]。国内外专家学者尝试通过数据增强、特征融合、上下文信息融合等方法来改善小目标检测的性能。通常来讲,现有目标数据集包含的小尺度目标特征相对较少,导致深度学习模型训练的结果更关注中、大尺度的目标检测,小尺度目标覆盖面积很小,使得小尺度目标出现的位置缺乏多样性。针对小尺度目标检测的数据问题,采取对小目标图像数据进行过采样,以及对包含小目标图像进行多次复制粘贴,通过数据增强的方式来提高小目标的检测效果[66]。据文献研究表明,小目标检测性能较差的原因之一是在卷积神经网络中深层特征图的感受野较大,不适合检测小目标[67]。针对此问题,尝试在深度学习网络中在扩大感受野的同时,融合多个尺度特征,增强深度学习模型对小目标的检测能力[68]。Tang[69]通过引入上下文敏感预测模块,利用上下文信息提升检测性能。上述研究通过处理样本数据、改进目标检测方法或优化网络模型方法来提高小目标检测精度,并没有从根本上解决小目标特征空间分辨率低的问题,小目标特征清晰度没有实质性改变,在深度学习模型中特征图与先验知识的结合将受到严重影响,导致在深层特征提取小目标的过程难度加大,空间信息与语义信息显著失衡,在遥感智能分类应用领域中受到限制。

超分辨率重建是指对单幅或多幅具有互补信息的低分辨率图像进行处理,获得一幅或多幅高分辨率图像的技术[70-71]。随着图像处理技术的深化研究,超分辨率重建技术取得了长足的进步与发展[72-75],从传统的基于插值的超分辨率重建[76-77]到基于重建的超分辨率重建方法[78],再到基于深度学习的超分辨率重建方法[79-80]。其中,基于深度学习的重建效果更为显著,从最初的卷积神经网络到生成对抗网络[81-82],均展现出较好的性能。视频超分辨率重建源于图像超分辨率重建,基于深度学习的超分辨率重建方法有 SRCNN[83]、FSRCNN[72]、VDSR[84]、ESPCN[79]、RDN[85],积累了一定的研究成果。视频超分辨率重建从单幅图像超分辨率方法中开展研究,研究表明通过运动估计和补偿等方法,正确且充分地利用帧间信息可以提高视频超分辨率重建的质量[67]。但在超分辨率重建过程中引入的伪影,导致小目标空间分辨率提升的质量难以保证。可见超分辨率重建通过图像处理技术提高图像空间分辨率,可以进一步改善图像的利用效益。在目标检测领域中，Fookes[86]使用传统超分辨率技术，Hu[87]通过双线性插值方法将两次上采样结果作为目标检测输入图像，均能更好地实现人脸识别。但是面向遥感领域的应用，基于超分辨率重建的小目标检测还存在一系列问题及应用上的挑战。首先，通过超分辨率重建方法生成高分辨率图像的研究较少，现有的工作还主要集中在图像级的超分辨率重建研究，更具挑战性的特征级超分辨率重建很少被研究。其次，整体模型架构过于沉重，模型参数相对庞大，需要大量的计算和存储资源，训练时间长，在实际问题中难以有效地部署。如何设计和实现一种特征级的超分辨率重建方法以满足遥感图像小目标检测应用的需要是一个技术难题。

优化小目标超分辨率重建表征结构，并将其融合到目标检测框架中，提升遥感影像车辆目标检测性能是重点要解决的问题。为此，提出了构建顾及超分辨率重建的遥感影像车辆检测网络（Vehicle Detection Network based on Remote Sensing Images，VDNET-RSI），以解决大尺度遥感影像下车辆目标较小、深度卷积神经网络对特征图解译与辨识难度增加的问题。首先，本手稿顾及小目标边缘结构与空间分辨率的提升构建超分辨率重建模块；其次，在融合空间分辨率提升模块的基础上，增加注意力机制，优化检测头，构建 VDNET-RSI 网络，以此提升大尺度遥感影像下小目标检测性能。其主要贡献如下：①将超分辨率重建模块集成到车辆检测网络中，改善超分辨率重建过程中小目标的边缘结构，解决车辆目标信息在深度卷积神经网络的深浅层存在语义信息与空间信息难以兼顾的问题；②构建 VDNET-RSI 车辆检测一体化框架，顾及超分辨率重建的同时，增加注意力机制和检测头，扩大小目标的感受野，进一步提高车辆目标检测的鲁棒性。

1. 研究方法

依托公开遥感影像数据源，以"超分辨率重建-车辆鲁棒性检测"为研究主线，将超分辨率重建模块集成到车辆检测网络中，提升车辆目标信息的空间分辨率。以 YOLOv5 算法作为车辆检测网络的基础框架，优化车辆检测网络框架，兼顾超分辨率重建的同时，增大小目标的感受野，以提高车辆目标检测的鲁棒性，整体技术流程如图 6-25 所示。

彩图 6-25

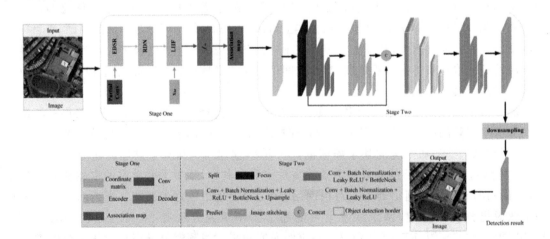

图 6-25 顾及超分辨率重建的遥感影像车辆目标检测技术流程图

（1）基于边缘优化的多尺度超分辨率重建模块

如模块 1（Stage One）所示，通过深度超分辨率卷积神经网络对含有小目标车辆的遥感图像进行空间分辨率提升。LIIF(Local Implicit Image Function)算法通过局部的隐式图像函数对连续的图像进行表达,函数以图像坐标以及坐标周围的二维特征作为输入,建立了离散 2D 与连续 2D 之间的联系,以给定坐标处的辐射信息作为输出。由于坐标是连续的,LIIF 可以以任意分辨率进行表示。该算法通过自监督任务训练生成高分辨率影像的连续表达,其数学表达如下:

$$s = f_\theta(z, x) \tag{6-27}$$

其中:z 表示一个向量,可以理解为隐藏的特征编码;$x \in \chi$ 是在连续影像坐标域上的一个 2D 坐标;$s \in S$ 是预测值,如遥感影像的辐射信息。根据 f_θ 可以重构任意位置 x_q 的辐射信息:

$$I^{(i)}(x_q) = f_\theta(z^*, x_q - v^*) \tag{6-28}$$

其中:$I^{(i)}$ 表示连续图像域;z^* 表示与坐标 x_q 欧几里得距离最近的潜在编码;v^* 表示潜在编码 z^* 在图像域 $I^{(i)}$ 上的坐标。隐码是 3×3 相邻隐码的串接,其外边界用零向量填充。

展开二维特征图,充分利用特征图信息进行集成。为了能够以像素形式进行任意分辨率的呈现,假设给定了所需分辨率,一种简单的方法是查询连续表示 $I^{(*)}$ 像素中心坐标处的辐射信息,但因为查询像素的预测辐射信息值与其大小无关,其像素区域中的信息除了中心值都被丢弃。因此,利用单元解码的方式查询像素信息并将其作为一个额外的输入,来预测该像素的辐射信息值,其公式如下,额外给定一个 c 的输入可改善连续表达效果。

$$s = f_{cell}(z, [x, c]) \tag{6-29}$$

其中:$[x, c]$ 表示 x 与 c 的连接操作;c 是附加输入;$f_{cell}(z, [x, c])$ 表示以坐标 x 为中心像素,通过函数 f_{cell} 映射该坐标的辐射信息值。

考虑卷积核可以满足超分辨率重建模块中的所有元素,使用零填充将使结果产生偏差并导致伪影效果。为了解决伪影效应问题,对偏置项进行了调整和分解。因此,所有的偏置项具有相同的形式,并且彼此独立。当元素存在残差时,也需要去除相应的偏置项分量,从而消除相应的偏置,其数学描述如下:

$$x'_{(i,j)} = W^T_{(i,j)} \cdot X_{(i,j)} + \frac{\|W_{(i,j)}\|_1}{\|W\|_1} b \tag{6-30}$$

其中:$X_{(i,j)}$ 为以 (i,j) 为中心的卷积层窗口内的特征值,卷积核大小与卷积层窗口大小相同;$W_{(i,j)}$ 是 $X_{(i,j)}$ 对应的卷积核的权值;W 是完整卷积核权值;b 是偏置;$x'_{(i,j)}$ 是以 (i,j) 为中心的下一个卷积层窗口的特征值。

(2)顾及超分辨率重建的车辆检测网络

提出的 VDNET-RSI 结构将 LIIF 模块集成到车辆检测网络中生成高分辨率图像。目标检测阶段的主干网络层包含 1 个焦点层(Focus)、7 个跨阶段局部网络层(CSP)和 1 个空间金字塔池化(SPP)层。其中,特征提取网络由三部分组成:焦点层(Focus)、跨阶段局部网络层和 1 个空间金字塔池化层。为了进一步提高小目标检测的精度,在融合超分辨率重建结果的基础上,对目标检测模块进行了进一步优化。在 PAN 部分,使用了注意力机制模块。

注意力机制模块包括通道注意力机制模块和空间注意力机制模块。其中,通道注意力机制模块包含三部分:首先,将大小为 $H \times W \times C$ 的特征图输入网络,通过全局最大池化和全局平均池化操作后,得到两个大小为 $1 \times 1 \times C$ 的特征图;其次,将大小为 $1 \times 1 \times C$ 的特征图输入共享神经网络,此网络由多层感知机和隐藏层组成;最后,将输出的两个特征元素进行乘积加和操作,通过 Sigmoid 激活函数得到通道注意力图 M_c。空间注意力机制模块包含两部分:首先,对输入特征的各通道使用均池化和最大池化进行维度上的压缩来聚合通道信息,将得到的 2 个大小为 $H \times W \times 1$ 的通道注意力特征通过大小为 7×7 的卷积层进行融合;其次,使用

Sigmoid 激活函数将权重系数和输入特征 F' 相乘,从而得到空间注意力图 M_s。

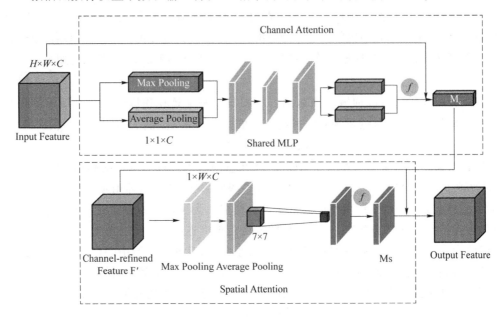

图 6-26　CBAM 网络结构图

　　注意力机制通过调整权重来区分特征信息的重要性。在小目标检测过程中次要特征融合对检测结果影响不大,且具有一定的计算量,因此,通过降低次要特征权重,可以抑制无关特征信息的表达,节省计算能力。为了更好地提高 YOLOv5 算法的目标检测性能,在多尺度特征检测改进的基础上,在特征融合之前将 CBAM(Convolutional Block Attention Module)模块嵌入 YOLOv5 颈部网络中,提升网络对于重要特征的关注程度,从而改善颈部网络的特征融合效果,可使模型学习到更多的有效特征,增强网络特征提取能力。

　　考虑在遥感影像中,小目标尺寸较小,所含信息量较少,多次下采样后特征信息丢失严重,使用网络原有的 3 个尺度特征图难以有效提取到车辆目标,为了充分利用图像的浅层特征信息,将 YOLOv5 算法的检测尺度进行扩充,新增 200×200 像素大小的特征图以用于微小目标预测。改进后的 YOLOv5 网络模型在 4 个不同尺度的特征图上进行目标检测,可增强网络多尺度目标检测能力,提高网络对小目标的检测性能。

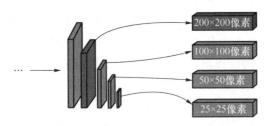

图 6-27　多尺度目标检测改进示意图

　　在预测部分,我们在 YOLOv5 网络的基础上增加了一个额外的检测层用于小目标预测。第 18 层特征图是上采样的,并与网络的第 2 层特征图连接,生成用于小目标检测的新特征检测层。所获得的新特征图具有更丰富的浅层细粒度特征和高级语义特征信息,使该模型在小目标检测中具有更好的性能。在第一阶段的基础上,在 VDNET-RSI 框架的第二阶段中使用来自 SR 模块的网络结果,然后使用 Focus 模块对 SR 结果进行拆分。假设输入的特征图大小

为 $4\times4\times3$，经过分割和通道镶嵌，特征图大小变为 $2\times2\times12$，图像信息从空间维度转换为通道维度，减少了输入大小，同时保留了输入信息，并提了网络训练和检测的速度。在此基础上，引入 CSP 和 SPP 来优化检测效果，以保留更多的特征并适应不同规模的目标检测。在实验中，为了确保输入网络中的图像具有相同的大小，对 SR 重建的图像进行分割，并对图像进行重叠滑动窗口分割，以减少图像分割造成的边缘目标信息的损失。分割后的图像被输入到目标检测网络中，最后对图像进行重新融合以获得最终的检测结果。目标检测的预测包含边界损失函数和非极值抑制。损失函数包含预测框的位置、置信度和类别信息，总损失值通过加权得到，具体的数学描述如下：

$$\text{Loss}_{\text{object}} = \text{loss}_{\text{location}} + \text{loss}_{\text{confidence}} + \text{loss}_{\text{classification}} \tag{6-31}$$

其中 $\text{loss}_{\text{location}}$，$\text{loss}_{\text{confidence}}$，$\text{loss}_{\text{classification}}$ 分别为位置损失函数、置信度损失函数、类别损失函数。

实验使用 CIoU 作为位置损失函数，改善了模型收敛缓慢的问题，在梯度下降时，边界回归更加稳定。数学模型描述如下：

$$\text{Loss}_{\text{CIoU}} = 1 - \text{IOU} + \frac{\varrho^2(b, b^{\text{gt}})}{c^2} + \alpha\nu \tag{6-32}$$

其中 b 和 b^{gt} 表示预测框和目标框的中心点，ϱ 是欧几里得距离，c 代表的是能够同时包含预测框和真实框的最小闭包区域的对角线距离，α 是一个平衡参数（这个系数不参与梯度计算），ν 用于计算预测框和目标框的高宽比的一致性，具体表达式如下：

$$\nu = \frac{4}{\pi^2}\left(\arctan\frac{\omega^{\text{gt}}}{h^{\text{gt}}} - \arctan\frac{\omega}{h}\right)^2 \tag{6-33}$$

$$\alpha = \frac{\nu}{(1 - \text{IoU}) + \nu} \tag{6-34}$$

其中 ω，h，ω^{gt}，h^{gt} 分别表示预测框的高度和宽度以及实际框的高度和宽度。

该目标检测网络考虑了小目标边缘结构和空间分辨率的提高，增加了注意机制，优化了检测头，构建了 VDNET-RSI 网络，提高了大尺度遥感图像中小目标的检测性能，具体参数如表 6-13 所示。

表 6-13　VDNET-RSI 网络参数

Layer	Input/Output Channel	Layer	Input/Output Channel	Layer	Input/Output Channel
Mean shift	$[3,3]$	Conv_4	$[256,512]$	Upsampling_3	$[256,256]$
Conv_1	$[3,64]$	C3_3	$[512,512]$	Concat_3	$[256,328]$
ResBlock	$[3,64]$	Conv_5	$[512,1\,024]$	C3_CBAM_2	$[328,256]$
Feature unfolding	$[64,576]$	SPP	$[1\,024,1\,024]$	Conv_9	$[256,256]$
Local ensemble	$[576,580]$	Conv_6	$[1\,024,512]$	Concat_4	$[256,512]$
Linear_1	$[580,256]$	Upsampling_1	$[512,512]$	C3_CBAM_3	$[512,256]$
Linear_2	$[256,256]$	Concat_1	$[512,1\,024]$	Conv_10	$[256,512]$
Linear_3	$[256,3]$	C3_4	$[1\,024,512]$	Concat_5	$[512,1\,024]$
Foucs	$[3,64]$	Conv_7	$[512,256]$	C3_CBAM_4	$[1\,024,512]$
Conv_2	$[64,128]$	Upsampling_2	$[256,256]$	Conv_11	$[512,512]$
C3_1	$[128,128]$	Concat_2	$[256,512]$	Concat_6	$[512,1\,024]$
Conv_3	$[128,256]$	C3_CBAM_1	$[256,256]$	C3_5	$[1\,024,1\,024]$
C3_2	$[256,256]$	Conv_8	$[256,256]$		

2. 实验结果与分析

（1）实验数据

实验采用 DIOR[88] 数据集进行测试，该数据集共有 23 463 张图片和 190 288 个标注实例，图像大小为 800×800 像素，空间分辨率为 0.5～30 m，包含车辆、飞机、机场、棒球场等 20 种目标。鉴于原 DIOR 数据集未注明每幅影像的空间分辨率信息，因此，未列出所展示影像的空间分辨率信息。实验环境为 Ubuntu16.04 系统，GPU 为 GeForce1080 Ti(11G)，CPU 为 Intel core i9-9900K。在实验中需要初始化训练参数，具体设置如下：训练轮次（epoch）设置为 100 次，初始学习率设置为 0.01，Batch size 设置为 8，在进行训练至 80 次迭代后学习率调整为原学习率的 10%，进行训练至 90 次迭代后学习率调整为原学习率的 1%，其余参数与算法官方参数保持一致。

（2）数据预处理

① 图像分割

在实验中，图像进行超分辨率重建后，图像尺寸会根据超分辨率重建的尺度变化，比如原影像的大小为 800×800 像素，2 倍的超分辨率重建后，影像的大小变为 1 600×1 600 像素。在目标检测阶段，为保证与原网络输入尺寸一致，避免对输入图像进行缩放处理导致网络难以检测到此类小目标，实验将超分辨率重建后的图像进行分割处理，其过程如图 6-28 所示。将图像依据重叠滑动窗口进行分割处理，缓解图像分割导致的边缘目标信息丢失现象，输入图像大小为 1 600×1 600 像素，分割步长设置为 600 像素，重叠区域为 200 像素大小，最终得到9 幅 800×800 像素大小的图像。

图 6-28　图像分割示意图

图像分割后所得到的图像切片数量计算公式如下：

$$n=(W-w)/(w-w_1)+1 \tag{6-35}$$

$$m=(H-h)/(h-h_1)+1 \tag{6-36}$$

其中：W,H 分别表示原图像的宽和高；w,h 分别表示图像切片的宽和高；w_1,h_1 分别表示重叠区域的宽和高；n,m 分别表示图像切片的行数和列数。

② 图像拼接

在目标检测阶段，为避免分割重叠区域的车辆被重复检测，将分割处理后的图像进行拼接，如图 6-29 所示。将分割后的图像输入目标检测阶段，将分割图像重新融合，得到原始图像的检测结果。根据式(6-35)和式(6-36)计算出图像切片左上角的相对坐标以及对应的原始图像坐标，并且将图像切片中检测的目标位置信息也相对应地还原为原图像的绝对坐标，对于图像融合边缘处的结果,利用 NMS 非极大值抑制方法对重叠区域产生的冗余检测结果进行消除,得到最终的检测结果。

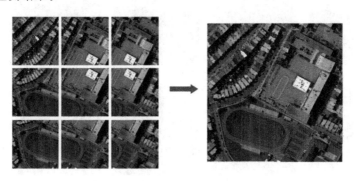

图 6-29　图像拼接示意图

③ 评价指标

实验采用准确率(Precision,P)、召回率(Recall,R)与平均精度(Average Precision,AP)作为小目标检测性能的评价指标。其中准确率可反映模型预测正确的正负样本数量所占的比重,召回率可反映模型预测正确的正样本所占的比重,其公式如下:

$$P = \frac{TP}{TP + FP} \tag{6-37}$$

$$R = \frac{TP}{TP + FN} \tag{6-38}$$

其中:TP 表示被正确预测为正样本的数量;FP 表示被错误预测为正样本的数量;FN 表示被错误预测为负样本的数量。

经过检测后的样本会通过神经网络分类器进行分类,可得到不同的分类置信度区间。根据网络设定的置信度阈值对样本进行划分,其中置信度大于阈值的样本被划分为正样本,小于阈值的样本被划分为负样本,不同的置信度阈值会影响模型的正负样本比例。在设定置信度阈值后,可进行准确率与召回率的曲线绘制,平均精度是准确率-召回率曲线下所围成的面积,它是评价单类别目标检测效果的常用指标,平均精度值越高,模型预测效果越好,其公式如下所示:

$$AP = \int_0^1 P(R) \, dR \tag{6-39}$$

其中:P 表示准确率;R 表示召回率;AP 为平均精度。

（3）实验分析

① 不同超分辨率重建尺度下的车辆目标检测对比实验

大尺度遥感图像中的小目标通常分辨率较低,缺乏足够的纹理特征、细节信息和边缘结构。目标检测网络在降采样过程中容易出现严重的信息丢失,甚至丢失部分特征信息,导致小目标严重漏检,影响小目标检测的精度。针对这一问题,实验引入了考虑边缘结构优化的超分辨率重建模块,对输入的遥感图像进行超分辨率重建,以提高小目标的空间分辨率,增加其特征信息。超分辨率重构模块中不同空间分辨率提升的实验结果如图 6-30~图 6-33 所示。其中,左边第一列中的红色方块表示部分放大的窗口,其他列中不同颜色的方块为目标检测结果。从图 6-30~图 6-33 中可以看出,超分辨率重建模块可以有效地提高图像分辨率,增强车辆的特征信息。

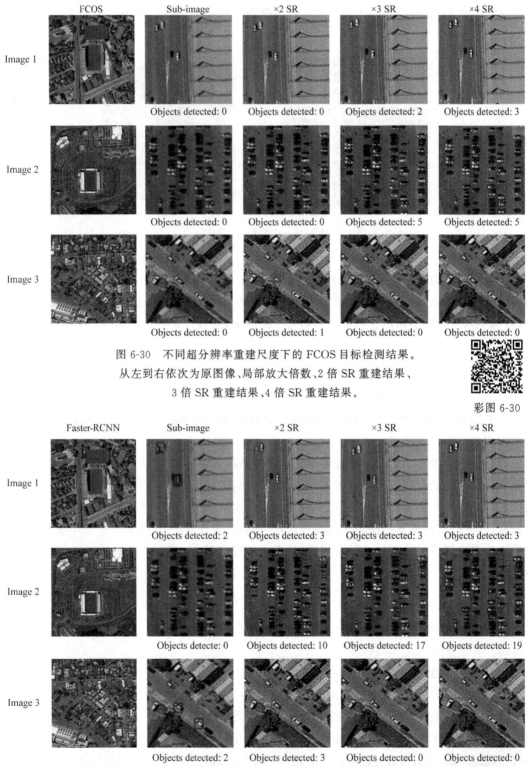

图 6-30　不同超分辨率重建尺度下的 FCOS 目标检测结果。
从左到右依次为原图像、局部放大倍数、2 倍 SR 重建结果、
3 倍 SR 重建结果、4 倍 SR 重建结果。

彩图 6-30

图 6-31　不同超分辨率重建尺度下的 Faster-RCNN 目标检测结果。
从左到右依次为原图像、局部放大倍数、2 倍 SR 重建结果、
3 倍 SR 重建结果、4 倍 SR 重建结果。

彩图 6-31

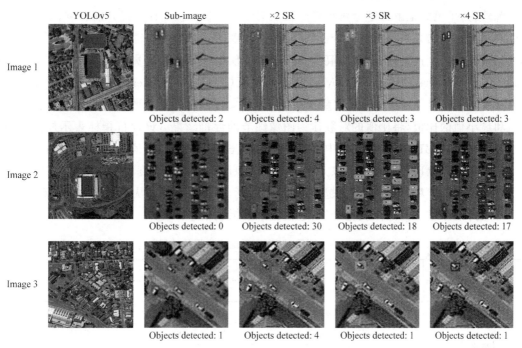

图 6-32 不同超分辨率重建尺度下的 YOLOv5 目标检测结果。
从左到右依次为原图像、局部放大倍数、2 倍 SR 重建结果、
3 倍 SR 重建结果、4 倍 SR 重建结果。

彩图 6-32

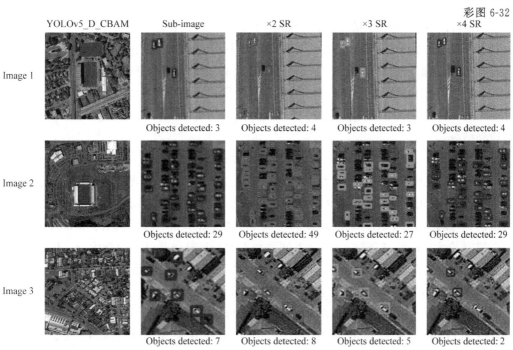

图 6-33 不同超分辨率重建尺度下的 YOLOv5_D_CBAM 目标检测结果。
从左到右依次为原图像、局部放大倍数、2 倍 SR 重建结果、
3 倍 SR 重建结果、4 倍 SR 重建结果。

彩图 6-33

此外,为了更好地解释超分辨率重建模块对小尺寸目标检测性能提升的影响,实验对不同尺度的超分辨率结果进一步进行分析,并对不同尺度的超分辨率重建图像质量进行了评价,如表 6-14 所示。由于缺乏真实的高分辨率图像数据,实验采用影像细节增强评价指标(Enhanced Measure Evaluation,EME)和平均梯度(Average Gradient,Avegrad)两种质量评价方法对不同尺度上的 SR 重建质量进行评价[89-90]。EME 的原理是计算子区域灰度值的最大值和最小值的比值,将比值的对数作为图像细节的评价结果。该评价指标表示局部图像的灰度变化程度,EME 值越大,图像中的细节信息越丰富。平均梯度值是每个像素与其相邻像素之差的平方和除以总像素数。该方法可以灵敏地反映图像对比度中小细节的表达能力,并用于评价图像的模糊度,平均梯度越大,图像越清晰,对比度越好。从定量的角度来看,可以得出 2 倍超分辨率重建的图像质量最好,车辆提取效果也较好。

表 6-14 不同尺度 SR 重建指标评价结果

实验数据	×2	×3	×4
Image 1	EME:17.606	EME:14.766	EME:11.317
	Avegrad:0.011	Avegrad:0.005	Avegrad:0.003
Image 2	EME:18.708	EME:15.462	EME:15.446
	Avegrad:0.011	Avegrad:0.005	Avegrad:0.005
Image 3	EME:20.895	EME:16.169	EME:13.089
	Avegrad:0.010	Avegrad:0.005	Avegrad:0.003

② 不同目标检测方法下的车辆检测效果对比实验与分析

在上一部分实验分析中,我们讨论并评估了不同尺度的 SR 重建对目标检测的影响。在本部分实验中,我们将所提出的模型与当前最先进的深度学习模型(如非锚框目标检测模型 FCOS、两阶段目标检测模型 Faster R-CNN 和单阶段锚目标检测模型 YOLOv5)进行比较,分析所提出的 VDNET-RSI 框架的性能。实验结果如图 6-34 所示,其他列中不同颜色的方块为目标检测结果。

从实验结果可以看出,VDNET-RSI 优于 FCOS、Faster-RCNN 和 YOLOv5,主要原因是FCOS 无法通过逐像素回归有效检测小目标。多尺度特征金字塔虽然摆脱了对锚点参数的依赖,但没有充分利用低维特征,导致检测中大部分小目标丢失。Faster-RCNN 通过预设锚来检测车辆,对遥感图像中各类车辆的检测不敏感,检测结果存在大量重叠。YOLOv5 增加了自适应锚框的计算模块,在训练前根据不同的数据类型计算出最优的锚框大小,然而最终生成的特征图大小为 76×76 像素、38×38 像素和 19×19 像素,用来预测车辆目标,分辨率最高的特征图感受野大小为 8 像素,这可能会导致下采样后微小物体的特征丢失。

实验利用 AP、训练时间、推理时间、模型参数和 GFLOPs 对 4 种目标检测方法的性能进行综合分析,统计结果如表 6-15 所示。VDNET-RSI 在模型大小(参数)和计算复杂度(GFLOPs)方面效率稍低。在目标检测精度方面,采用 AP 作为目标检测性能的指标[91]。统计结果表明,该模型的目标检测性能优于两阶段目标检测模型。实验结果表明,VDNET-RSI车辆检测总体精度可达 62.9%,比 YOLOv5 模型提高约 6.3%,比 Faster-RCNN 模型提高约38.6%,比 FCOS 模型提高约 39.8%,主要原因是 FCOS 不需要与锚相关的复杂操作,这样就可以避免正负样本不平衡的问题。然而,它的特征映射有一个相对较大的接受域,这使得检测小尺寸物体变得困难。与 FCOS 相比,Faster-RCNN 的检测速度较慢,但精度较高,锚的大小不适合小尺寸的物体。YOLOv5 具有相对较强的特征提取能力和较好的检测性能,然而对于微小的车辆目标仍然存在漏检的问题。VDNET-RSI 的训练时间相对较长,大部分的训练时间都花在 SR 模块上,而 SR 模块的集成提高了小目标的检测精度。VDNET-RSI 解决了车辆空间分辨率不足的问题,并考虑了深度卷积神经网络中的语义和空间信息。

彩图 6-34

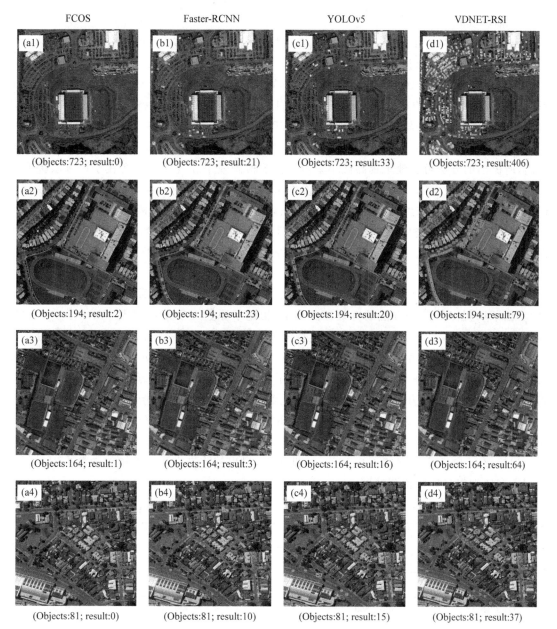

图 6-34　不同目标检测方法下的车辆检测结果

表 6-15　使用 DIOR 图像的不同深度学习目标检测模型的比较结果

Method	AP	Training Time/h	Inference Time/s	Parameters/M	GFLOPs
FCOS	0.231	63.367	0.673	32.0	190.0
Faster-RCNN	0.243	129.617	1.523	39.8	172.3
YOLOv5	0.566	38.915	0.15	47.0	115.4
VDNET-RSI	0.629	155.067	0.278	50.4	168.4

③ 消融实验

为了更好地解释 SR 重建模块对小尺度目标检测性能的影响,采用消融实验进行深入分析。为了更加直观地评价,展示方法改进的有效性,图 6-35 给出了 YOLOv5、YOLOv5_D_CBAM、YOLOv5_D_CBAM_SR 3 种不同方法在 DIOR 数据集上的几组测试结果。加入微小目标检测头的模型用 YOLOv5_D 表示,加入 CBAM 模块的模型用 YOLOv5_CBAM 表示,同时加入微小目标检测头与 CBAM 模块的模型用 YOLOv5_D_CBAM,加入微小目标检测头、CBAM 模块与超分辨率重建模块的模型用 YOLOv5_D_CBAM_SR 表示。从图 6-35 中可以看出,所提出的方法可有效地提高微小车辆目标的检测效果。其原因主要在于该方法提升了小目标在图像中的空间分辨率,增加了图像中车辆目标的细节特征,通过增加检测头和注意力机制模块可使网络提取到更多有用的目标特征信息,进而提高了小目标的检测精度。

为了验证不同改进模块的优化效果,我们设计了消融对比实验,在公开的遥感数据集 DIOR 上进行测试,对比其在 DIOR 数据集上的 AP 值、训练时间与推理时间,结果如表 6-16 所示。

从表 6-16 中可以得出,在 YOLOv5 网络中加入不同的改进模块后,模型性能均有一定提升,验证了所提出的改进方法的有效性。其中,相比于原始 YOLOv5 模型,YOLOv5_CBAM 模型的精度提升了 1.4%,YOLOv5_D 模型的精度提升了 2.8%,同时加入两种改进模块的 YOLOv5_D_CBAM 模型的精度提升了 3.9%,VDNET-RSI(YOLOv5_D_CBAM_SR)模型的精度提升了 6.3%,在 DIOR 数据集上取得了最高检测精度。但由于额外加入了微小目标检测头和 CBAM 注意力机制模块,模型网络层数与参数的计算量增加,YOLOv5_CBAM、YOLOv5_D、YOLOv5_D_CBAM 与 VDNET-RSI 模型相比于原始 YOLOv5 模型训练时间有所增加,分别增加了 6.346 h、24.66 h、29.817 h 与 116.512 h,VDNET-RSI 模型的推理时间相比于原始 YOLOv5 模型增加了 0.128 s,由此可见,提出的改进方法可在增加少量推理时间的情况下有效地提高模型检测精度。

表 6-16　使用 DIOR 图像的不同深度学习目标检测模型的比较结果

Model	Input Image Size/Pixel	AP	Training Time/h	Inference Time/s
YOLOv5	800×800	0.566	38.915	0.150
YOLOv5_CBAM	800×800	0.580	45.279	0.133
YOLOv5_D	800×800	0.594	62.939	0.207
YOLOv5_D_CBAM	800×800	0.605	68.732	0.167
VDNET-RSI	800×800	0.629	155.067	0.278

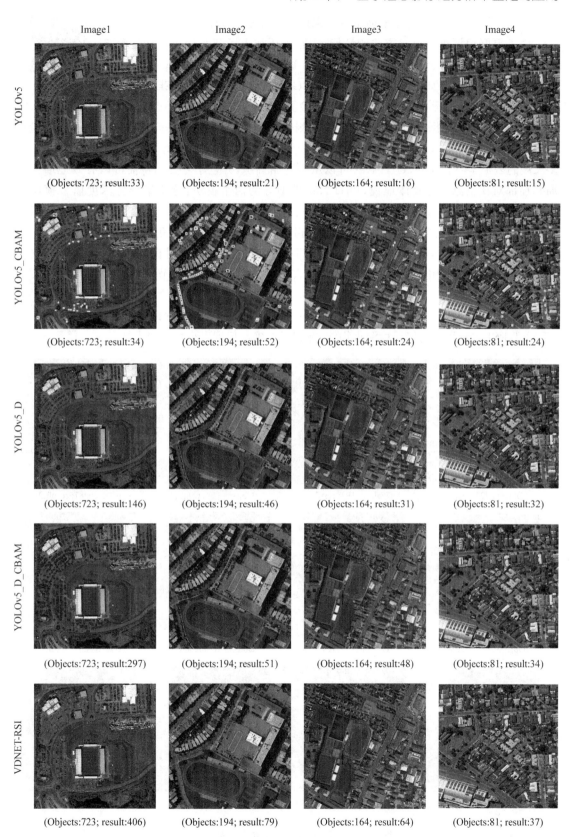

	Image1	Image2	Image3	Image4
YOLOv5	(Objects:723; result:33)	(Objects:194; result:21)	(Objects:164; result:16)	(Objects:81; result:15)
YOLOv5_CBAM	(Objects:723; result:34)	(Objects:194; result:52)	(Objects:164; result:24)	(Objects:81; result:24)
YOLOv5_D	(Objects:723; result:146)	(Objects:194; result:46)	(Objects:164; result:31)	(Objects:81; result:32)
YOLOv5_D_CBAM	(Objects:723; result:297)	(Objects:194; result:51)	(Objects:164; result:48)	(Objects:81; result:34)
VDNET-RSI	(Objects:723; result:406)	(Objects:194; result:79)	(Objects:164; result:64)	(Objects:81; result:37)

图 6-35 车辆检测对比实验结果

④ 不同小目标检测方法车辆检测效果的对比实验与分析

为了更好地评价所提出方法的性能,实验中还加入了与其他小目标检测方法的对比结果,并与专用于小目标检测的方法(EESRGAN[92]、UIU-NET[93])进行比较。实验结果如图 6-36 所示。EESRGAN 利用 ESRGAN、EEN 和检测网络,构建一个小目标检测架构,用于车辆检测,然而 EESRGAN 不包含置信度阈值约束,将其直接迁移到其他数据库将导致出现错误检测框,对于小型且密集的车辆检测,可能存在漏检和误检的情况。UIU-Net 将一个微小的 U-Net 嵌入一个较大的 U-Net 骨干架构中,实现了多层次、多尺度的表征学习。此外,UIU-Net 可以从头开始训练,并且学习到的特征可以有效地增强全局和局部对比信息。更具体地说,UIU-Net 模型分为两个模块:分辨率维持深度监督模块和交互交叉注意模块。该方法将红外图像的小目标检测建模转化为语义分割问题。将小目标检测模型垂直应用于光学图像时,对于类内相似的地物,往往会出现漏检、误检的现象。与 EESRGAN 网络相比,本小节提出的 VDNET-RSI 方法保留了小目标清晰的边缘结构,纹理细节表征没有重点优化。相比之下,EESRGAN 网络改善了纹理细节,但小物体边缘呈现出明显的振铃效果。与此同时,VDNET-RSI 的车辆检测精度比 EESRGAN 提高了 5.1%,训练时间减少了一半。与 UIU-Net 网络相比,提出的 VDNET-RSI 方法可以更好地检测小物体,并相对准确地识别出小物体的边缘。

彩图 6-35

彩图 6-36

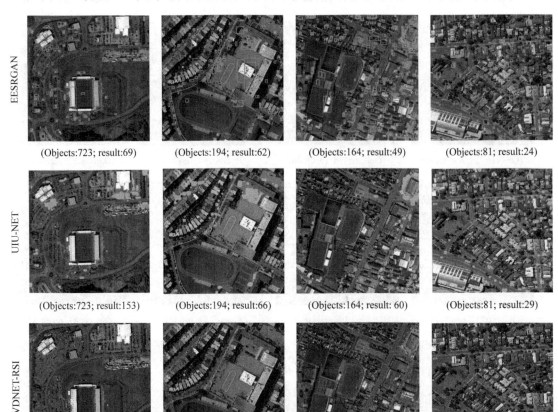

图 6-36　不同小物体检测方法的对比实验

3. 讨论

（1）不同目标检测方法的优缺点分析与讨论

通过对比实验与消融实验本小节探讨了不同方法对于车辆目标的检测性能，表 6-17 梳理了不同目标检测方法对于微小目标性能检测的优缺点。由于 DIOR 数据集中的车辆目标在遥感影像中所占像素较少，并且 Faster-RCNN 算法使用固定类型锚框对目标进行检测，其微小目标的提取能力较差，对于待检测目标大小尺度的自适应性较差。FCOS 方法不使用锚框进行预测，该方法检测速度更快，但其精度较低，相比于 YOLOv5 方法，在车辆目标较大时，YOLOv5_D 方法与 YOLOv5 方法精度相差不大，在目标小于 8×8 像素时，YOLOv5_D 方法可检测到更多的微小车辆目标，检测性能具有明显优势。这是因为 YOLOv5 网络只可检测到 8×8 像素以上大小的目标，小目标漏检的情况较为严重。YOLOv5_D 方法加入了微小目标检测头，网络可检测到 4×4 像素以上大小的车辆目标，改善了其小目标检测性能，检测到了原网络一些漏检的车辆目标。YOLOv5_D_CBAM 在 YOLOv5_D 方法的基础上加入了注意力机制来抑制无关信息的干扰，可检测到更多阴影遮挡下的车辆目标，这说明注意力机制模块可过滤掉图中的干扰背景信息，从而提高目标检测器的检测精度。加入超分辨率重建模块后，车辆类别目标的精度相对于 YOLOv5 方法提升了 6.3%，相对于 YOLOv5_D_CBAM 方法提升了 2.4%，但在提高小目标检测精度的同时也增加了方法的时间成本，在后续的研究中，会重点考虑模型的轻量化。

表 6-17　不同物体检测方法的比较

模型	优点	缺点
FCOS	不需要调优与锚框相关的超参数，极大地减少了算法的计算量，训练过程内存占用较少	浅层特征提取不充分，导致大量车辆目标漏检，精度较低
Faster-RCNN	利用多任务损失函数统一目标分类和候选框回归任务，优化了候选框数量，检测速度有所提升	使用固定类型锚框对目标进行检测，锚框类型不适用于小尺度目标，对微小目标的提取能力较差，导致遥感影像车辆目标检测效果并不理想
YOLOv5	利用 CIOU_LOSS 损失函数代替 GIOU_LOSS 损失函数，可减少密集区域的目标漏检	对于 8×8 像素以下的微小目标，车辆目标漏检情况较为严重
UIU-NET	实现了对象的多层次、多尺度表征学习，对于红外影像的小物体目标检测性能良好	对于光学影像下的微小目标检测存在漏检，对于类间相似性地物存在误检现象，小目标检测边缘效果欠佳
EESRGAN	利用 ESRGAN、EEN 和检测网络组成小目标检测架构，实现了对于 GSD 为 30 cm 和 1.2 m 的石油和储罐以及车辆目标检测	网络没加非极大值抑制约束，迁移到其他数据库会有错误误检测框出现，对于微小且密集的车辆目标检测存在漏检与误检
VDNET-RSI	提高了微小目标的空间分辨率，在网络检测层中增加检测头，用于微小目标预测，颈部网络中加入 CBAM 模块，抑制遥感影像中无关的干扰特征信息表达，从而提高车辆目标的检测精度	对于微小型车辆目标检测依然存在漏检与误检

（2）应用场景

本小节提出了一种新的端到端的小目标检测网络，该网络为两个阶段网络，一个为改进超分辨率模块,另一个为增加新的检测头与注意力机制模块来提升小目标检测性能。在融合超分辨率重建模块后,小目标检测性能显著提高。在实验中我们发现随着超分辨率重建倍数的提升,目标检测效果并没有随之提升。其主要原因是,对于基于单幅影像的超分辨率重建,超分辨率倍数不断提升,图像信息的弥补受限。同时,在目标检测端,检测头并没有随着影像空间分辨率的变化而自适应调整,这方面我们后续将展开实验研究并做进一步探讨。在目标检测阶段,通过改变检测头,增加注意力机制,进一步提升小目标检测效果,通过消融实验可以看出,所提出的端到端小目标检测网络提高了检测精度。在实验中,使用 EESRGAN 作为带有 SR 检测器的网络与所提方法进行对比。结果表明,VDNET-RSI 与 EESRGAN 方法相比性能更好,基于边缘保持的小目标空间分辨率增强有助于提高检测精度。实验的另一个限制是只展示了一个包含多源遥感影像数据集的小目标车辆检测性能,后续将会对不同数据集中所包含更广泛的小目标进行性能测试。遥感技术具备"千里眼"的优势,可以实现广覆盖、高效率、高时空分辨率的监控效果,可在另一个视角为城市交通提供辅助决策信息,为智慧交通构建提供支撑。

4. 总结

针对大幅面遥感图像中小目标车辆检测的特点,本小节建立了基于遥感图像的车辆检测网络(VDNET-RSI)。该方法考虑了 SR 重构,解决了车辆语义信息和空间信息在深度卷积神经网络中的深层和浅层难以平衡的问题。本小节在考虑 SR 重构的情况下,对车辆检测网络框架进行了优化,并增加了小物体的感受野,提高了车辆检测的鲁棒性。实验选取具有代表性的深度学习模型进行了比较分析,结论总结如下。

首先,当大规模遥感图像中待检测的对象太小时,现有模型无法有效提取车辆特征,会导致漏检和误报。本小节提出了包含两阶段的卷积神经网络 VDNET-RSI,用于车辆检测。实验结果表明,VDNET-RSI 可以自适应地提取不同尺寸的车辆特征,整体精度显著提高。VDNET-RSI 的总体精度达到了 62.9%,分别比 YOLOv5、Faster RCNN 和 FCOS 高 6.3%、38.6% 和 39.8%,从而摆脱了传统特征提取模块的局限。其次,在 2 倍 SR 重构的实验结果中,本小节所提出的包含集成 SR 模块的车辆检测网络具有更佳的车辆检测性能。

在未来,将继续研究如何通过添加自适应检测头和纹理细节信息来提高大幅面遥感影像的小目标检测性能,因此,建立一个高清晰、高保真的超分辨率重建模型框架是进一步研究的重要方向之一。此外,研究也将集中在轻量化版本的小目标检测模型上,该模型可以高效地处理实时场景,为亚米级卫星的智能处理提供技术支持,从而实现多尺度卫星遥感图像中的小目标探测,为汽车的智能检测提供广阔的技术支持。

本节参考文献

[1] 刘金明. 基于深度卷积神经网络的遥感图像中车辆检测方法研究[D]. 开封:河南大学,2020.

[2] 刘天颖,李文根,关佶红. 基于深度学习的光学遥感图像目标检测方法综述[J]. 无线电通信技术,2020,46(6):624-634.

[3] CHENG G, HAN J. A survey on object detection in optical remote sensing images[J]. ISPRS Journal of Photogrammetry and Remote Sensing, 2016, 117:11-28.

[4] 成喆,吕京国,白颖奇,等. 结合 RPN 网络与 SSD 算法的遥感影像目标检测算法[J].

测绘科学，2021，46(4)：75-82.

[5] ALAM M，WANG J F，CONG G，et al. Convolutional neural network for the semantic segmentation of remote sensing images［J］. Mobile Networks and Applications，2021，26：200-215.

[6] JI H，GAO Z，MEI T，et al. Vehicle detection in remote sensing images leveraging on simultaneous super-resolution［J］. IEEE Geoscience and Remote Sensing Letters，2020，17(4)：676-680.

[7] 张昭，姚国愉，李雪纯，等. 基于改进 faster R-CNN 算法的小目标车辆检测［J］. 科技创新与应用，2021(4)：28-32.

[8] GIRSHICK R，DONAHUE J，DARRELL T，et al. Rich feature hierarchies for accurate object detection and semantic segmentation［C］// Proceedings of the IEEE Conference on Computer Vision and Pattern Recognition. New York：IEEE，2014：580-587.

[9] 南晓虎，丁雷. 深度学习的典型目标检测算法综述［J］. 计算机应用研究，2020(S2)：15-21.

[10] GIRSHICK R. Fast R-CNN［C］// Proceedings of the IEEE Conference on Computer Vision and Pattern Recognition. New York：IEEE，2015：1440-1448.

[11] REN S，HE K，GIRSHICK R，et al. Faster R-CNN：towards real-time object detection with region proposal networks［J］. IEEE Transactions on Pattern Analysis and Machine Intelligence，2017，39(6)：1137-1149.

[12] 罗峰. 基于超分辨率迁移学习的遥感图像车辆检测［D］. 厦门：厦门大学，2017.

[13] DENG Z P，HAO S，ZHOU S L，et al. Toward fast and accurate vehicle detection in aerial images using coupled region-based convolutional neural networks［J］. IEEE Journal of Selected Topics in Applied Earth Observations and Remote Sensing，2017，10(8)：3652-3664.

[14] LIU K，MATTYUS G. Fast multiclass vehicle detection on aerial images［J］. IEEE Geoscience and Remote Sensing Letters，2015，12(9)：1938-1942.

[15] 王雪，隋立春，李顶萌，等. 区域卷积神经网络用于遥感影像车辆检测［J］. 公路交通科技，2018，35(3)：103-108.

[16] 高鑫，李慧，张义，等. 基于可变形卷积神经网络的遥感影像密集区域车辆检测方法［J］. 电子与信息学报，2018，40(12)：2812-2819.

[17] 阳理理. 基于人工神经网络的遥感图像车辆检测［D］. 南宁：广西大学，2018.

[18] 孙秉义. 基于遥感图像处理的交通量检测与分析［D］. 上海：上海交通大学，2019.

[19] XIA G S，BAI X，DING J，et al. DOTA：a large-scale dataset for object detection in aerial images［C］// 2018 IEEE/CVF Conference on Computer Vision and Pattern Recognition. Salt Lake City：IEEE，2018：3974-3983.

[20] 黄国捷. 基于深度学习的遥感图像车辆目标检测［D］. 苏州：苏州大学，2019.

[21] JI H，GAO Z，MEI T，et al. Improved Faster R-CNN with multiscale feature fusion and homography augmentation for vehicle detection in remote sensing images［J］. IEEE Geoscience and Remote Sensing Letters，2019，16(11)：1761-1765.

［22］ ROTTENSTEINER F，SOHN G，JUNG J，et al. The ISPRS benchmark on urban object classification and 3D building reconstruction［J］. ISPRS Annals of Photogrammetry，Remote Sensing and Spatial Information Sciences，2012，1/3：293-298.

［23］ JURIE F，RAZAKARIVONY S，et al. Vehicle detection in aerial imagery：a small target detection benchmark［J］. Journal of Visual Communication and Image Representation，2016，34：187-203.

［24］ LONG J，SHELHAMER E，DARRELL T. Fully convolutional networks for semantic segmentation［J］. IEEE Transactions on Pattern Analysis and Machine Intelligence，2015，39(4)：640-651.

［25］ 梁哲恒，黎宵，邓鹏，等. 融合多尺度特征注意力的遥感影像变化检测方法［J］. 测绘学报，2022，51(5)：668-676.

［26］ YANG X，SUN H，SUN X，et al. Position detection and direction prediction for arbitrary-oriented ships via multitask rotation region convolutional neural network［J］. IEEE Access，2018，6：50839-50849.

［27］ FU Y，WU F，ZHAO J. Context-Aware and depth wise-based detection on orbit for remote sensing image［C］//2018 24th International Conference on Pattern Recognition (ICPR). Salt Lake City：IEEE，2018：1725-1730.

［28］ LI Q，MOU L，XU Q，et al. R^3-Net：a deep network for multioriented vehicle detection in aerial images and videos［J］. IEEE Transactions on Geoscience and Remote Sensing，2019，57(7)：5028-5042.

［29］ ZHANG Z H，GUO W W，ZHU S N，et al. Toward arbitrary-oriented ship detection with rotated region proposal and discrimination networks［J］. IEEE Geoscience and Remote Sensing Letters，2018，15(11)：1745-1749.

［30］ 林钊. 基于深度学习的遥感图像舰船目标检测与识别［D］. 长沙：国防科技大学，2018.

［31］ 刘万军，高健康，曲海成，等. 多尺度特征增强的遥感图像舰船目标检测［J］. 自然资源遥感，2021，33(3)：97-106.

［32］ 许德刚，王露，李凡. 深度学习的典型目标检测算法研究综述［J］. 计算机工程与应用，2021，57(8)：10-25.

［33］ REDMON J，DIVVALA S，GIRSHICK R，et al. You only look once：unified，real-time object detection［C］// Proceedings of the IEEE Conference on Computer Vision and Pattern Recognition. New York：IEEE，2016：779-788.

［34］ REDMON J，FARHADI A. YOLO9000：better，faster，stronger［C］// IEEE Conference on Computer Vision and Pattern Recognition. Honolulu：IEEE，2017：6517-6525.

［35］ REDMON J，FARHADI A. YOLOv3：an incremental improvement［J］. arXiv e-prints，2018.

［36］ BOCHKOVSKIY A，WANG C Y，LIAO H Y M. YOLOv4：optimal speed and accuracy of object detection［J］. arXiv preprint arXiv：2004.10934，2020.

[37] LIU W, ANGUELOV D, ERHAN D, et al. SSD：single shot multibox detector[J]. Springer，Cham，2016，9905：21-37.

[38] FU C Y, LIU W, RANGA A, et al. DSSD ：Deconvolutional Single Shot Detector [J].2017.

[39] TIAN Z, SHEN C H, CHEN H, et al. FCOS：fully convolutional one-stage object detection［C］//2019 IEEE/CVF International Conference on Computer Vision (ICCV). Seoul：IEEE，2020：9626-9635.

[40] 李圣玲，邵峰晶. 基于深度学习的轻量遥感图像车辆检测模型[J]. 工业控制计算机，2020，33(6)：66-69.

[41] ETTEN A V. You only look twice：rapid multi-scale object detection in satellite imagery[EB/OL]. (2018-05-24)[2021-12-29]. https：//arxiv. org/abs/1805. 09512.

[42] 彭新月，张吴明，钟若飞. 改进 YOLOv3 模型的 GF-2 卫星影像车辆检测[J]. 测绘科学，2021，46(12)：147-154.

[43] 汤田玉. 基于深度学习的高分辨率光学遥感影像车辆目标检测方法研究[D]. 长沙：国防科技大学，2017.

[44] 侯涛,蒋瑜. 改进 YOLOv4 在遥感飞机目标检测中的应用研究[J]. 计算机工程与应用，2021，57(12)：224-230.

[45] 赵鹏飞，谢林柏，彭力. 融合注意力机制的深层次小目标检测算法[J]. 计算机科学与探索，2022，16(4)：927-937.

[46] 王明阳，王江涛，刘琛. 基于关键点的遥感图像旋转目标检测[J]. 电子测量与仪器学报，2021，35(6)：102-108.

[47] 唐建宇，唐春晖. 基于旋转框和注意力机制的遥感图像目标检测算法[J]. 电子测量技术，2021，44(13)：114-120.

[48] 陈俊. 基于 R-YOLO 的多源遥感图像海面目标融合检测算法研究[D]. 武汉：华中科技大学，2019.

[49] 谢俊章，彭辉，唐健峰，等. 改进 YOLOv4 的密集遥感目标检测[J]. 计算机工程与应用，2021，57(22)：247-256.

[50] 杨治佩，丁胜 ，张莉，等.无锚点的遥感图像任意角度密集目标检测方法[J]. 计算机应用，2022，42(6)：1965-1971.

[51] 张宏群，班勇苗，郭玲玲，等. 基于 YOLOv5 的遥感图像舰船的检测方法[J]. 电子测量技术，2021，44(8)：87-92.

[52] 张玉莲. 光学图像海面舰船目标智能检测与识别方法研究[D]. 长春：中国科学院大学，2021.

[53] LI K, WAN G, CHENG G, et al. Object detection in optical remote sensing images：a survey and a new benchmark[J]. ISPRS Journal of Photogrammetry and Remote Sensing，2020，159：296-307.

[54] 龚燃，刘韬. 2018 年国外对地观测卫星发展综述[J]. 国际太空，2019，482(2)：50-57.

[55] 宫鹏. 遥感科学与技术中的一些前沿问题[J]. 遥感学报，2009(1)：35-45.

[56] 王国锋，宋鹏飞，张蕴灵. 智能交通系统发展与展望[J]. 公路，2012(5)：217-222.

[57] 高敬红，杨宜民. 道路交通车辆检测技术及发展综述[J]. 公路交通技术，2012(1)：

116-119.

[58] BOCHKOVSKIY A, WANG C, LIAO H. YOLOv4: optimal speed and accuracy of object detection[J]. arXiv preprint arXiv:2004.10934, 2020.

[59] FOOKES C, LIN F, CHANDRAN V, et al. Evaluation of image resolution and super-resolution on face recognition performance [J]. Journal of Visual Communication and Image Representation, 2012, 23(1): 75-93.

[60] GIRSHICK R, DONAHUE J, DARRELL T, et al. Rich feature hierarchies for accurate object detection and semantic segmentation [C]//The IEEE Conference on Computer Vision and Pattern Recognition. 2014:580-587.

[61] HE K, ZHANG X, REN S, et al. Spatial pyramid pooling in deep convolutional networks for visual recognition[J]. IEEE Transactions on Pattern Analysis and Machine Intelligence, 2014, 37(9):1904-1916.

[62] GIRSHICK R. Fast R-CNN[C]//International Conference on Computer Vision. 2015:1440-1448.

[63] LIN T, DOLLÁR P, GIRSHICK R, et al. Feature pyramid networks for object detection[C]//In Proceedings of the IEEE Conference on Computer Vision and Pattern Recognition. 2017:2117-2125.

[64] HUANG J, RATHOD V, SUN C, et al. Speed/accuracy trade-offs for modern convolutional object detectors[C]//Proceedings of the IEEE Conference on Computer Vision and Pattern Recognition. Honolulu: IEEE, 2017: 7310-7311.

[65] KISANTAL M, WOJNA Z, MURAWSKI J, et al. Augmentation for small object detection[J]. arXiv preprint arXiv:1902.07296, 2019.

[66] ZOPH B, CUBUK E D, GHIASI G, et al. Learning data augmentation strategies for object detection[J]. arXiv preprint arXiv:1906.11172, 2019.

[67] LIU Z, GAO G, SUN L, et al. HRDNet: high-resolution detection network for small objects[J]. arXiv preprint arXiv:2006.07607, 2020-arxiv.org.

[68] NAJIBI M, SAMANGOUEI P, CHELLAPPA R, et al. SSH: single stage headless face detector[C]//Proceedings of the IEEE International Conference on Computer Vision. 2017: 4875-4884.

[69] TANG X, DU D, HE Z, et al. Pyramidbox: a context-assisted single shot face detector[C]//In Proceedings of the European Conference on Computer Vision. 2018: 797-813.

[70] SHEN H, PENG L, YUE L, et al. Adaptive norm selection for regularized image restoration and super-resolution[J]. IEEE Transactions on Cybernetics, 2017, 46 (6):1388-1399.

[71] YANG W, FENG J, YANG J, et al. Deep edge guided recurrent residual learning for image super-resolution[J]. IEEE Transactions on Image Processing A Publication of the IEEE Signal Processing Society, 2017, 26(12):5895-5907.

[72] DONG C, LOY C, TANG X. Accelerating the super-resolution convolutional neural network[C]//European Conference on Computer Vision. Springer, 2016:391-407.

[73] ROMANO Y, ISIDORO J, MILANFAR P. RAISR: rapid and accurate image super resolution[J]. IEEE Transactions on Computational Imaging, 2017, 3(1):110-125.

[74] 钟九生, 江南, 胡斌, 等. 一种遥感影像超分辨率重建的稀疏表示建模及算法[J]. 测绘学报, 2014, 43(3):276-283.

[75] 朱红, 宋伟东, 谭海, 等. 多尺度细节增强的遥感影像超分辨率重建[J]. 测绘学报, 2016, 45(9):1081-1088.

[76] ZHANG L, WU X. An edge-guided image interpolation algorithm via directional filtering and data fusion[J]. IEEE Transactions on Image Processing, 2006, 15(8): 2226-2238.

[77] ISHII M, TAKAHASHI K, NAEMURA T. View interpolation based on super resolution reconstruction[J]. Ieice Transactions on Information and Systems, 2010, 93(9):1682-1684.

[78] HSIEH C, HUANG Y, CHEN Y, et al. Video super-resolution by motion compensated iterative back-projection approach[J]. J. Inf. Sci. Eng., 2011, 27(3): 1107-1122.

[79] SHI W, CABALLERO J, HUSZAR F, et al. Real-time single image and video super-resolution using an efficient sub-pixel convolutional neural network[C]//The IEEE Conference on Computer Vision and Pattern Recognition. 2016:1874-1883.

[80] GAO M, HAN X H, LI J, et al. Image super-resolution based on two-level residual learning CNN[J]. Multimedia Tools and Applications, 2020, 79(7): 4831-4846.

[81] DONG C, CHEN C, HE K, et al. Learning a deep convolutional network for image super-resolution[C]//European Conference on Computer Vision. Springer, 2014: 184-199.

[82] LAI W, HUANG J, AHUJA N, et al. Deep laplacian pyramid networks for fast and accurate super-resolution[C]//The IEEE Conference on Computer Vision and Pattern Recognition. 2017:624-632.

[83] DONG C, CHEN C, HE K, et al. Learning a deep convolutional network for image super-resolution[C]//European Conference on Computer Vision. Springer, 2014: 184-199.

[84] KIM J, LEE J K, LEE K M. Accurate image super-resolution using very deep convolutional networks[C]//Proceedings of the IEEE Conference on Computer Vision and Pattern Recognition. Las Vegas :IEEE, 2016: 1646-1654.

[85] ZHANG Y, TIAN Y, KONG Y, et al. Residual dense network for image super-resolution[C]//Proceedings of the IEEE Conference on Computer Vision and Pattern Recognition. Salt Lake City: IEEE, 2018: 2472-2481.

[86] FOOKES C, LIN F, CHANDRAN V, et al. Evaluation of image resolution and super-resolution on face recognition performance [J]. Journal of Visual Communication and Image Representation, 2012, 23(1): 75-93.

[87] HU P, RAMANAN D. Finding tiny faces[C]//Proceedings of the IEEE Conference on Computer Vision and Pattern Recognition. Salt Lake City: IEEE, 2017: 951-959.

[88] LI K, WAN G, CHENG G, et al. Object detection in optical remote sensing images: a survey and a new benchmark[J]. ISPRS Journal of Photogrammetry and Remote Sensing,2020,159: 296-307.

[89] AGAIAN S S, PANETTA K, GRIGORYAN A M. Transform-based image enhancement algorithms with performance measure[J]. IEEE Transactions on Image Processing, 2001, 10(3): 367-382.

[90] ZHU H, GAO X, TANG X, et al. Super-Resolution Reconstruction and Its Application Based on Multilevel Main Structure and Detail Boosting[J]. Remote Sensing, 2018, 10(12):2065.

[91] EVERINGHAM M, VAN GOOL L, WILLIAMS C, et al. The Pascal Visual Object Classes (VOC) Challenge[J]. International Journal of Computer Vision, 2010 (2):88.

[92] RABBI J, RAY N, SCHUBERT M, et al. Small-Object Detection in Remote Sensing Images with End-to-End Edge-Enhanced GAN and Object Detector Network[J]. Remote Sensing, 2020, 12(9):1432.

[93] WU X, HONG D, CHANUSSOT J. UIU-Net: U-Net in U-Net for infrared small object detection[J]. IEEE Transactions on Image Processing, 2022, 32: 364-376.